高职高专“十三五”规划教材·通信类

通信工程概预算

主　编　于正永　束美其　谌梅英

副主编　胡国柱

西安电子科技大学出版社

内 容 简 介

本书依据工业和信息化部《关于印发信息通信建设工程预算定额、工程费用定额及工程概预算编制规程的通知》(工信部通信[2016]451号)文件要求，遵循信息通信建设工程项目概预算编制的工作流程来组织设计教材内容。全书共包括6章，介绍了建设项目、通信工程建设工作流程、工程造价、概预算的概念与构成等基础知识，重点分析了451预算定额的使用、工程量统计、费用定额以及概预算文件编制等内容，最后选取和分析了架空、直埋、管道、线路优化、移动通信基站和室内分布系统6个典型的工程案例。

本书可作为高职高专院校通信技术、移动通信技术、通信工程设计与监理等相关专业通信工程概预算课程的配套教材，同时也可作为从事通信工程设计、施工、监理及项目管理等方面工作的工程技术人员的参考书，还可作为通信建设工程概预算编制人员资格考试的培训教材。

图书在版编目(CIP)数据

通信工程概预算/于正永，束美其，谌梅英主编. —西安：西安电子科技大学出版社，2018.2(2020.4重印)

ISBN 978-7-5606-4751-7

Ⅰ. ①通… Ⅱ. ①于… ②束… ③谌… Ⅲ. ①通信工程—概算编制 ②通信工程—预算编制 Ⅳ. ①TN91

中国版本图书馆CIP数据核字(2017)第295161号

策　　划　高　樱
责任编辑　宁晓蓉
出版发行　西安电子科技大学出版社(西安市太白南路2号)
电　　话　(029)88242885　88201467　　邮　　编　710071
网　　址　www.xduph.com　　电子邮箱　xdupfxb001@163.com
经　　销　新华书店
印刷单位　陕西天意印务有限责任公司
版　　次　2018年2月第1版　2020年4月第2次印刷
开　　本　787毫米×1092毫米　1/16　印张　15.75
字　　数　370千字
印　　数　3001～6000册
定　　价　36.00元
ISBN 978-7-5606-4751-7/TN

XDUP 5043001-2

＊＊＊如有印装问题可调换＊＊＊

前　言

近年来，随着IT(信息技术)和CT(通信技术)的产业升级和技术融合，特别是4G、云计算、移动互联网等新技术的快速发展，以及5G商用进程的加速，网络建设进程不断推进，市场对于通信建设工程设计、施工、监理以及项目管理等方面人才的需求急剧增加，而造价控制作为通信建设工程监理工作“三控”之一，在工程建设过程中至关重要，因此通信建设工程概预算的编制十分必要。

本书基于工信部通信[2016]451号文件所规定的新版信息通信建设工程概预算定额进行编写。全书共6章：第1章为信息通信建设工程概预算基础，主要介绍了建设项目相关概念、通信工程建设工作流程、工程造价、概预算的概念与构成等；第2章为信息通信建设工程定额，介绍了定额、预算定额、概算定额的基本概念，重点分析了451预算定额和台班单价定额的套用方法；第3章为信息通信建设工程工程量统计，给出了通信工程常用图例，以实际工程项目图纸为载体，进行了识读分析，接着介绍了工程量统计的总体要求和各专业工程量统计方法，最后结合通信线路工程、移动通信基站工程以及室内分布系统工程等实际工程案例进行了详细剖析；第4章为信息通信建设工程费用定额，主要阐述了信息通信建设工程费用的构成、使用方法以及相关的规范性文件，结合实例详细分析了各项费用费率的计取方法；第5章为信息通信建设工程概预算文件编制，主要介绍了概预算编制的主要依据，概预算文件的构成、编制说明及概预算表格的填写方法，分析了概预算编制规程和编制流程，阐述了概预算表格与费用的对应关系、概预算表格的填写顺序，并说明了概预算文件的管理；第6章为信息通信建设工程概预算实务，选取和分析了架空、直埋、管道、线路优化、GSM移动基站和室内分布系统6个典型的工程案例。本书设有学习目标、自我测试和技能实训等栏目，书中多处以工程现场项目案例进行分析，分析过程较为详细，深入浅出，便于读者自学。

本书以信息化教学为抓手，满足学生个性化学习的需求，开发立体化教学资源，主要包括课程教学大纲、53个重难点微课视频、6套在线测试习题及解析、4个技能实训项目及解析、6个典型工程项目实例及解析、3个工程项目综合案例及解析等。学生在课程学习过程中可扫描书中二维码学习微课，教师在课程教学过程中，可登录出版社学习中心平台(http://www.xduph.com:8081)，运用这些立体化教学资源实施线上线下混合式教学改革。

本书由淮安信息职业技术学院于正永、束美其、谌梅英担任主编，辽宁机电职业技术学院胡国柱担任副主编，其中于正永负责第2章、第3章、第6章的撰写，并负责全书的统稿；束美其负责第4章、第5章及附录的撰写；谌梅英负责第1章的撰写，胡国柱参与第1

章、第 5 章相关内容的撰写。在本书的编写过程中，得到了淮安信息职业技术学院计算机与通信工程学院各位领导和老师的大力支持，也得到了西安电子科技大学出版社领导和工作人员的关心与支持，在此对他们表示诚挚的感谢。

由于编者水平有限，书中难免会有不妥之处，恳请广大读者批评指正。读者可以通过电子邮件 yonglly@sina.com 直接与编者联系。

编　者

2017 年 10 月

目录

第1章

信息通信建设工程概预算基础

【学习目标】

1. 了解建设项目的基本概念。
2. 掌握信息通信建设工程设计阶段的划分方法。
3. 理解和掌握通信工程建设的工作流程及要求。
4. 掌握信息通信建设工程概预算的基本概念。
5. 掌握信息通信建设工程概预算的构成。

1.1 建设项目

1.1.1 建设项目的含义

项目是指一项具有特定目标、有待完成的专门任务，是在一定组织构架内，在现有限定的资源条件下，在计划规定的时间内，按一定的质量、进度、投资、安全等要求完成的任务。要注意的是，重复进行的、大批量的、目标不明确的以及局部的任务都不属于项目范畴，因此，项目具有一次性、唯一性、目标明确性和周期性等特点。

建设项目是指按照一个总体设计进行建设，经济上实现统一核算，行政上具有独立的组织形式，实行统一管理，由一个或若干个具有内在联系的工程所组成的总体。凡属于一个总体设计中的主体工程和相应的附属配套工程、综合利用工程、环境保护工程、供水供电工程等均可作为同一个建设项目。凡不属于一个总体设计，工艺流程上没有直接关系的几个独立工程，应分别作为不同的建设项目。

建设项目按照合理确定工程造价和建设管理工作的需要，可划分为单项工程、单位工程、分部工程和分项工程。

1. 单项工程

单项工程是指具有单独的设计文件，建成后能够独立发挥生产能力或经济效益的工程。单项工程是建设工程项目的组成部分。一个建设工程项目可以仅包含一个单项工程，也可以包含多个单项工程。信息通信建设单项工程项目划分如表1-1所示。

表 1－1　信息通信建设单项工程项目划分

<table>
<tr><th colspan="2">专业类别</th><th>单项工程名称</th><th>备注</th></tr>
<tr><td colspan="2">通信电源设备安装工程</td><td>××电源设备安装工程(包括专用高压供电线路工程)</td><td></td></tr>
<tr><td rowspan="4">有线通信设备安装工程</td><td>传输设备安装工程</td><td>××数字复用设备及光、电设备安装工程</td><td></td></tr>
<tr><td>交换设备安装工程</td><td>××通信交换设备安装工程</td><td></td></tr>
<tr><td>数据通信设备安装工程</td><td>××数据通信设备安装工程</td><td></td></tr>
<tr><td>视频监控设备安装工程</td><td>××视频监控设备安装工程</td><td></td></tr>
<tr><td rowspan="4">无线通信设备安装工程</td><td>微波通信设备安装工程</td><td>××微波通信设备安装工程(包括天线、馈线)</td><td></td></tr>
<tr><td>卫星通信设备安装工程</td><td>××地球站通信设备安装工程(包括天线、馈线)</td><td></td></tr>
<tr><td>移动通信设备安装工程</td><td>1. ××移动控制中心设备安装工程
2. 基站设备安装工程(包括天线、馈线)
3. 分布系统设备安装工程</td><td></td></tr>
<tr><td>铁塔安装工程</td><td>××铁塔安装工程</td><td></td></tr>
<tr><td colspan="2">通信线路工程</td><td>1. ××光、电缆线路工程
2. ××水底光、电缆工程(包括水线房建筑及设备安装)
3. ××用户线路工程(包括主干及配线光(电)缆、交换及配线设备、集线器、杆路等)
4. ××综合布线系统工程
5. ××光纤到户工程</td><td>进局及中继光(电)缆工程可按每个城市作为一个单项工程</td></tr>
<tr><td colspan="2">通信管道工程</td><td>××路(××段)、××小区通信管道工程</td><td></td></tr>
</table>

2. 单位工程

单位工程是指具有独立的设计文件，具有独立施工条件并能形成独立使用功能，但竣工后不能独立发挥生产能力或工程效益的工程。单位工程是单项工程的组成部分，如一个生产车间的土建工程、电气照明工程、给排水工程、机械设备安装工程、电气设备安装工程等都是生产车间这个单项工程的组成部分，属于单位工程。

3. 分部工程

分部工程是单位工程的组成部分。分部工程一般按专业性质、工程种类、工程部位来划分，如土石方工程、脚手架工程、钢筋混凝土工程、木结构工程、金属结构工程、装饰工程等；也可按单位工程的构成部分来划分，如基础工程、墙体工程、梁柱工程、楼地面工程、门窗工程、屋面工程等。

4. 分项工程

分项工程是分部工程的组成部分，分部工程一般由若干个分项工程构成。分项工程一般是按照不同的施工方法、不同的材料及构件规格，将分部工程分解为一些简单的施工过程。分项工程是工程中最基本的单位内容，例如架空通信线路工程中的立电杆、架设吊线、光缆敷设等。分项工程是建设工程的基本构造要素。一般来说，我们将这一基本构造要素称为“假定建设产品”。假定建设产品虽然没有独立存在的意义，但它在预算编制原理、计划统计、建筑施工、工程概预算、工程成本核算等方面都是必不可少的重要概念。

1.1.2 建设项目的分类

为了进一步加强工程项目管理，正确反映建设项目的内容和规模，建设项目可依据不同标准、原则或方法进行分类，具体划分种类如图1-1所示。

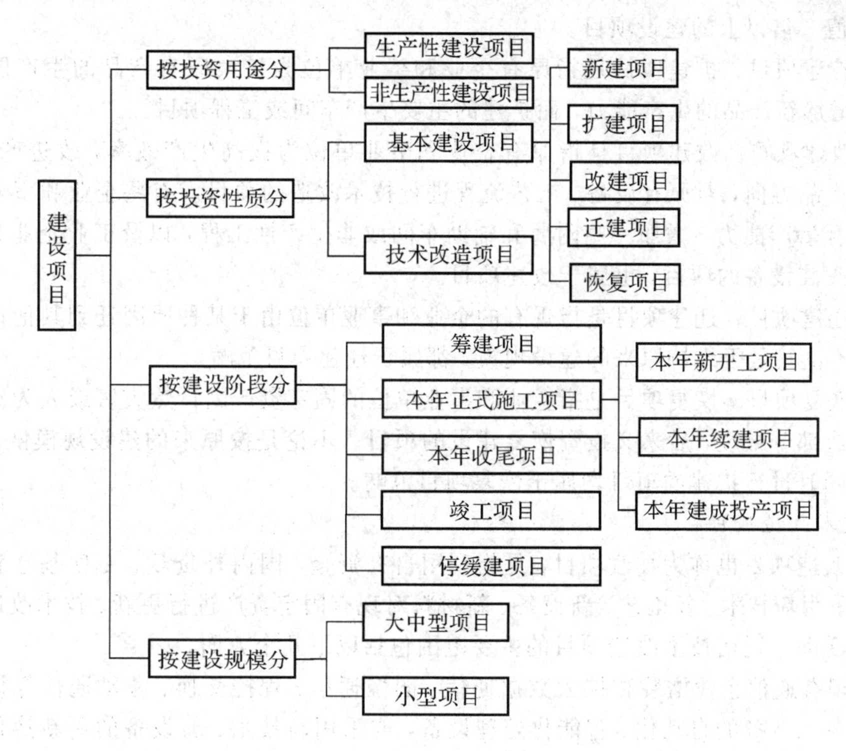

图1-1 通信建设项目划分示意图

1. 按投资用途分

根据投资的用途不同，建设项目可划分为生产性建设项目和非生产性建设项目两大类。

1）生产性建设项目

生产性建设项目是指直接用于物质生产或为满足物质生产服务的建设项目，主要包括工业建设、农林水利气象建设、建筑业建设、运输邮电建设、商业和物资供应建设、地质资源勘探建设等。其中，运输邮电建设、商业和物资供应建设两项也可以称为流通建设。因为流通过程是生产过程的继续，因此“流通过程”列入生产建设中。

2）非生产性建设项目

非生产性建设项目是指用于满足人类物质生活、文化生活需要的建设项目，包括住宅建设、文教卫生建设、科学实验研究建设、公用事业建设以及其他建设等。

2. 按投资性质分

按照投资的性质不同，建设项目可分为基本建设项目和技术改造项目两大类。

1）基本建设项目

基本建设项目也称为基建项目，是指利用国家预算内基建拨款投资、国内外基本建设贷款、自筹资金以及其他专项资金进行的，以扩大生产能力为主要目的的新建、扩建等投资项目。基本建设项目具体包括以下几个方面。

(1) 新建项目。新建项目是指从无到有，“平地起家”，新开始建设的项目；或原有基础很小，需重新进行总体设计，经扩大建设规模后，其新增加的固定资产价值超过原有固定资产价值3倍以上的建设项目。

(2) 扩建项目。扩建项目是指原有企业和事业单位为扩大原有产品的生产能力和效益，或为增加新产品的生产能力，而扩建的主要生产车间或工程项目。

(3) 改建项目。改建项目是指原有企业和事业单位为提高生产效率，改进产品质量，或为改进产品方向，对原有设备、工艺流程进行技术改造的项目。有些企业和事业单位为了提高综合生产能力，增加一些附属和辅助车间或非生产性工程，以及工业企业为改变产品方案而改装设备的项目，也属于改建项目。

(4) 迁建项目。迁建项目是指现有的企业和事业单位由于某种原因迁到其他地方建设的项目，不论其是否维持原来的建设规模，都属于迁建项目范畴。

(5) 恢复项目。恢复项目是指企业和事业单位的固定资产因自然灾害或人为灾害等原因已全部或部分报废，后来又投资恢复建设的项目。不论是按原来的建设规模恢复，还是在恢复的同时进行扩建的项目均属于恢复项目范畴。

2）技术改造项目

技术改造项目也称为技改项目，是指利用自有资金、国内外贷款、专项基金和其他资金，通过采用新技术、新工艺、新设备、新材料对现有固定资产进行更新、技术改造及其相关的经济活动。通信技术改造项目的主要范围包括以下几个方面。

(1) 现有通信企业增装和扩大数据通信、图像通信、程控交换、移动通信等设备以及营业服务各项业务的自动化、智能化处理设备，或采用新技术、新设备的更新换代及相应的补缺配套工程。

(2) 原有明线、电缆、光缆、微波传输系统，以及卫星通信系统和其他无线通信系统的技术改造、更新换代和扩容工程。

(3) 原有本地网的扩建增容、补缺配套，以及采用新技术、新设备的更新和改造工程。

(4) 其他列入技术改造计划的工程。

3. 按建设阶段分

按建设阶段不同，建设项目可划分为筹建项目、本年正式施工项目、本年收尾项目、竣工项目、停缓建项目五大类。

1）筹建项目

筹建项目是指尚未正式开工，只是进行勘察设计、征地拆迁、场地平整等准备工作的项目。

2）本年正式施工项目

本年正式施工项目是指本年正式进行建筑安装施工活动的建设项目，包括本年新开工的项目、以前年度开工跨入本年继续施工的续建项目、本年建成投产的项目和以前年度全部停缓建在本年恢复施工的项目。

（1）本年新开工项目。本年新开工项目是指报告期内新开工的建设项目，包括新开工的新建项目、扩建项目、改建项目、单纯建造生活设施项目、迁建项目和恢复项目。

（2）本年续建项目。本年续建项目是指本年以前已经正式开工，跨入本年继续进行建筑安装和购置活动的建设项目。以前年度全部停缓建，在本年恢复施工的项目也属于本年续建项目

（3）本年建成投产项目。本年建成投产项目是指报告期内按设计文件规定建成主体工程和相应配套的辅助设施，形成生产能力(或工程效益)，经过验收合格，并且已正式投入生产或交付使用的建设项目。

3）本年收尾项目

本年收尾项目是指以前年度已经全部建成投产，但尚有少量不影响正常生产或使用的辅助工程或非生产性工程在报告期继续施工的项目。本年收尾项目是报告期施工项目的一部分，但不属于正式施工项目。

4）竣工项目

竣工项目是指整个建设项目按设计文件规定的主体工程和辅助、附属工程全部建成，并已正式验收移交生产或使用部门的项目。建设项目的全部竣工是建设项目建设过程全部结束的标志。

5）停缓建项目

停缓建项目是指经有关部门批准停止建设或近期内不再建设的项目。停缓建项目分为全部停缓建项目和部分停缓建项目。

4. 按建设规模分

按建设规模不同，建设项目可以划分为大中型项目和小型项目两类。

建设项目的大中型和小型是按项目的建设总规模或总投资确定的。生产单一产品的工业企业，按产品的设计能力划分；生产多种产品的工业企业，按其主要产品的设计能力划分；产品种类繁多，难以按生产能力划分的，按全部投资额划分；新建项目，按整个项目的全部设计能力所需要的全部投资划分；改、扩建项目，按改、扩建新增加的设计能力或改、扩建所需要的全部投资划分。对国民经济具有特殊意义的某些项目，例如，产品为全国服务，或者生产新产品、采用新技术的重大项目，以及对发展边远地区和少数民族地区经济有重大作用的项目，虽然设计能力或全部投资不够大中型标准，但经国家指定，列入大中型项目计划的，也可以按大中型项目管理。

工业建设项目和非工业建设项目的大中型、小型划分标准，会根据各个时期经济发展水平和实际工作中的需要而有所变化，执行时以国家主管部门的规定为准。

1.2 通信工程建设工作流程

一般的大中型和限额以上的建设项目从建设前期工作到建设、投产要经过项目建议书、可行性研究、初步设计、年度计划安排、施工准备、施工图设计、施工招投标、开工报告、施工、初步验收、试运转、竣工验收、交付使用等环节。具体到通信行业基本建设项目

和技术改造建设项目，尽管其投资管理、建设规模等有所不同，但建设过程中的主要程序基本相同。通信工程建设流程如图 1－2 所示。

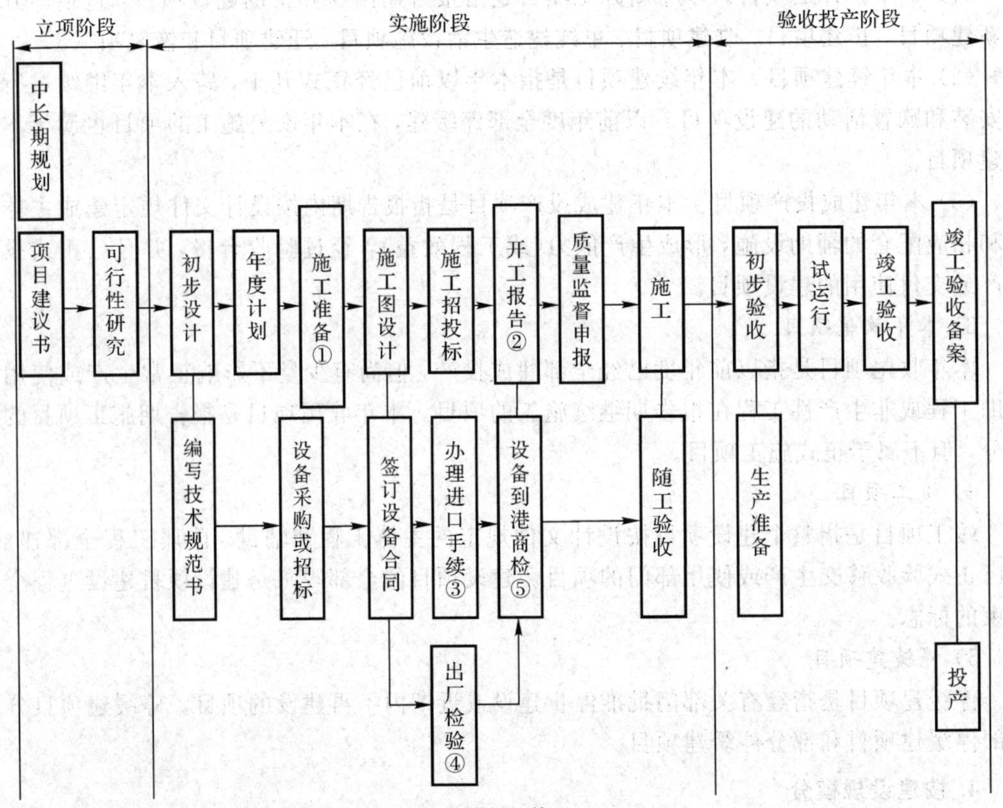

图 1－2　通信工程建设流程

1.2.1　立项

立项阶段是通信工程建设的第一阶段，包括中长期规划、项目建议书、可行性研究、可行性研究报告以及专家评估等环节。

1. 项目建议书

一般来说，根据国民经济和社会发展的长远规划、行业规划、地区规划等要求，经过调查、预测、分析提出项目建议书，其主要包括项目研究背景和必要性、建设规模和地点的初步设想、工程投资估算和资金来源、工程进度、经济和社会效益估计等内容。项目建议书的审批视建设规模按国家相关规定执行。

2. 可行性研究

建设项目可行性研究是指对拟建项目在决策前进行方案比较、技术经济论证的一种科学分析方法，是工程建设前期工作的重要组成部分，也是整个工程建设程序中的一个重要环节。根据主管部门的相关规定，凡是达到国家规定的大中型建设规模的项目，以及利用外资的项目、技术引进项目、主要设备引进项目、国际出口局新建项目、重大技术改造项目等，都要进行可行性研究。小型通信建设项目进行可行性研究时，也要求参照其相关规定进行技术经济论证。

可行性研究报告内容依据行业不同而有所差别，信息通信建设工程的可行性研究报告一般包括以下几个方面的内容：

(1) 总论：包括项目提出背景，建设的必要性和投资收益，可行性研究的依据及简要结论等。

(2) 需求预测与拟建规模：包括业务流量、流向预测，通信设施现状，国家从战略、边海防等需要出发对通信特殊要求的考虑，拟建项目的构成范围及工程拟建规模容量等。

(3) 建设与技术方案论证：包括组网方案，传输线路建设方案，局站建设方案，通路组织方案，设备选型方案，原有设施利用、挖潜和技改方案以及主要建设标准的考虑等。

(4) 建设可行性条件：包括资金来源、设备供应、建设与安装条件、外部协作条件以及环保与节能等。

(5) 配套及协调建设项目的建议：如进城通信管道、机房土建、市电引入、空调以及配套工程项目的提出等。

(6) 建设进度安排的建议。

(7) 维护组织、劳动定员与人员培训。

(8) 主要工程量和投资估算：包括建设工程项目的主要工程量、投资估算、配套工程投资估算以及单位造价指标分析等。

(9) 经济评价：包括财务评价和国民经济评价两个方面。财务评价是从通信企业或邮电行业的角度考察项目的财务可行性，计算的主要指标是财务内部收益率和静态投资回收期等；而国民经济评价是从国家角度考察项目对整个国民经济的净效益，论证整个建设工程项目的经济合理性，计算的主要指标是经济内部收益率等。当两者评价结论出现矛盾时，国民经济评价起决定作用。

(10) 其他需要说明的问题。

3. 专家评估

专家评估是指由项目主管部门组织实践经验丰富的行、企业专家对所编制的可行性研究报告进行经济技术指标分析和评估，给出具体的建议和意见。

1.2.2 实施

总体来说，实施阶段可以划分为工程设计和工程施工两大部分，具体来说，主要包括初步设计、年度计划、施工准备、施工图设计、施工招投标、开工报告、质量监督申报和施工等环节。

1. 初步设计

初步设计是根据批准的可行性研究报告，以及有关的设计标准、规划，并通过现场勘察工作取得可靠的设计基础资料后编制的。初步设计的主要任务是确定项目的建设方案、进行设备选型、编制工程项目的总概算。初步设计中的主要设计方案及重大技术措施等应通过技术、经济分析进行多方案比较论证，未采用方案的扼要情况及采用方案的选定理由均应写入设计文件。

每个建设项目都应编制总体设计部分的总体设计文件(即综合册)和各单项工程设计文件，其内容深度要求如下：

(1) 总体设计文件内容包括设计总说明及附录、各单项设计总图、总概算编制说明及概算总表。设计总说明的具体内容可参考各单项工程设计内容择要编写。总说明的概述一节应扼要说明设计的依据及其结论意见，叙述本工程设计文件应包括的各单项工程分册及其设计范围分工(引进设备工程要说明与外商的设计分工)，建设地点现有通信情况及社会需要概况，设计利用原有设备及局所房屋的鉴定意见，本工程需要配合及注意解决的问题(例如抗震、人防、环保等要求，后期发展与影响经济效益的主要因素，本工程的网点布局、网络组织、主要的通信组织等)，以表格列出本期各单项工程规模及可提供的新增生产能力并附工程量表、增员人数表、工程总投资及新增固定资产值、新增单位生产能力、综合造价、传输质量指标分析、本期工程的建设工程安排意见以及其他必要的说明等。

(2) 各单项工程设计文件一般由文字说明、图纸和概算三部分组成，具体内容依据各专业的特点而定。概括起来应包括以下内容：概述，设计依据，建设规模，产品方案，原料、燃料、动力的用量和来源，工艺流程，主要设计标准和技术措施，主要设备选型及配置，图纸，主要建筑物、构筑物，公用、辅助设施，主要材料用量，配套建设项目，占地面积和场地利用情况，综合利用、“三废”治理、环境保护设施和评价，生活区建设，抗震和人防要求，生产组织和劳动定员，主要工程量及总概算，主要经济指标及分析，需要说明的有关问题等。

2. 年度计划

年度计划包括基本建设拨款计划、设备和主材(采购)储备贷款计划、工期组织配合计划等，是编制工程项目总进度要求的重要文件。

建设项目必须具有经过批准的初步设计和总概算，经资金、物资、设计、施工能力等综合评定后，才能列入年度建设计划。经批准的年度建设计划是进行基本建设拨款或贷款的主要依据。年度计划中应包括整个工程项目的年度的投资及进度计划。

3. 施工准备

施工准备是基本建设程序中的重要环节，是衔接基本建设和生产的桥梁。建设单位应根据建设项目或单项工程的技术特点，适时组成机构，落实好以下几项工作：

(1) 制定建设工程管理制度，落实管理人员。

(2) 汇总拟采购设备、主材的技术资料。

(3) 落实施工和生产物资的供货来源。

(4) 落实施工环境的准备工作，如征地、拆迁、“三通一平”(水、电、路通和平整土地)等。

4. 施工图设计

施工图设计文件应根据批准的初步设计文件和主要设备订货合同进行编制，绘制施工详图时，应标明房屋、建筑物、设备的结构尺寸，安装设备的具体配置、布线和施工工艺。要求在设计文件中给出设备、材料明细表，并编制施工图预算。

施工图设计文件一般由文字说明、图纸和预算三部分组成。各单项工程施工图设计说明应简要说明批准的初步设计方案的主要内容并对修改部分进行论述，注明有关批准文件的日期、文号及文件标题，提出详细的工程量表，测绘出完整的线路(建筑安装)施工图纸、设备安装施工图纸，包括建设项目的各部分工程的详图和零部件明细表等。它是初步设计(或技术设计)的完善和补充，是施工的依据。施工图设计的深度应满足设备和材料的订货、施工图预算的编制、设备安装工艺以及其他施工技术要求等。施工图设计可不编制总体部分的综合文件。

5. 施工招投标

施工招标是建设单位将建设工程发包，鼓励施工企业投标竞争，从中评定出技术、管理水平高，信誉可靠且报价合理的中标企业。建设单位编制标书，公开向社会招标，预先明确在拟建工程的技术、质量和工期要求的基础上，建设单位与施工企业各自应承担的责任与义务，依法组成合作关系。建设工程招标依照《中华人民共和国招标投标法》的规定，可采用公开招标和邀请招标两种形式。

施工投标是指争取工程业务的重要步骤。通常在得到有关工程项目信息后，即可按照建设单位的要求制作标书。通信建设工程标书的主要内容包括项目工程的整体解决方案、技术方案的可行性和先进性论证、工程实施步骤、工程的设备材料详细清单、工程竣工后所能达到的技术标准、作用和功能、线路和设备安装费用、工程整体报价以及样板工程介绍等。

6. 开工报告

经施工招投标，签订承包合同后，建设单位落实年度资金拨款、设备和主材的供货及工程管理组织，建设项目于开工前一个月由建设单位会同施工单位向主管部门提出开工报告。在项目开工报批前，应由审计部门对项目的有关费用计取标准及资金渠道进行审计，通过后方可正式开工。

7. 质量监督申报

根据相关文件的要求，建设单位应在工程开工前向通信工程质量监督机构办理质量监督申报手续。

8. 施工

通信建设项目的施工应由持有相关资质证书的施工单位承担。施工单位应按批准的施工图设计进行施工。在施工过程中，对隐蔽工程在每一道工序完成后由建设单位委派的工地代表随工验收。如是采用监理的工程，则由监理工程师履行此项职责，验收合格后才能进行下一道工序。

1.2.3 验收投产

为了保证通信建设工程项目的施工质量，工程项目结束后，必须经验收合格后才能投产使用。本阶段主要包括初步验收、试运转、竣工验收和竣工验收备案四个环节。

1. 初步验收

初步验收通常是指单项工程完工后，检验单项工程各项技术指标是否达到设计要求。初验一般是由施工企业完成施工承包合同工程量后，依据合同条款向建设单位提出工程项目完工验收的申请。初步验收由建设单位(或委托监理公司)组织，相关设计、施工、维护、档案及质量管理等部门参加。

除小型建设项目外，其他所有新建、扩建、改建等基建项目以及属于基建性质的技改项目，均应在完成施工调测后进行初验。初验时间应在原定计划建设工期内完成，具体工作主要包括检查工程质量、审查交工材料、分析投资效益、对发现的问题提出处理意见，并组织相关责任单位落实解决。

2. 试运转

试运转是指工程初步验收后到正式验收、移交之间的设备运行，由建设单位负责组织，供货厂商及设计、施工和维护部门参加，对设备、系统的功能等各项技术指标以及工程设计和施工质量等进行全方位考核。试运行期间，若发现有质量问题，应由相关责任单位负责免费返修。通信建设工程项目试运行周期一般为 3 个月。

3. 竣工验收

竣工验收是通信工程建设过程的最后一个环节，是全面考核工程建设成果、检验设计和工程质量是否符合要求，审查投资使用是否合理的重要环节。

竣工项目验收前，建设单位应向主管部门提出竣工验收报告，编制项目工程总决算(小型项目工程在竣工验收后的 1 个月内将决算报上级主管部门；大中型项目工程在竣工验收后的 3 个月内将决算报上级主管部门)，并系统地整理出相关技术资料(包括工程竣工图纸、测试资料、重大障碍和事故处理记录)，清理所有财产和物资等，报上级主管部门审查。竣工项目经验收交接后，应迅速办理固定资产交付使用的转账手续(竣工验收后的 3 个月内应办理固定资产交付使用的转账手续)，技术档案移交维护单位统一保管。

4. 竣工验收备案

根据相关文件规定，工程竣工验收后应向质量监督机构进行质量监督备案。

1.3 工程造价

1.3.1 工程造价概述

工程造价是指建设一项工程预期开支或实际开支的全部固定资产投资费用。投资者为了获得预期的效益，需要通过项目评估进行决策，然后进行设计招标、工程招标和工程实施，直至竣工验收等一系列建设管理活动，使投资转化为固定资产和无形资产，所有这些开支就构成了工程造价。因此，工程造价实际上就是工程的投资费用，建设项目的工程造价就是建设项目的固定资产投资。现行的工程造价主要由建筑安装工程费用、设备和工器具购置费用、工程建设其他费、预备费以及建设期利息等组成。

1.3.2 工程造价的作用

工程造价涉及国民经济各部门、各行业社会再生产中的各个环节，也直接关系到人民群众的切身利益，因此它的作用范围和影响程度很大。其主要作用体现在以下几点：

(1) 工程造价是项目决策的工具。建设工程投资大、生产和使用周期长等特点决定了项目决策的重要性，工程造价决定着项目的一次性投资费用。在工程项目决策阶段，工程造价作为项目财务分析和经济评价的重要依据之一。

(2) 工程造价是制定投资计划和控制投资的有效工具。工程造价是通过多次性预估，最终通过竣工决算确定下来的。每一次预估的过程就是对造价的控制过程，这种控制是在投资者财务能力的限度内，为取得既定的投资效益所必需的。

(3) 工程造价是筹集建设资金的主要依据。投资体制的改革和市场经济的建立，要求工程项目的投资者必须具备很强的筹资能力，从而保证工程建设有充足的资金供应。工程造价基本决定了建设资金的需求量，从而为筹集资金提供了比较准确的依据。同时金融机构也需要依据工程造价来确定给予投资者的贷款数额。

(4) 工程造价是进行利益合理分配和产业结构有效调节的手段。工程造价的高低，涉及国民经济各部门和企业间的利益分配，这些有利于各产业部门按照政府的投资导向加速发展，也有利于按宏观经济的要求调整产业结构。

(5) 工程造价是评估投资效果的重要指标之一。建设工程造价的多层次性，使其自身形成了一个指标体系，为评估工程投资效果提供了多种评价指标，并能形成新的价格信息，为以后类似工程的投资提供了参考。

1.3.3 工程造价的计价特征

工程造价主要具有单件性计价、多次性计价、组合性等特征，熟悉这些特征，对工程造价的确定和控制十分必要。

1. 单件性计价特征

产品的差别性决定每项工程都必须依据其差别单独计算造价。每个建设项目所处的地理位置、地形地貌、地质结构、水文、气候、建筑标准以及运输、材料供应等各有不同，因此各自就需要一套单独的设计图纸，并采取不同的施工方法和施工组织，不同于一般工业产品按照品种、规格、质量等成批定价。

2. 多次性计价特征

由于建设工程具有周期长、规模大、造价高等特点，所以其建设程序要分阶段进行，相应地在不同阶段要进行多次不同方式、不同深度的计价，以保证工程造价确定与控制的科学性。多次计价是个逐步深入、逐步细化和逐步靠近实际造价的过程。

(1) 投资估算。投资估算是指在项目建议书或可行性研究阶段，对拟建工程项目通过编制估算文件确定的项目总投资额(也称估算造价)。投资估算是决策、筹资和控制设计造价的主要依据。

(2) 概算。概算是指在初步设计阶段，按照概算定额或概算指标编制的工程造价。概算造价较投资估算造价准确，但受估算造价的控制。概算造价分为建设项目概算总造价、单项工程概算造价和单位工程概算造价等。

(3) 修正概算。修正概算造价是指在技术设计阶段按照概算定额或概算指标编制的工程造价，是对初步设计概算的修正，比概算造价更接近工程项目的实际价格。

(4) 预算。预算造价是指在施工图设计阶段按照预算定额编制的工程造价。它比概算造价、修正概算造价更为接近工程实际。

(5) 合同价。合同价是指在工程招投标阶段通过签订总承包合同、建筑安装承包合同、设备采购合同以及技术和咨询服务合同等确定的价格。合同价属于市场价格的性质，它是由承发包双方根据市场行情共同议定和认可的成交价格，但它并不等同于实际工程造价。

(6) 结算价。结算价是指在工程结算时，依据不同合同的调价范围和调价方法，对实际发生的工程量增减、设备和材料价格差额等进行调整后的价格。

(7) 实际造价。实际造价是指工程竣工决算阶段，通过编制竣工决算，最终确定建设项目的工程造价。

3. 组合性特征

工程造价的计算是分步组合而成，这一特征和建设项目的组合性有关。一个建设项目是一个工程综合体，这个综合体可以分解为许多有内在联系的独立和不能独立的工程。单位工程的造价可以分解出分部、分项工程的造价。从计价和工程管理的角度来说，分部、分项工程还可以再分解，因此，建设项目的这种组合性决定了计价的过程是一个逐步组合的过程，这一特征在计算概算造价和预算造价时尤为明显，也反映到了合同价和结算价中。

1.3.4 工程造价的控制

工程造价的控制是指在投资决策阶段、设计阶段、建设项目发包阶段和建设实施阶段，将建设项目工程造价的发生控制在批准的造价限额以内，随时纠正发生的偏差，以保证项目管理目标的实现。建设工程造价的有效控制是工程建设管理的重要组成部分。

1. 建设工程造价控制目标的设置

控制是为确保目标的实现而服务的，若一个系统没有目标，也就无法进行有效的控制。建设工程造价控制目标的设置是随着工程项目建设实践的不断深入而分阶段进行的，即投资估算应作为设计方案选择和初步设计的建设工程造价控制目标；设计概算应作为技术设计和施工图设计的工程造价控制目标；施工图预算或建筑安装工程承包合同价则应作为施工阶段控制建筑安装工程造价的目标。建设工程造价控制目标是一个相互联系的有机整体，每个阶段目标相互制约、相互补充，前者控制后者，后者补充前者。

2. 以设计阶段为重点的建设全过程造价控制

工程造价控制贯穿于项目建设全过程，但必须突出重点。工程造价控制的关键在于施工前的投资决策和设计阶段，而在项目做出投资决策后，控制工程造价的关键就在于设计。在实际操作过程中，经常忽视工程建设项目前期工作阶段的造价控制，将工程造价控制主要集中在过程施工阶段(审核施工图预算、合理结算建安工程价款等)，但效果不明显。要有效地控制建设工程造价，就要高度重视工程建设项目前期工作阶段的造价控制，尤其是设计阶段。

3. 建设工程造价的主动控制

一般而言，工程管理者在项目建设时的基本任务是对建设项目的建设工期、工程造价和工程质量进行有效的控制，为此，应根据建设的要求及其客观条件进行综合分析，确定一套切合实际的衡量准则。只要工程造价控制的方案符合衡量准则，并取得较好的效果，便可认为工程造价控制达到了预期目标。工程造价控制不仅要反映投资决策，反映设计、发包和施工，被动地控制工程造价，更要能动地影响投资决策，影响设计、发包和施工，主动地控制工程造价。

4. 工程造价控制的有效手段

技术和经济的有机结合是工程造价控制的有效手段。要有效地控制工程造价，应从组织、技术、经济、合同与信息管理等多方面采取措施。组织上，明确项目组织结构，明确工程造价控制者及其任务，明确管理职能分工；技术上，重视多种方案的设计，严格审查初步设计、技术设计、施工图设计以及施工组织设计，深入技术领域研究节约型投资；经济上，动态地比较造价的计划值和实际值，严格审核各项费用支出，采取对节约投资有效的激励措施等。

1.4 信息通信建设工程概预算的概念与构成

1.4.1 概预算的含义

信息通信建设工程设计概算、预算是初步设计概算和施工图设计预算的统称。设计概算、预算实质上是工程造价的预期价格。如何控制和管理好工程项目设计概算、预算，是建设项目投资控制过程中的一个重要环节。设计概算和预算是以初步设计和施工图设计为基础编制的，设计人员在整个设计过程中，应强化工程造价意识，充分考虑技术与经济的统一，编制出技术上满足设计任务书要求，造价又受控于决策阶段的投资估算额度的概算、预算文件。

信息通信建设工程概算、预算是工程项目设计文件的重要组成部分，它是根据各个不同设计阶段的深度要求和建设内容，按照设计图纸和说明以及相关专业的预算定额、费用定额、费用标准、器材价格、编制方法等有关资料，对信息通信建设工程预先计算和确定从筹建至竣工交付使用所需全部费用的文件。

根据工程建设特点和工程项目管理的需要，将工程设计划分为一阶段设计、两阶段设计和三阶段设计三种类型。一般来说，工业与民用建设项目按两阶段设计进行，即初步设计和施工图设计；对于技术实现上较为复杂的工程项目，可以按三阶段设计进行，包括初步设计、技术设计和施工图设计；对于规模较小、技术成熟或套用标准设计的工程项目，可直接采用一阶段设计，即施工图设计。

不同的设计阶段要求编制不同的概预算文件：① 三阶段设计，初步设计阶段应编制设计概算，技术设计阶段应编制修正概算，而施工图设计阶段应编制施工图预算；② 两阶段设计，初步设计阶段应编制设计概算，施工图设计阶段应编制施工图预算；③ 一阶段设计，应编制施工图预算，按照单项工程进行处理，并要求能够反映工程费、工程建设其他费以及预备费等全部概算费用。

一般来说，概算要套用概算定额，预算要套用预算定额。目前在我国，没有专门针对通信建设工程的概算定额，在编制通信建设工程概算时，通过使用预算定额代替概算定额。

1.4.2 概预算的作用

1. 设计概算的作用

设计概算是指以货币形式综合反映和确定建设工程项目从筹建至验收投产的所有建设

费用之和。其主要作用包括以下几点：

(1) 设计概算是确定和控制固定资产投资、编制和安排投资计划、控制施工图预算的主要依据。一个建设工程项目所耗费的人力、物力和财力，是通过项目设计概算来确定的，所以设计概算是确定建设工程项目的投资总额及其构成的有效依据，同时也是确定年度建设计划和年度建设投资额的基础。因此，设计概算编制质量的好坏将直接影响整个建设工程项目年度建设计划的编制质量，因为只有依据正确的设计概算文件，才能保证年度建设计划投资额满足工程项目建设的需要，同时又不浪费建设资金。

经批准的设计概算是确定建设项目或单项工程所需投资的计划额度。设计单位必须严格按照批准的初步设计中的总概算进行施工图设计预算的编制，施工图预算不应突破设计概算。实行三阶段设计时，在技术设计阶段应编制修正概算，修正概算所确定的投资额不应突破相应的设计总概算，若有突破，应调整和修改工程总概算，并报主管部门审批。

(2) 设计概算是签订建设工程项目总承包合同、实行投资包干和核定贷款额度的主要依据。建设单位根据批准的设计概算总投资安排投资计划，控制贷款。如果建设项目投资额突破设计概算，则应查明原因后，由建设单位报请上级主管部门调整或追加设计概算总投资额。

(3) 设计概算是考核工程设计技术经济合理性以及工程造价的主要依据。设计概算是项目建设方案(或设计方案)经济合理性的反映，可以用来比较不同建设方案的工程技术和经济投资的合理性，从而保证正确选择最佳的建设方案或设计方案。建设或设计方案是概算编制的基础，其经济合理性通常以货币形式来反映。对同一建设工程项目的不同方案，可通过设计概算中用货币表示的技术经济指标，进行技术经济指标分析和对比，最终选择较为合理的建设或设计方案。

项目建设的各项费用是编制设计概算时逐一确定的，因此，工程造价的管理必须根据设计概算编制时所规定的应包括的费用内容，并要求严格控制各项费用，防止突破项目投资估算总额，增加工程项目建设成本。

(4) 设计概算是筹备设备、材料和签订订货合同的主要依据。设计概算获批后，建设单位即可开始按照该设计所提供的设备、材料清单，对多家生产厂家的设备性能和价格进行调查、询价，并按其设计要求进行对比，在同等条件下，选择性价比高的产品，签订订货合同，进行建设准备工作。

(5) 在工程招标承包制中，设计概算是确定标底的主要依据。工程施工招标发包时，建设单位须以设计概算为基础编制标底，并以此作为评标决标的主要依据。施工企业为了在投标竞争中得到承包任务，必须编制投标书，标书中的报价也应以设计概算为基础进行估价，过高过低都有可能投标失败。

2. 施工图预算的作用

实质上，施工图预算是设计概算的具体化，即对照施工图进行工程量的统计，套用现行预算定额和费用定额(费用费率的计取规则和计算方法等)，并依据签订的设备、材料合同价或设备、材料预算价格等，进行计算和编制的工程费用文件。其主要作用包括以下几点：

(1) 预算是考核工程成本，确定工程造价的主要依据。根据单项工程的施工图纸统计出其实物工程量，然后按现行工程预算定额、费用标准等相关资料，计算出工程的施工生产费用，再加上有关规定应计列的其他费用，就等于建筑安装工程的价格，即工程预算造价。由此可见，只有正确地编制施工图预算，才能合理地确定工程的预算造价，并且可以据此落实和调整年度建设投资计划，同时施工企业必须以所确定的工程预算造价为依据进行经济核算，以最低的人力、物力和财力耗费量来完成工程施工任务，保证较低的工程成本。

(2) 预算是签订工程承、发包合同的依据。建设单位与施工企业的经济费用往来是以施工图预算和双方签订的合同为依据的，因此，施工图预算又是建设单位监督工程拨款和控制工程造价的主要依据之一。对于实行招投标的工程来说，施工图预算又作为建设单位确定标底和施工企业进行工程估价的依据，同时也是评价设计方案、签订年度总包和分包合同的依据。依据施工图预算，建设单位和施工单位双方签订工程承包合同，明确各自的经济责任。

(3) 预算是工程价款结算的主要依据。工程竣工验收点交后，除加系数包干工程外，均需编制工程项目结算，以便结清工程价款。结算工程价款是以施工图预算为基础进行的，具体来说，以施工图预算中的工程量和单价，根据施工过程中设计变更后的实际情况以及实际完成的工程量情况所编制的项目结算。

(4) 预算是考核施工图设计技术、经济合理性的主要依据。施工图预算要根据设计文件编制程序进行编制，对确定单项工程造价具有重要作用。施工图预算的工料统计表列出的各单位工程人工、设备以及材料等消耗量，是施工企业编制工程施工计划、施工准备、工程统计以及工程核算等的重要依据。

1.4.3 概预算的构成

1. 初步设计概算的构成

建设项目在初步设计阶段必须编制设计概算。设计概算的组成是根据建设规模的大小而确定的，一般由建设项目总概算和单项工程概算组成。

单项工程概算由工程费、工程建设其他费、预备费、建设期利息四部分组成。建设项目总概算等于各单项工程概算之和，它是一个建设项目从筹建到竣工验收的全部投资，其构成如图1-3所示。

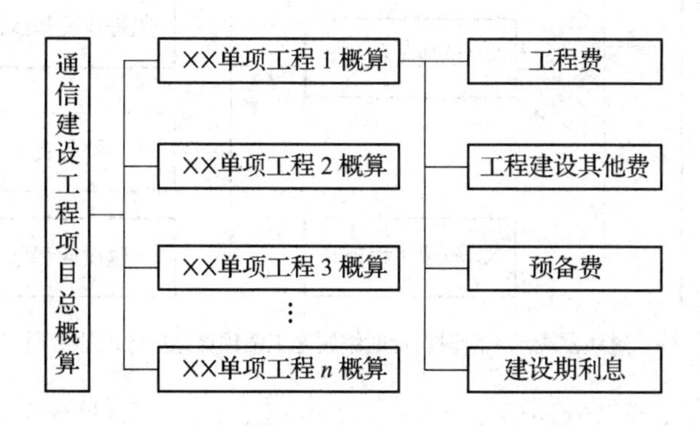

图1-3　通信建设工程项目总概算构成

2. 施工图设计预算的构成

建设项目在施工图设计阶段编制施工图预算。施工图预算一般具有单位工程预算、单项工程预算、建设项目总预算的结构层次。

单位工程施工图预算应包括建筑安装工程费和设备、工器具购置费。单项工程施工图预算应包括工程费、工程建设其他费和建设期利息。单项工程预算可以是一个独立的预算，也可以由该单项工程中包含的所有单位工程预算汇总而成，其构成如图 1-4 所示。

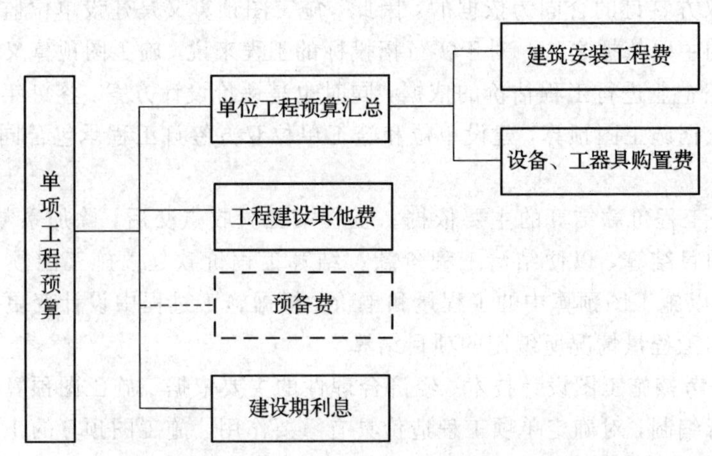

注：虚线框表示一阶段设计时编制施工图预算还应计入的费用。

图 1-4　单项工程施工图预算构成

图 1-4 中“工程建设其他费”是以单项工程作为计取单位的。若因为投资或固定资产核算等原因需要分摊到各单位工程中，亦可分别摊入单位工程预算中，但工程建设其他费的各项费用计算时不能以单位工程中的费用额度作为计算基数。

建设项目总预算则是汇总所有单项工程预算而成，其构成如图 1-5 所示。

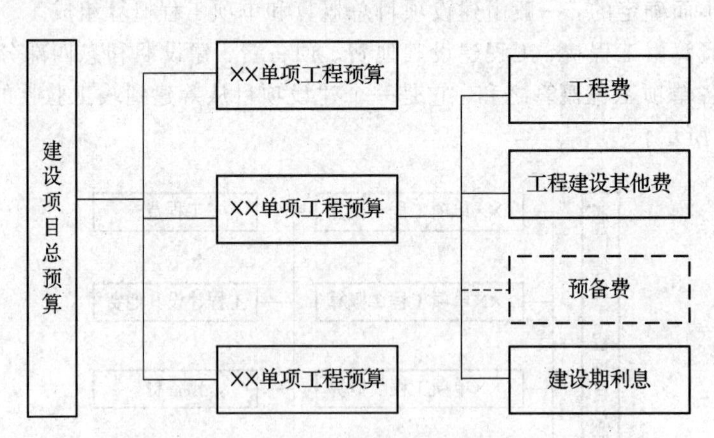

注：虚线框表示一阶段设计时编制施工图预算还应计入的费用。

图 1-5　建设项目总预算构成

自我测试

一、填空题

1. 建设程序是指建设项目从项目建议、可行性研究、评估、决策、__________、施工到竣工验收、投入生产或交付使用的整个建设过程中，各项工作必须遵循的先后顺序的法则。

2. __________是根据批准的可行性研究报告，以及有关的设计标准、规范，并通过现场勘察工作取得可靠的设计基础资料后进行编制的。

3. 根据工程建设特点和工程项目管理的需要，将工程设计划分为__________、__________和__________。

4. 建设项目按照其投资性质不同，可分为__________和__________两类。

5. 建设工程项目的设计概预算是指__________和__________的统称。

6. 一般来说，概算要套用概算定额，预算要套用__________。目前在我国，没有专门针对通信建设工程的概算定额，在编制通信建设工程概算时，通过使用__________代替概算定额。

7. 建设项目在施工图设计阶段编制__________。预算的组成一般应包括工程费和__________。若为一阶段设计时的施工图预算，除工程费和__________之外，还应计列__________。

8. 一个建设项目一般可以包括一个或若干个__________。单位工程是__________的组成部分，而__________是单位工程的组成部分，__________是分部工程的组成部分。

9. 工程造价是指建设一项工程预期开支或实际开支的__________费用。

10. 可行性研究的主要目的是对项目在技术上是否可行和__________进行科学的分析和论证。

11. 建设工程招标依照《中华人民共和国招标投标法》规定，可采用__________和__________两种形式。

12. 工程造价主要有__________、__________和组合性等特征，熟悉这些特征，对工程造价的确定和控制十分必要。

二、简答题

1. 简述建设项目、单项工程、单位工程、分部工程和分项工程的区别与联系。

2. 简述通信工程项目的建设流程。

3. 简述设计概算的作用。

4. 简述施工图预算的作用。

5. 简述工程造价的主要作用。

第2章 信息通信建设工程定额

【学习目标】

1. 熟悉信息通信建设工程定额的含义、特点以及分类，掌握现行信息通信建设工程定额的构成。
2. 能明确区分概算定额、预算定额的含义、作用以及编制方法。
3. 理解和掌握451预算定额的特点、构成以及使用方法。
4. 能熟练运用预算定额手册，准确地确定相应定额的基本内容、人工、材料、机械台班以及仪表台班等消耗量。
5. 能熟练使用通信建设工程机械和仪表台班费用定额，正确计算机械和仪表使用费。
6. 能根据451预算定额各手册的主要内容，弄清通信各专业的基本工作流程。
7. 能够对照预算定额手册，统计出实际工程施工图纸所包含的定额子目。

2.1 信息通信建设工程定额概述

2.1.1 定额的含义

在生产过程中，为了完成某一单位合格产品，就要消耗一定的人工、材料、机具设备和资金。由于这些消耗受技术水平、组织管理水平及其他客观条件的影响，所以其消耗水平是不相同的。因此，为了统一考核其消耗水平，便于经营管理和经济核算，就需要有一个统一的平均消耗标准，这个标准就是定额。

所谓定额，就是在一定的生产技术和劳动组织条件下，完成单位合格产品在人力、物力、财力的利用和消耗方面应当遵守的标准。

它反映行业在一定时期内的生产技术和管理水平，是企业搞好经营管理的前提，也是企业组织生产、引入竞争机制的手段，还是进行经济核算和贯彻“按劳取酬”原则的依据。

2.1.2 定额的特点

1. 科学性

科学性一方面是指建设工程定额必须和生产力发展水平相适应，反映出工程建设中生产消费的客观规律；另一方面是指建设工程定额管理在理论、方法和手段上必须科学化，以适应现代科学技术和信息社会发展的需要。具体表现在以下三个方面：

(1) 以科学的态度制定定额，尊重客观实际，力求定额水平高低合理。

(2) 在制定定额的技术方法上，利用现代科学管理的成就，形成一套系统的、完整的、在实践中行之有效的方法。

(3) 定额制定和贯彻的一体化，制定是为了提供贯彻的依据，贯彻是为了实现管理的目标，也是对定额的信息反馈。

2. 系统性

首先，建设工程定额本身是多种定额的结合体，其结构复杂、层次鲜明、目标明确，实际上，建设工程定额本身就是一个系统；其次，建设工程定额的系统性是由工程建设的特点决定的，工程建设本身的多种类、多层次就决定了以它为服务对象的建设工程定额的多种类、多层次，如各类工程建设项目的划分和实施过程中经历的不同逻辑阶段，都需要有一套多种类、多层次的建设工程定额与之相适应。

3. 统一性

一方面，从其影响力和执行范围角度考虑，有全国统一定额、地区性定额和行业定额等，层次清楚，分工明确，具有统一性；另一方面，从定额制定、颁布和贯彻执行角度考虑，有统一的程序、统一的原则、统一的要求和统一的用途，具有统一性。

4. 权威性和强制性

建设工程定额一经主管部门审批颁布，就具有很大权威性，具体表现在一些情况下建设工程定额具有经济法规性质和执行的强制性，并且反映了统一的意志和统一的要求，还反映信誉和信赖程度。强制性反映刚性约束，反映定额的严肃性，不得随意修改使用。如最新版《通信建设工程定额》由工业和信息化部《关于印发信息通信建设工程预算定额、工程费用定额及工程概预算编制规程的通知》(工信部通信[2016]451号)发布。

5. 稳定性和时效性

建设工程定额反映了一定时期的技术发展和管理情况，体现出其稳定性，依据具体情况不同，稳定的时间有长有短，保持建设工程定额的稳定性是维护建设工程定额的权威性所必需的，更是有效地贯彻建设工程定额所必需的。若建设工程定额常处于修改变动中，必然导致执行上的困难和混乱，使人们感觉上不能认真对待，易丧失其权威性。

但建设工程定额的稳定性是相对的，任何一种建设工程定额，都只能反映一定时期的生产力水平，当生产力发展时，原有的定额不再适用。至今我国通信建设工程定额经历了1990年“433定额”、1995年“626定额”、2008年“75定额”和2016年“451定额”四次调整变化。

建设工程定额在具有稳定性特点的同时，也具有显著的时效性。当定额不再能起到促进生产力发展的作用时，它就要重新编制或修订。从一段时期来看，定额是稳定的；从长时期看，定额是变动的。

2.1.3 定额的分类

为了加深对通信建设工程定额的认识和理解，依据不同的原则和方法进行了科学的分类。

1. 按定额反映物质消耗的内容分

按定额反映物质消耗的内容，可以将定额分为劳动消耗定额、材料消耗定额以及机械消耗定额三种。

(1) 劳动消耗定额(也称“劳动定额”)。它是指完成一定的合格产品(工程实体或劳务)规定活劳动消耗的数量标准，大多采用工作时间消耗量来计算劳动消耗的数量，因此其主要表现为时间定额，但同时也表现为产量定额。

(2) 材料消耗定额(也称“材料定额”)。它是指完成一定合格产品所需消耗材料(如工程建设中使用的原材料、成品、半成品、构配件等)的数量标准。材料消耗量多少以及消耗是否合理，不仅关系到资源的有效利用，影响市场供求状况，而且对建设工程的项目投资、产品成本控制均起着决定性的影响。

(3) 机械(仪表)消耗定额(简称“机械(仪表)定额”)。它是指为完成一定合格产品(工程实体或劳务)所规定的施工机械(仪表)消耗的数量标准。机械(仪表)消耗定额不仅表现为机械(仪表)时间定额，而且也表现为产量定额。

2. 按定额的编制程序和用途分

按定额的编制程序和用途，可以将定额分为施工定额、预算定额、概算定额、投资估算指标以及工期定额五种。

(1) 施工定额。施工定额是施工单位直接用于施工管理的一种定额，包括劳动定额、机械台班定额和材料消耗定额三种。施工定额是编制施工作业计划、施工预算、计算工料，向班组下达任务书的有效依据。按照平均、先进的原则编制，以同一性质的施工过程为对象，规定劳动消耗量、机械工作时间以及材料消耗量。

(2) 预算定额。预算定额是编制预算时使用的定额标准，它是指确定一定计量单位的分部、分项工程或结构构件的人工(工日)、机械(台班)、仪表(台班)和材料的消耗数量标准。每一项分部、分项工程的定额都规定有工作内容，以确定该项定额的适用对象。

(3) 概算定额。概算定额是编制概算时使用的定额标准。它是指确定一定计量单位的扩大分部、分项工程的人工、材料和机械、仪表台班消耗量的标准。作为设计单位在初步设计阶段确定建筑(构筑物)总体估价、编制概算、进行设计方案经济比较的依据，粗略地计算人工、材料和机械、仪表台班的所需数量，作为编制基建工程主要材料申请计划的依据。概算定额与预算定额相似，但其划分较粗，没有预算定额准确性高。

(4) 投资估算指标。投资估算指标是指在项目建议书、可行性研究阶段编制投资估算，计算投资需要量时使用的一种定额标准。一般来说，以独立的单项工程或完整的工程项目为计算对象。投资估算指标虽然常依据以往的预、决算资料，价格变动资料等进行编制，但其编制基础仍离不开概预算定额，为项目决策和投资控制提供了依据。

(5) 工期定额。工期定额是指为各类工程规定的施工期限(也称“定额天数”)，包括建设工期定额和施工工期定额两个方面。建设工期是指建设项目或独立的单项工程在建设过程中所耗用的时间总量(一般以月数或天数表示)，即从开工建设时起到全部建成投产或交付使用时为止所经历的时间，但不包括由于计划调整而停、缓建所延误的时间。施工工期是指单项工程或单位工程从开工到完工所经历的时间。工期定额是评价工程建设速度、编制施工计划、签订承包合同、评价全优工程的可靠依据。

3. 按主编单位和管理权限分

按主编单位和管理权限，可以将定额分为行业定额、地区性定额、企业定额和临时定额四种。

(1) 行业定额。它是指各行业主管部门根据其行业工程技术特点以及施工生产和管理水平编制的，在本行业范围内使用的定额，如通信建设工程定额、建筑工程定额以及矿井建设工程定额等。

(2) 地区性定额(包括省、自治区、直辖市定额)。它是指各地区主管部门考虑本地区特点而编制的，在本地区范围内使用的定额。

(3) 企业定额。它是指由施工企业考虑本企业具体情况，参照行业或地区性定额的水平编制的定额。企业定额只在本企业内部使用，是企业素质的一个标志。企业定额水平一般应高于行业或地区现行施工定额，这样才能满足生产技术发展、企业管理和市场竞争的需要。

(4) 临时定额。它是指随着设计、施工技术的发展，在现行各种定额不能满足需要的情况下，为了补充缺项由设计单位会同建设单位所编制的定额。设计中编制的临时定额只能一次性使用，并需向有关定额管理部门报备，作为修、补定额的基础资料。

2.1.4 现行信息通信建设工程定额的构成

目前，通信建设工程有预算定额和费用定额。由于现在还没有概算定额，所以在编制概算定额时，暂时用预算定额代替。现行通信建设工程定额主要执行文件罗列如下：

(1) 工信部通信[2016]451 号《信息通信建设工程预算定额》。主要包括：第一册(通信电源设备安装工程 TSD)、第二册(有线通信设备安装工程 TSY)、第三册(无线通信设备安装工程 TSW)、第四册(通信线路工程 TXL)、第五册(通信管道工程 TGD)。

(2) 工信部通信[2016]451 号《信息通信建设工程概预算编制规程》。

(3) 工信部通信[2016]451 号《信息通信建设工程费用定额》。

(4) 工信部通信[2011]426 号《关于发布〈无源光网络(PON)等通信建设工程补充定额〉的通知》。

(5) 工业和信息化部[2014]6 号《住宅区和住宅建筑内光纤到户通信设施工程预算定额》。

(6)《关于印发〈基本建设项目建设成本管理规定〉的通知》(财建 [2016]504 号)。

(7)《国家发展改革委关于进一步放开建设项目专业服务价格的通知》(发改价格[2015]299 号)。

(8)《关于印发〈企业安全生产费用提取和使用管理办法〉的通知》(财企[2012]16 号)。

2.2 信息通信建设工程预算定额

2.2.1 预算定额的含义

预算定额是规定消耗在单位工程基本结构要素上的劳动力、材料和机械数量上的标准，是计算建筑安装产品价格的基础。预算定额属于计价定额。预算定额是工程建设中一项重要的技术经济指标，反映了在完成单位分项工程中消耗的活劳动和物化劳动的数量限制，这种限度最终决定着单项工程和单位工程的成本和造价。

2.2.2 预算定额的作用

(1) 预算定额是编制施工图预算、确定和控制工程造价的计价基础。

(2) 预算定额是落实和调整年度计划，对设计方案进行技术经济比较、分析的依据。

(3) 预算定额是施工企业进行经济活动分析的依据。

(4) 预算定额是编制标的、投标报价的基础。

(5) 预算定额是编制概算和概算指标的基础。

2.2.3 现行预算定额的编制依据和基础

现行信息通信建设工程预算定额编制依据和基础相关的文件、资料如下：

(1) 建设部、财政部建标[2013]44 号《关于印发〈建筑安装工程费用项目组成〉的通知》。

(2) 现行设计规范、施工质量验收规范、质量评定标准和安全操作规程。预算定额在确定人工、材料和机械台班消耗数量时，必须考虑上述各项法规的要求和影响。

(3) 具有代表性的典型工程施工图及有关标准图。对这些图纸进行仔细分析研究，并计算出工程数量，作为编制定额时选择施工方法确定定额含量的依据。

(4) 新技术、新结构、新材料和先进的施工方法等。这类资料是调整定额水平和增加新的定额项目所必需的依据。

(5) 有关科学试验、技术测定、统计资料和经验数据。这类资料是确定定额水平的重要依据。

(6) 现行的预算定额、材料预算价格及有关文件规定等。包括过去定额编制过程中积累的基础资料，也是编制预算定额的依据和参考。

(7) 有关省、自治区、直辖市的通信设计、施工企业以及建设单位的专家提供的意见和资料。

2.2.4 预算定额的特点

2016 版《信息通信建设工程预算定额》具有严格控制量、实行量价分离和技普分开等三个特点。

(1) 严格控制量。预算定额中的人工、主材、机械台班、仪器仪表台班的消耗量是法定的，任何单位和个人不得擅自调整。

(2) 实行量价分离。预算定额中只反映人工、主材、机械台班、仪器仪表台班的消耗量，而不反映其单价。单价由主管部门或造价管理归口单位根据市场实际情况另行发布。

(3) 技普分开。凡是由技工操作的工序内容均按技工计取工日，凡是由非技工操作的工序内容均按普工计取工日。要注意的是，对于第一册、第二册和第三册的设备安装工程一般均按技工计取工日(即普工为零)；对于通信线路工程和通信管道工程按上述相关要求分别计取技工工日和普工工日。

2.2.5 预算定额子目编号

预算定额子目编号由三部分组成：第一部分为汉语拼音缩写(三个字母)，表示预算定额的名称；第二部分为一位阿拉伯数字，表示定额子目所在章的章号；第三部分为三位阿拉伯数字，表示定额子目在章内的序号，如图 2-1 所示。

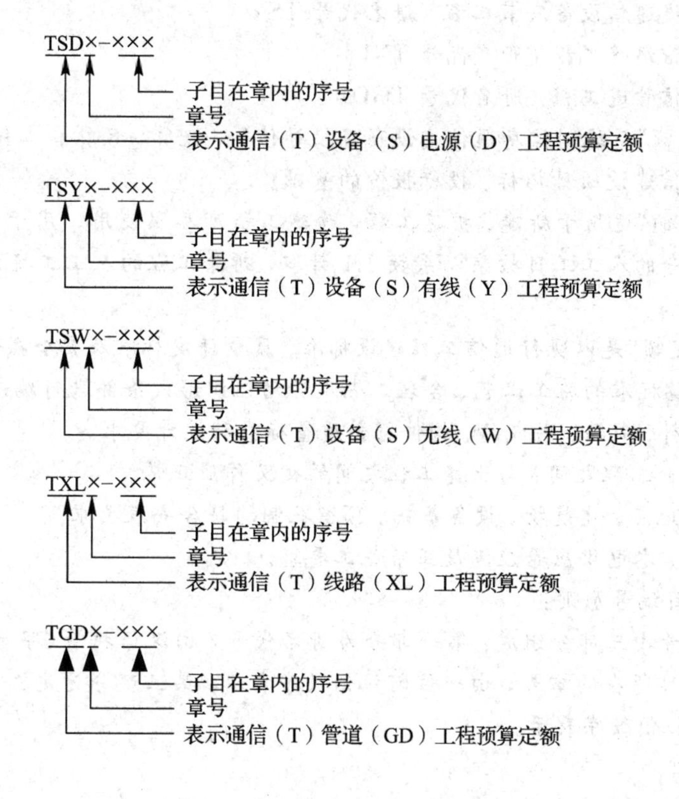

图 2-1 预算定额子目编码规则

比如，定额子目编号“TSD3-002”表示《信息通信建设工程预算定额》手册第一册《通信电源设备安装工程》第三章中第 2 个定额子目，其内容为在第三章“安装交直流电源设备、不间断电源设备”中第一节“安装电池组及附属设备”中“安装蓄电池抗震架(单层双列)”，其定额单位为“m”，单位技工工日为 0.55 工日，单位普工工日为 0 工日，无主要材料、机械和仪表。

2.2.6 预算定额的构成

《信息通信建设工程预算定额》主要由总说明、册说明、章节说明、定额项目表和必要的附录构成。

1. 总说明

总说明一方面简述了定额的编制原则、指导思想、编制依据以及适用范围，另一方面还说明编制定额时已经考虑和没有考虑的各种因素、有关规定和使用方法等。现将 2016 版《信息通信建设工程预算定额》总说明引用如下。

一、《信息通信建设工程预算定额》(以下简称“预算定额”)是完成规定计量单位工程所需要的人工、材料、施工机械和仪表的消耗量标准。

二、“预算定额”共分五册，包括：

第一册　通信电源设备安装工程（册名代号 TSD）

第二册　有线通信设备安装工程（册名代号 TSY）

第三册　无线通信设备安装工程（册名代号 TSW）

第四册　通信线路工程（册名代号 TXL）

第五册　通信管道工程（册名代号 TGD）

三、“预算定额”是编制信息通信建设项目投资估算、概算、预算和工程量清单的基础，也可作为信息通信建设项目招标、投标报价的基础。

四、“预算定额”适用于新建、扩建工程，改建工程可参照使用。用于扩建工程时，其扩建施工降效部分的人工工日按乘以系数 1.1 计取，拆除工程的人工工日计取办法见各册的相关内容。

五、“预算定额”是以现行通信工程建设标准、质量评定标准及安全操作规程等文件为依据，按符合质量标准的施工工艺、合理工期及劳动组织形式条件进行编制的。

1. 设备、材料、成品、半成品、构件符合质量标准和设计要求。

2. 通信各专业工程之间、与土建工程之间的交叉作业正常。

3. 施工安装地点、建筑物、设备基础、预留孔洞均符合安装要求。

4. 气候条件、水电供应等应满足正常施工要求。

六、定额子目编号原则：

定额子目编号由三部分组成：第一部分为册名代号，由汉语拼音(字母)缩写而成；第二部分为定额子目所在的章号，由一位阿拉伯数字表示；第三部分为定额子目所在章内的序号，由三位阿拉伯数字表示。

七、关于人工：

1. 定额人工分为技工和普工。

2. 定额人工消耗量包括基本用工、辅助用工和其他用工。

基本用工：完成分项工程和附属工程实体单位的加工量。

辅助用工：定额中未说明的工序用工量。包括施工现场某些材料临时加工、排除故障、维持安全生产的用工量。

其他用工：定额中未说明的而在正常施工条件下必然发生的零星用工量。包括工序间搭接、工种间交叉配合、设备与器材施工现场转移、施工现场机械(仪表)转移、质量检查配合以及不可避免的零星用工量。

八、关于材料：

1. 材料分为主要材料和辅助材料。定额中仅计列构成工程实体的主要材料，辅助材料以费用的方式表现，其计算方法按《信息通信建设工程费用定额》的相关规定执行。

2. 定额中的主要材料消耗量包括直接用于安装工程中的主要材料净用量和规定的损耗量。规定的损耗量指施工运输、现场堆放和生产过程中不可避免的合理损耗量。

3. 施工措施性消耗部分和周转性材料按不同施工方法、不同材质分别列出一次使用量和一次摊销量。

4. 定额不含施工用水、电、蒸汽消耗量，此类费用在设计概算、预算中根据工程实际情况在建筑安装工程费中按相关规定计列。

九、关于施工机械：

1. 施工机械单位价值在2000元以上，构成固定资产的列入定额的机械台班。

2. 定额的机械台班消耗量是按正常合理的机械配备综合取定的。

十、关于施工仪表：

1. 施工仪器仪表单位价值在2000元以上，构成固定资产的列入定额的仪表台班。

2. 定额的施工仪表台班消耗量是按信息通信建设标准规定的测试项目及指标要求综合取定的。

十一、"预算定额"适用于海拔高程2000 m以下，地震烈度为7度以下的地区，超过上述情况时，按有关规定处理。

十二、在以下的地区施工时，定额按下列规则调整：

1. 高原地区施工时，定额人工工日、机械台班消耗量乘以下表列出的系数。

高原地区调整系数表

海拔高程/m		2000以上	3000以上	4000以上
调整系数	人工	1.13	1.30	1.37
	机械	1.29	1.54	1.84

2. 原始森林地区（室外）及沼泽地区施工时，人工工日、机械台班消耗量乘以系数1.30。

3. 非固定沙漠地带进行室外施工时，人工工日乘以系数1.10。

4. 其他类型的特殊地区按相关部分规定处理。

以上四类特殊地区若在施工中同时存在两种以上情况时，只能参照较高标准计取一次，不应重复计列。

十三、"预算定额"中带有括号的消耗量，系供设计选用；"*"表示由设计确定其用量。

十四、凡是定额子目中未标明长度单位的均指"mm"。

十五、"预算定额"中注有"××以内"或"××以下"者均包括"××"本身；"××以外"或"××以上"者则不包括"××"本身。

十六、本说明未尽事宜详见各章节和附注说明。

2. 册说明

册说明阐述该册的内容、编制基础和使用该册应注意的问题及有关规定等。列举如下：

第一册《通信电源设备安装工程》的册说明引用如下：

一、《通信电源设备安装工程》预算定额覆盖了通信设备安装工程中所需的全部供电系统配置的安装项目，内容包括10 kV以下的变、配电设备，机房空调和动力环境监控，电力缆线布放，接地装置，供电系统配套附属设施的安装与调试。

二、本册定额不包括10 kV以上电气设备安装；不包括电气设备的联合试运转工作。

三、本册定额人工工日均以技工作业取定。

四、本册定额中的消耗量，凡有需要材料但未予列出的，其名称及用量由设计按实计列。

五、本册定额用于拆除工程时，其人工按下表系数进行计算。

名　称	拆除工程人工系数	
	不需入库	清理入库
第一章的变压器	0.55	0.70
第四章的室外直埋电缆	1.00	—
第五章的接地极、板	1.00	—
除以上内容外	0.40	0.60

第二册《有线通信设备安装工程》的册说明引用如下：

一、《有线通信设备安装工程》预算定额共包括五章内容：安装机架、缆线及辅助设备；安装、调测光纤通信数字传输设备；安装、调测数据通信设备；安装、调测交换设备；安装、调测视频监控设备。

二、本册定额第一章"安装机架、缆线及辅助设备"为有线设备安装工程的通用设备安装项目。

三、本册定额人工工日均以技术工（简称技工）作业取定。

四、本册定额中的消耗量，凡是带有括号表示的，系供设计时根据安装方式选用其用量。

五、使用本定额编制预算时，凡明确由设备生产厂家负责系统调测工作的，仅计列承建单位的"配合调测用工"。

六、本册定额中所列"配合调测"定额子目，是指施工单位无法独立完成，需配合专业调测人员所做工作(包括配合测试区域的协调、调测过程中故障处理、旁站配合硬件调整等)，由设计根据工程实际套用。

七、本册定额用于拆除工程时，其人工工日按下表系数进行计算。

章　号	第一章	第二章	第三章	第四章
拆除工程系数	0.40	0.15	0.30	0.40

第三册《无线通信设备安装工程》的册说明引用如下：

一、《无线通信设备安装工程》预算定额共包括五章内容；安装机架、缆线及辅助设备；安装移动通信设备；安装微波通信设备；安装卫星通信地球站设备；安装铁塔及铁塔基础施工。

二、本册定额第一章"安装机架、缆线及辅助设备"为无线设备安装工程的通用设备安装项目，第二章至第五章为各专业设备安装项目。

三、本册定额人工工日均以技工作业取定。

四、本册定额用于拆除工程时，其人工工日按下表系数进行计算。

名　称	拆除工程人工工日系数
第二章的天、馈线及室外基站设备	1.00
第三章的天、馈线及室外单元	1.00
第四章的天、馈线及室外单元	1.00
第五章的铁塔	0.70
除以上内容外	0.40

第四册《通信线路工程》的册说明引用如下：

一、《通信线路工程》预算定额适用于通信光(电)缆的直埋、架空、管道、海底等线路的新建工程。

二、通信线路工程当工程规模较小时，人工工日以总工日为基数按下列规定系数进行调整：

1. 工程总工日在100工日以下时，增加15%；

2. 工程总工日为100～250工日时，增加10%。

三、本定额带有括号和以分数表示的消耗量，系供设计选用。

四、本定额拆除工程不单立子目，发生时按下表规定执行。

序号	拆除工程内容	占新建工程定额的百分比	
		人工工日	机械台班
1	光(电)缆(不需清理入库)	40%	40%
2	埋式光(电)缆(清理入库)	100%	100%
3	管道光(电)缆(清理入库)	90%	90%
4	成端电缆(清理入库)	40%	40%
5	架空、墙壁、室内、通道、槽道、引上光(电)缆(清理入库)	70%	70%
6	线路工程各种设备以及除光(电)缆外的其他材料(清理入库)	60%	60%
7	线路工程各种设备以及除光(电)缆外的其他材料(不清理入库)	30%	30%

五、敷设光(电)缆工程量计算时，应考虑敷设的长度和设计中规定的各种预留长度。

第五册《通信管道工程》的册说明引用如下：

一、《通信管道工程》预算定额主要用于城区通信管道的新建工程。

二、本定额中带有括号表示的材料，系供设计选用；"*"表示由设计确定其用量。

三、通信管道工程当工程规模较小时，人工工日以总工日为基数按下列规定系数进行调整。

1. 工程总工日在 100 工日以下时，增加 15%。

2. 工程总工日在 100～250 工日时，增加 10%。

四、本定额的土质、石质分类参照国家有关规定，结合通信工程实际情况，划分标准详见附录一。

五、开挖土（石）方工程量计算见附录二。

六、主要材料损耗率及参考容重表见附录三。

七、水泥管管道每百米管群体积参考表见附录四。

八、通信管道水泥管块组合图见附录五。

九、100 米长管道基础混凝土体积一览表见附录六。

十、定型人孔体积参考表见附录七。

十一、开挖管道沟土方体积一览表见附录八。

十二、开挖 100 米长管道沟上口路面面积见附录九。

十三、开挖定型人孔土方及坑上口路面面积见附表十。

十四、水泥管通信管道包封用混凝土体积一览表见附录十一。

3. 章节说明

章节说明主要说明分部、分项工程的工作内容，工程量计算方法和本章节有关规定、计量单位、起讫范围，应扣和应增加的部分等。现将第三册《无线通信设备安装工程》相关章节说明引用如下：

第三册《无线通信设备安装工程》中第二章“安装移动通信设备”章说明：

安装移动天线时：

1. 不包括基础及支撑物的安装，基础施工及支撑物的安装定额内容在第五章。

2. 天线安装高度均指天线底部距塔或杆底座的高度。

3. 在无平台铁塔上安装天线时，人工工日按定额乘以系数 1.3 计算。

4. 安装宽 400 mm 以上的宽体定向天线时，人工工日按定额乘以系数 1.2 计算。

5. 安装室外天线 RRU 一体化设备时，人工工日按 RRU 安装工日乘以系数 0.5 后，再与天线安装工日相加进行计算。安装室内天线 RRU 一体化天线的安装工日，按室内天线安装工日乘以系数 1.2 进行计算。

6. 美化罩内安装天线时，人工工日按定额乘以系数 1.3 计算。

7. 当安装天线遇到多种情况同时存在时，按最高系数计取。

8. 楼顶增高架上安装天线按楼顶铁塔上安装天线处理。

9. 天线单位为“副”，指一根或一个物理实体。

第二章“安装移动通信设备”中第二节“安装、调测基站设备”节说明：

一、安装基站设备

工作内容：

1. 安装基站主设备：开箱检验、清洁搬运、定位、(吊装) 安装加固机架、安装机盘、加电检查、清理现场等。

2. 安装射频拉远单元、小型基站设备：开箱检验、清洁搬运、定位、安装加固设备、硬件加电检查、清理现场等。

3. 安装多系统合路器(POI)、落地式基站功率放大器：开箱检验、清洁搬运、安装固定、插装设备机盘、硬件加电检查、清理现场等。

4. 安装调测直放站设备：开箱检验、清洁搬运、定位、安装固定机架、安装机盘、加电检查、功率测试、频率调整、清理现场等。

5. 扩装设备板件：开箱检验、清洁搬运、插装设备板件、硬件加电检查、清理现场等。

4. 定额项目表

定额项目表是预算定额的主要内容，项目表列出了分部、分项工程所需的人工、主材、机械台班、仪器仪表台班的消耗量。现将预算定额手册第四册《通信线路工程》中第六章"光(电)缆接续与测试"的第一节"光缆接续与测试"相关定额项目表引用如下：

<table>
<tr><td colspan="3">定额编号</td><td>TXL6－007</td><td>TXL6－008</td><td>TXL6－009</td><td>TXL6－010</td><td>TXL6－011</td><td>TXL6－012</td><td>TXL6－013</td><td>TXL6－014</td></tr>
<tr><td colspan="3" rowspan="2">项　目</td><td colspan="8">光缆接续</td></tr>
<tr><td>4芯以下</td><td>12芯以下</td><td>24芯以下</td><td>36芯以下</td><td>48芯以下</td><td>60芯以下</td><td>72芯以下</td><td>84芯以下</td></tr>
<tr><td colspan="3">定额单位</td><td colspan="8">头</td></tr>
<tr><td colspan="2">名　称</td><td>单位</td><td colspan="8">数　　量</td></tr>
<tr><td rowspan="2">人工</td><td>技　工</td><td>工日</td><td>0.50</td><td>1.50</td><td>2.49</td><td>3.42</td><td>4.29</td><td>5.10</td><td>5.90</td><td>6.54</td></tr>
<tr><td>普　工</td><td>工日</td><td>—</td><td>—</td><td>—</td><td>—</td><td>—</td><td>—</td><td>—</td><td>—</td></tr>
<tr><td rowspan="2">主要材料</td><td>光缆接续器材</td><td>套</td><td>1.01</td><td>1.01</td><td>1.01</td><td>1.01</td><td>1.01</td><td>1.01</td><td>1.01</td><td>1.01</td></tr>
<tr><td>光缆接头托架</td><td>套</td><td>(*)</td><td>(*)</td><td>(*)</td><td>(*)</td><td>(*)</td><td>(*)</td><td>(*)</td><td>(*)</td></tr>
<tr><td rowspan="2">机械</td><td>汽车发电机(10 kW)</td><td>台班</td><td>0.08</td><td>0.10</td><td>0.15</td><td>0.25</td><td>0.30</td><td>0.35</td><td>0.40</td><td>0.45</td></tr>
<tr><td>光纤熔接机</td><td>台班</td><td>0.15</td><td>0.20</td><td>0.30</td><td>0.45</td><td>0.55</td><td>0.70</td><td>0.80</td><td>0.95</td></tr>
<tr><td>仪表</td><td>光时域反射仪</td><td>台班</td><td>0.6</td><td>0.70</td><td>0.80</td><td>0.95</td><td>1.10</td><td>1.25</td><td>1.40</td><td>1.60</td></tr>
</table>

注："*"光缆接头托架仅限于管道光缆，数量由设计根据实际情况确定。

5. 附录

预算定额手册仅有第四册《通信线路工程》、第五册《通信管道工程》两册有附录，供工程量统计时参考。现将第五册《通信管道工程》中附录八的部分内容引用如下：

附录八　开挖管道沟土方体积一览表

体积(m³) / 项目 / 沟深(m)		开挖百米长管道沟土方量					
		一立型(底宽 0.65 m)		一平、二平、三平、四平(底宽 0.76 m)		二立、四立(底宽 0.915 m)	
		i=0.33	i=0.25	i=0.33	i=0.25	i=0.33	i=0.25
1	1.10	111.4	101.8	123.5	113.9	140.6	130.9
2	1.15	118.4	107.8	131.0	120.5	148.9	138.3
3	1.20	125.5	114.0	138.7	127.2	157.3	145.8
4	1.25	132.8	120.3	146.6	134.1	165.9	153.4
5	1.30	140.3	126.8	154.6	141.1	174.7	161.2
6	1.35	147.9	133.3	162.7	148.2	183.7	169.1
7	1.40	155.7	140.0	171.1	155.4	192.8	177.1
8	1.45	163.6	146.0	179.6	162.8	202.1	185.2
9	1.50	171.8	153.8	188.3	170.3	211.5	193.5
10	1.55	180.0	160.8	197.1	177.1	221.1	201.9
11	1.60	188.5	168.0	206.1	185.6	230.9	210.4
12	1.65	197.1	175.3	215.2	193.5	240.8	219.0
13	1.70	205.9	182.8	224.6	201.5	250.9	227.8
14	1.75	214.8	190.3	234.1	209.6	261.2	236.7
15	1.80	223.9	198.0	243.7	217.8	271.6	245.7
16	1.85	233.2	205.8	253.5	226;2	282.2	254.0
17	1.90	242.6	213.8	263.5	234.7	293.0	264.1
18	1.95	2522	221.8	273.7	243.3	303.9	273.5
19	2.00	262.0	230.0	284.0	252.0	315.0	283.3
20	2.05	271.9	238.3	294.5	260.9	326.3	292.6

注：① 本土方表中的土方系道路面结构层土方。

② 土方计算公式：$V=(Hi+B)\times H\times 100$，其中 V 为土方体积、H 为沟（坑）深度、i 为放坡系数、B 为沟底宽度。

③ 放坡系数：普通土取 0.33，沙砾土取 0.25。

④ 放坡起点：普通土 1 m 以上放坡；硬土 1.5 m 以上放坡；沙砾土 2 m 以上放坡。

⑤ 本表未考虑用挡土板增加的宽度。

2.2.7　预算定额的使用方法

要准确套用定额，除了对定额作用、内容和适用范围应有必要的了解以外，还应该仔细了解定额的相关规定，正确理解定额的基本工作内容。一般来说，在选用预算定额项目时要注意以下几点。

1. 准确确定定额项目名称

若不能准确确定定额项目名称，就无法找到与其对应的定额编号，且预算的计价单位应与定额项目表规定的定额单位一致，否则不能直接套用，另外，当遇到定额数量的换算时，应按定额规定的系数进行调整。如定额“海拔 4200 m 原始森林地带挖、松填光缆沟及接头坑(硬土)”，从第四册定额手册中可以直接查找到“TXL2－002 挖、松填光(电) 缆沟及接头坑(硬土)”，但不能直接套用，因为未考虑“海拔 4200 m 原始森林地带”，从预算定额手册总说明可以得知其人工工日、机械台班消耗量的调整系数分别为 1.37 和 1.84。

2. 正确使用定额的计量单位

预算定额在编制时，为了保证预算价值的精确性，对许多定额项目采用了扩大计量单位的办法，在使用定额时必须注意计量单位的规定，避免出现小数点定位错误的情况。如第三册中“室内布放电力电缆（单芯相线截面积)”定额单位为“十米条”、第四册中“挖、松填光(电)缆沟及接头坑”定额单位为“百立方米”，第五册中“人工开挖管道沟及人（手）孔坑”定额单位为“百立方米”。

3. 注意查看定额项目表下的注释

因为注释说明了人工、主材、材械台班、仪器仪表台班消耗量的使用条件和增减等相关规定，往往会针对特殊情况给出调整系数等。如定额“敷设室外通道光缆(24 芯)”，从第四层定额手册第 90 页可以发现，定额项目表中只有“敷设管道光缆”，进一步查看注释得知，需要参考套用“敷设管道光缆”定额，即室外通道中布放光缆按本管道光缆相应子目工日的 70％计取，光缆托板、托板垫由设计按实计列，其他主材同本定额。

为了加深学生对 2016 版信息通信建设工程预算定额使用方法的理解，下面给出相关实例的具体解析过程。

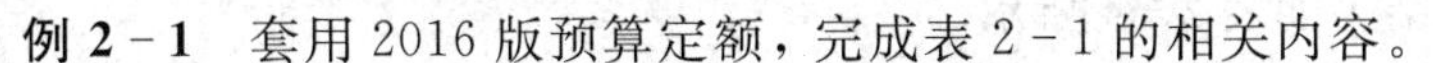
例 2－1　套用 2016 版预算定额，完成表 2－1 的相关内容。

表 2－1　例 2－1 的工程量信息表

定额编号	项目名称	定额单位	数量	单位定额值		合计值	
				技工	普工	技工	普工
	安装蓄电池抗震架(单层双列)		5.68 米/架				

分析：根据表 2－1 所给的项目名称“安装蓄电池抗震架(单层双列)”查找预算定额手册，可知其属于第一册(通信电源设备安装工程)，查看第一册目录可知第三章第一节(安装电池组及附属设备)在定额手册第 28 页。查看定额项目表，其定额编号为 TSD3－002，定额单位为 m，单位定额值技工为 0.55 工日，普工为 0 工日，且题目给定单位和定额单位相同，合计值技工应为 0.55×5.68＝3.124 工日。其正确结果如表 2－2 所示。

表 2－2　例 2－1 的工程量信息结果表

定额编号	项目名称	定额单位	数量	单位定额值		合计值	
				技工	普工	技工	普工
TSD3－002	安装蓄电池抗震架(单层双列)	m	5.68 米/架	0.55	0	3.124	0

例 2-2　套用 2016 版预算定额，完成表 2-3 的相关内容。

表 2-3　例 2-2 的工程量信息表

定额编号	项目名称	定额单位	数量	单位定额值		合计值	
				技工	普工	技工	普工
	室内布放 2 芯 25 mm² 电力电缆		115 m				

分析：根据表 2-3 所给的项目名称“室内布放 2 芯 25 mm² 电力电缆”查找预算定额手册，可知其属于第一册(通信电源设备安装工程)、第二册(有线通信设备安装工程)、第三册(无线通信设备安装工程)，在这 3 个预算定额手册里均有布放电力电缆部分，第二册和第三册人工消耗量一致，但与第一册不同。这里分两种情况来分析：

假如为通信电源设备安装工程，查看第一册目录可知第五章第三节(布放电力电缆)在定额手册第 57 页。查看定额项目表，其定额编号为 TSD5-022，定额单位为十米条，单位定额值技工为 0.2 工日，普工为 0 工日。但要注意两点：第一，定额项目表里的定额是针对单芯相线而言的，注释说明“对于 2 芯电力电缆的布放，按单芯相应工日数乘以系数 1.1 计算”，则此时单位定额值技工为 0.2×1.1=0.22 工日；第二，定额单位和题目给定单位不同，要正确换算为 11.5(十米条)，所以合计值技工应为 0.22×11.5=2.53 工日。

假如为有线/无线通信电源设备安装工程，以有线为例，查看第二册目录可知第一章第五节(布放设备缆线)在定额手册第 18 页。查看定额项目表，其定额编号为 TSY1-090，定额单位为十米条，单位定额值技工为 0.25 工日，普工为 0 工日。同样需要注意上述两点：第一，本定额注释说明“对于 2 芯电力电缆的布放，按单芯相应工日数乘以系数 1.35 计算”，则此时单位定额值技工为 0.25×1.35=0.3375 工日；第二，定额单位和题目给定单位不同，要正确换算为 11.5(十米条)，所以合计值技工应为 0.3375×11.5≈3.88 工日。

上述两种情况的正确结果如表 2-4 所示。

表 2-4　例 2-2 的工程量信息结果表

定额编号	项目名称	定额单位	数量	单位定额值		合计值	
				技工	普工	技工	普工
TSD5-022	室内布放 2 芯 25 mm² 电力电缆	十米条	115 m	0.22	0	2.53	0
TSY1-090	室内布放 2 芯 25 mm² 电力电缆	十米条	115 m	0.3375	0	3.88	0

例 2-3　套用 2016 版预算定额，完成表 2-5 的相关内容。

表 2-5　例 2-3 的工程量信息表

定额编号	项目名称	定额单位	数量	单位定额值		合计值	
				技工	普工	技工	普工
	安装组合式开关电源 (300 A)		2 架				

分析：根据表2-5所给的项目名称“安装组合式开关电源(300 A)”查找预算定额手册，可知其属于第一册(通信电源设备安装工程)，查看第一册目录可知第三章第四节(安装开关电源设备)在定额手册第41页。查看定额项目表，其定额编号为TSD3-064，定额单位为架，单位定额值技工为5.52工日，普工为0工日，且题目给定单位和定额单位相同，合计值技工应为5.52×2=11.04工日。其正确结果如表2-6所示。

表2-6 例2-3的工程量信息结果表

定额编号	项目名称	定额单位	数量	单位定额值		合计值	
				技工	普工	技工	普工
TSD3-064	安装组合式开关电源(300 A)	架	2架	5.52	0	11.04	0

例2-4 套用2016版预算定额，完成表2-7的相关内容。

表2-7 例2-4的工程量信息表

定额编号	项目名称	定额单位	数量	单位定额值		合计值	
				技工	普工	技工	普工
	安装数字分配架(子架)		10个				

分析：根据表2-7所给的项目名称“安装数字分配架(子架)”查找预算定额手册，可知其属于第二册(有线通信设备安装工程)，查看第二册目录可知第一章第二节(安装配线架)在定额手册第5页。查看定额项目表，其定额编号为TSY1-028，定额单位为个，单位定额值技工为0.19工日。普工为0工日，且题目给定单位和定额单位相同，合计值技工应为0.19×10=1.9工日。其正确结果如表2-8所示。

表2-8 例2-4的工程量信息结果表

定额编号	项目名称	定额单位	数量	单位定额值		合计值	
				技工	普工	技工	普工
TSY1-028	安装数字分配架(子架)	个	10个	0.19	0	1.9	0

例2-5 套用2016版预算定额，完成表2-9的相关内容。

表2-9 例2-5的工程量信息表

定额编号	项目名称	定额单位	数量	单位定额值		合计值	
				技工	普工	技工	普工
	安装低端路由器(整机型)		20台				

分析：根据表2-9所给的项目名称“安装低端路由器(整机型)”查找预算定额手册，可知其属于第二册(有线通信设备安装工程)，查看第二册目录可知第三章第一节(安装、调测数据通信设备)在定额手册第47页。查看定额项目表，其定额编号为TSY3-019，定额单位为台，单位定额值技工为1.25工日，普工为0工日，且题目给定单位和定额单位相同，合计值技工应为1.25×20=25工日。其正确结果如表2-10所示。

表 2-10　例 2-5 的工程量信息结果表

定额编号	项目名称	定额单位	数量	单位定额值		合计值	
				技工	普工	技工	普工
TSY3-019	安装低端路由器（整机型）	台	20 台	1.25	0	25	0

例 2-6　套用 2016 版预算定额，完成表 2-11 的相关内容。

表 2-11　例 2-6 的工程量信息表

定额编号	项目名称	定额单位	数量	单位定额值		合计值	
				技工	普工	技工	普工
	安装室外馈线走道（沿女儿墙内侧）		0.68 m				

分析：根据表 2-11 所给的项目名称“安装室外馈线走道(沿女儿墙内侧)”查找预算定额手册，可知其属于第三册(无线通信设备安装工程)，查看第三册目录可知第一章第一节(安装室内外缆线走道)在定额手册第 2 页。查看定额项目表和相应注释“沿女儿墙内侧安装馈线走道套用‘水平’安装定额子目”，其定额编号应为 TSW1-004，定额单位为 m，单位定额值技工为 0.35 工日，普工为 0 工日，且题目给定单位和定额单位相同，合计值技工应为 0.35×0.68=0.238 工日。其正确结果如表 2-12 所示。

表 2-12　例 2-6 的工程量信息结果表

定额编号	项目名称	定额单位	数量	单位定额值		合计值	
				技工	普工	技工	普工
TSW1-004	安装室外馈线走道（沿女儿墙内侧）	m	0.68 m	0.35	0	0.238	0

例 2-7　套用 2016 版预算定额，完成表 2-13 的相关内容。

表 2-13　例 2-7 的工程量信息表

定额编号	项目名称	定额单位	数量	单位定额值		合计值	
				技工	普工	技工	普工
	拆除单管塔（单杆整根式，10 t 以下）		10 基				

分析：根据表 2-13 所给的项目名称“拆除单管塔(单杆整根式，10 t 以下)”查找预算定额手册，可知其属于拆除工程，应参考对应的新建工程定额进行计算。首先查找对应的“新建单管塔(单杆整根式，10 t 以下)”定额，其属于第三册(无线通信设备安装工程)，查看第三册目录可知第五章第一节(安装铁塔组立)在定额手册第 91 页。查看定额项目表，其定额编号为 TSW5-002，定额单位为基，单位定额值技工为 12.97 工日，普工为 5.57 工日。从手册说明中可知，拆除工程人工工日系数为 0.70，因此“拆除单管塔(单杆整根式，10 t 以下)”定额对应的单位定额值技工为 12.97×0.70=9.079 工日，普工为 5.57×0.70=3.899 工日，且题目给定单位和定额单位相同，合计值技工应为 9.079×10=90.79 工日，合

计值普工应为3.899×10=38.99工日。其正确结果如表2-14所示。

表2-14　例2-7的工程量信息结果表

定额编号	项目名称	定额单位	数量	单位定额值		合计值	
				技工	普工	技工	普工
TSW5-002	拆除单管塔（单杆整根式，10 t以下）	基	10基	9.079	3.899	90.79	38.99

例2-8　套用2016版预算定额，完成表2-15的相关内容。

表2-15　例2-8的工程量信息表

定额编号	项目名称	定额单位	数量	单位定额值		合计值	
				技工	普工	技工	普工
	布放泄漏式1/2英寸射频同轴电缆(4 m以下)		10条				

分析：根据表2-15所给的项目名称“布放泄漏式1/2英寸射频同轴电缆(4 m以下)”查找预算定额手册，可知其属于第三册(无线通信设备安装工程)，查看第三册目录可知第二章第一节(安装、调测移动通信天、馈线)在定额手册第22页。查看定额项目表和相应注释“布放泄漏式射频同轴电缆定额工日，按本定额相应子目工日乘以系数1.1计算”，其定额编号应为TSW2-027，定额单位为条，单位定额值技工为0.2工日，普工为0工日，且题目给定单位和定额单位相同，单位定额值技工应为0.2×1.1=0.22工日，合计值技工应为0.22×10=2.2工日。其正确结果如表2-16所示。

表2-16　例2-8的工程量信息结果表

定额编号	项目名称	定额单位	数量	单位定额值		合计值	
				技工	普工	技工	普工
TSW2-027	布放泄漏式1/2英寸射频同轴电缆(4 m以下)	条	10条	0.22	0	2.2	0

例2-9　套用2016版预算定额，完成表2-17的相关内容。

表2-17　例2-9的工程量信息表

定额编号	项目名称	定额单位	数量	单位定额值		合计值	
				技工	普工	技工	普工
	敷设室外通道光缆（24芯以下）		2500米条				

分析：根据表2-17所给的项目名称“敷设室外通道光缆(24芯以下)”查找预算定额手册，可知其属于第四册(通信线路工程)，查看第四册目录可知第四章第一节(敷设管道光(电)缆)在定额手册第88页。查看定额项目表和相应注释“室外通道中布放光缆按本管道光缆相应子目工日的70%计取”，其定额编号应为TXL4-012，定额单位为千米条，单位定额值技工为6.83工日，普工为13.08工日。由于题目给定单位和定额单位不同，要进行正确换算，则单位定额值技工应为6.83×70%=4.781工日，普工应为13.08×70%=9.156工日，合计值技工应为2.5×4.781≈11.95工日，普工应为2.5×9.156=22.89工日。其正确结果如表2-18所示。

表 2-18　例 2-9 的工程量信息结果表

定额编号	项目名称	定额单位	数量	单位定额值		合计值	
				技工	普工	技工	普工
TXL4-012	敷设室外通道光缆 (24 芯以下)	千米条	2500 米条	4.781	9.156	11.95	22.89

例 2-10　套用 2016 版预算定额，完成表 2-19 的相关内容。

表 2-19　例 2-10 的工程量信息表

定额编号	项目名称	定额单位	数量	单位定额值		合计值	
				技工	普工	技工	普工
	百公里中继段光缆测试 (36 芯，双窗测试)		5 个中继段				

分析：根据表 2-19 所给的项目名称“百公里中继段光缆测试(36 芯，双窗测试)”查找预算定额手册，可知其属于第四册(通信线路工程)，查看第四册目录可知位于第六章第一节(光缆接续与测试)。根据定额名称，确定为“40 km 以上中继段光缆测试(36 芯以下)”，其定额编号应为 TXL6-045，定额单位为中继段，单位定额值技工为 4.39 工日，普工为 0 工日，且题目给定单位和定额单位相同。但要注意定额手册里给定的是单窗测试，依据第六章章节说明“中继段光缆测试定额是按单窗口测试取定的，如需双窗口测试时，其人工和仪表定额分别乘以系数 1.8”，则单位定额值技工应为 4.39×1.8=7.902 工日，普工为 0 工日，合计值技工应为 5×7.902=39.51 工日，普工 0 工日。其正确结果如表 2-20 所示。

表 2-20　例 2-10 的工程量信息结果表

定额编号	项目名称	定额单位	数量	单位定额值		合计值	
				技工	普工	技工	普工
TXL6-045	百公里中继段光缆测试 (36 芯，双窗测试)	中继段	5 个中继段	7.902	0	39.51	0

例 2-11　套用 2016 版预算定额，完成表 2-21 的相关内容。

表 2-21　例 2-11 的工程量信息表

定额编号	项目名称	定额单位	数量	单位定额值		合计值	
				技工	普工	技工	普工
	挖、松填光缆沟(普通土、 海拔 2600 m 原始森林地带)		660 m^3				

分析：根据表 2-21 所给的项目名称“挖、松填光缆沟(普通土、海拔 2600 m 原始森林地带)”查找预算定额手册，可知其属于第四册(通信线路工程)，查看第四册目录可知第二章第一节(挖、松填光(电)缆沟及接头坑)在定额手册的第 8 页。根据定额名称，其定额编号应为 TXL2-001，定额单位为百立方米，单位定额值技工为 0 工日，普工为 39.38 工日，且题目给定单位和定额单位不同。同时要注意定额名称隐含“海拔 2600 m”(人工调整系数为 1.13)、“原始森林地带”(人工调整系数为 1.30)两个系数调整，依据总说明中要求“以上

四类特殊地区若在施工中同时存在两种以上情况时，只能参照较高标准计取一次，不应重复计列”，应计取系数为 1.30，则单位定额值普工应为 39.38×1.30＝51.194 工日，技工为 0 工日，合计值普工应为 51.194×6.6≈337.88 工日，技工为 0 工日。其正确结果如表 2－22 所示。

表 2－22　例 2－11 的工程量信息结果表

定额编号	项目名称	定额单位	数量	单位定额值		合计值	
				技工	普工	技工	普工
TXL2－001	挖、松填光缆沟(普通土、海拔 2600 m 原始森林地带)	百立方米	660 m^3	0	51.194	0	337.88

例 2－12　套用 2016 版预算定额，完成表 2－23 的相关内容。

表 2－23　例 2－12 的工程量信息表

定额编号	项目名称	定额单位	数量	单位定额值		合计值	
				技工	普工	技工	普工
	混凝土管道基础(一立型，C20，基础厚度为100 mm)		180 m				

分析：根据表 2－23 所给的项目名称“混凝土管道基础(一立型，C20，基础厚度为 100 mm)”查找预算定额手册，可知其属于第五册(通信管道工程)，第二章第一节(混凝土管道基础)。根据定额名称，确定其定额编号应为 TGD2－002，定额单位为百米，单位定额值技工为 4.67 工日，普工为 5.00 工日。但要注意定额项目表注释“本定额是按管道基础厚度为 80 mm 时取定的，当基础厚度为 100 mm、120 mm 时，除钢材外定额分别乘以系数 1.25、1.50”，则单位定额值技工应为 4.67×1.25＝5.8375 工日，普工为 5.00×1.25＝6.25工日，合计值技工应为 1.8×5.8375≈10.51 工日，普工应为 1.8×6.25＝11.25 工日。其正确结果如表 2－24 所示。

表 2－24　例 2－12 的工程量信息结果表

定额编号	项目名称	定额单位	数量	单位定额值		合计值	
				技工	普工	技工	普工
TGD2－002	混凝土管道基础(一立型，C20，基础厚度为100 mm)	百米	180 m	5.8375	6.25	10.51	11.25

从以上实例的分析过程可以发现，工程量信息表的填写要注意以下两个方面问题：一是定额单位与统计数量单位的换算，这样才能保证合计技工总工日和合计普工总工日的正确计算；二是注意所给定额项目名称的附属条件，通过查看预算定额总说明、册说明、章节说明以及定额项目表下方的注释内容，相应地进行系数调整，但要注意，当遇到多个调整系数时，取最高系数进行调整。

2.3　信息通信建设工程概算定额

2.3.1　概算定额的含义

概算定额也称为扩大结构定额，它是以一定计量单位规定的建筑安装工程扩大结构、分部工程或扩大分项工程所需人工、材料、机械台班以及仪表台班的标准。概算定额是在预算定额基础上编制的，比预算定额更具有综合性质，它是编制扩大初步设计概算、控制项目投资的有效依据。目前信息通信建设工程没有概算定额，在编制概算定额时，暂用预算定额代替。

2.3.2 概算定额的作用

概算定额的作用主要包括以下五点。

(1) 概算定额是编制概算、修正概算的主要依据。对不同的设计阶段而言，初步设计阶段应编制概算，技术设计阶段应编制修正概算，因此必须要有与设计深度相适应的计价定额，而概算定额是为适应这种设计深度编制的。

(2) 概算定额是设计方案比较的依据。设计方案的比较主要是对建筑、结构方案进行技术、经济比较，目的是选出经济、合理的优秀设计方案。概算定额按扩大分项工程或扩大结构构件划分定额项目，可为设计方案的比较提供便利的条件。

(3) 概算定额是编制主要材料订购计划的依据。对于项目建设所需要的材料、设备，应先制定采购计划，再进行订购。根据概算定额的材料消耗指标计算人工、材料数量比较准确、快速，可以在施工图设计之前提出计划。

(4) 概算定额是编制概算指标的依据。

(5) 对于实行工程招标承包制的工程项目，概算定额是对其已完工程进行价款结算的主要依据。

2.3.3 概算定额的内容

概算定额也属于定额的一种，其结构与预算定额很相似，由概算总说明、册说明、章节说明、定额项目表及必要的附录组成。在概算总说明中，明确了编制概算定额的依据、所包括的内容和用途、使用的范围和应遵守的规定、工程量的计算规则、某些费用费率的计取规则和工程概算造价的计算公式等；册说明中，阐述了本册的主要内容、编制基础和套用时应注意的问题及相关规定；章节说明中，规定了分部工程量的相关计算规定及所包含的概算定额子目和工作内容等；定额项目表给出了工程所需的人工、材料、机械和仪表台班的消耗量；附录部分主要供编制人员在编制工程概算时作为参考。

2.3.4 概算定额的编制方法

1. 编制原则

概算定额应该贯彻社会平均水平和简明适用的原则。由于概算定额和预算定额都是工程计价的依据，所以应符合价值规律和反映现阶段生产力水平。概算定额编制所贯彻的社会平均水平应留有必要的幅度差，以便在编制过程中加以严格控制。

2. 编制依据

(1) 现行的设计标准规范。

(2) 现行建筑和安装工程预算定额。

(3) 国务院各有关部门和各省、自治区、直辖市颁发的标准设计图集和有代表性的设计图纸等。

(4) 现行的概算定额及其编制资料。

(5) 编制期人工工资标准、材料预算价格和机械台班费用等。

3. 编制程序

概算定额的编制基础之一是预算定额，所以其编制程序基本与预算定额编制程序相同。预算定额编制程序主要包括熟悉图纸、收集相关资料→计算工程量→套用定额→计算各项费用→复查检查→撰写编制说明→审核印刷。

2.4 信息通信建设工程施工台班单价定额

2.4.1 机械台班单价定额

机械台班量是指以一台施工机械一天(8 小时)完成合格产品的数量作为台班产量定额，再以一定的机械幅度差来确定单位产品所需要的机械台班量。基本用量的计算公式为

$$预算定额中施工机械台班消耗量=\frac{某单位合格产品数量}{每台产量定额}\times机械幅度差系数$$

或者为

$$预算定额中施工机械台班消耗量=\frac{1}{每台班产量}$$

只有价值在 2000 元以上的机械才能计取其台班消耗量，低于 2000 元的不能计取其机械台班量。信息通信建设工程施工机械台班单价如表 2-25 所示。

表 2-25 信息通信建设工程施工机械台班单价

编　号	机械名称	型　号	台班单价(元)
TXJ001	光纤熔接机		144
TXJ002	带状光纤熔接机		209
TXJ003	电缆模块接续机		125
TXJ004	交流弧焊机		120
TXJ005	汽油发电机	10 kW	202
TXJ006	柴油发电机	30 kW	333
TXJ007	柴油发电机	50 kW	446
TXJ008	电动卷扬机	3 t	120
TXJ009	电动卷扬机	5 t	122
TXJ010	汽车式起重机	5 t	516
TXJ011	汽车式起重机	8 t	636
TXJ012	汽车式起重机	16 t	768
TXJ014	汽车式起重机	50 t	2051

续表一

编　号	机械名称	型　号	台班单价(元)
TXJ013	汽车式起重机	25 t	947
TXJ015	汽车式起重机	75 t	5279
TXJ016	载重汽车	5 t	372
TXJ017	载重汽车	8 t	456
TXJ018	载重汽车	12 t	582
TXJ019	载重汽车	20 t	800
TXJ020	叉式装载车	3 t	374
TXJ021	叉式装载车	5 t	450
TXJ022	汽车升降机		517
TXJ023	挖掘机	0.6 m^3	743
TXJ024	破碎锤(含机身)		768
TXJ025	电缆工程车		373
TXJ026	电缆拖车		138
TXJ027	滤油机		121
TXJ028	真空滤油机		149
TXJ029	真空泵		137
TXJ030	台式电钻机	Φ25 mm	119
TXJ031	立式钻床	Φ25 mm	121
TXJ032	金属切割机		118
TXJ033	氧炔焊接设备		144
TXJ034	燃油式路面切割机		210
TXJ035	电动式空气压缩机	0.6 m^3/min	122
TXJ036	燃油式空气压缩机	6 m^3/min	368
TXJ037	燃油式空气压缩机(含风镐)	6 m^3/min	372
TXJ038	污水泵		118
TXJ039	抽水机		119
TXJ040	夯实机		117
TXJ041	气流敷设设备(敷设微管微缆)		814
TXJ042	气流敷设设备(敷设光缆)		1007
TXJ044	微控钻孔敷管设备(套)	25 t 以上	2594

续表二

编　号	机械名称	型　号	台班单价(元)
TXJ043	微控钻孔敷管设备(套)	25 t以下	1747
TXJ045	水泵冲槽设备		645
TXJ046	水下光(电)缆沟挖冲机		677
TXJ047	液压顶管机	5 t	444
TXJ048	缠绕机		137
TXJ049	自动升降机		151
TXJ050	机动绞磨		170
TXJ051	混凝土搅拌机		215
TXJ052	混凝土振捣机		208
TXJ053	型钢剪断机		320
TXJ054	管子切断机		168
TXJ055	磨钻机		118
TXJ056	液压钻机		277
TXJ057	机动钻机		343
TXJ058	回旋钻机		582
TXJ059	钢筋调直切割机		128
TXJ060	钢筋弯曲机		120

那么，如何计算某一个工程量耗费的机械使用费呢？其实，和计算人工费的基本思路相似，只要知道其所耗费的数量(台班总量)和单价标准(台班单价标准)，由数量乘以单价标准即可获得相应机械使用费。下面以具体实例来剖析。

例2-13　运用2016版预算定额和机械台班单价定额，完成表2-26的相关内容。

表2-26　例2-13的机械台班量信息表

定额编号	项目名称	单位	数量	机械名称	单位定额值		合计值	
					消耗量(台班)	单价(元)	消耗量(台班)	合价(元)
TXL1-008	人工开挖混凝土路面(100 mm以内)	百平方米	110 m^2					

分析：根据表2-26中的定额编号，可知该工程量是第四册第一章中的第8个定额，将其在预算定额手册定位，从定额项目表可以查找到机械主要有燃油式路面切割机和燃油式空气压缩机(含风镐)两种，单位定额值台班消耗量分别为0.50台班、0.85台班。依据表2-25可查得以上两种机械台班的单价分别为210元、372元，则合计值台班消耗量为1.1×0.50=0.55台班，1.1×0.85=0.935台班，合价分别为0.55×210=115.5元，0.935×372=347.82元。其正确结果如表2-27所示。

表 2-27 例 2-13 的机械台班量信息结果表

定额编号	项目名称	单位	数量	机械名称	单位定额值			合计值
					消耗量（台班）	单价（元）	消耗量（台班）	合价（元）
TXL1-008	人工开挖混凝土路面（100 mm 以内）	百平方米	110 m^2	燃油式路面切割机	0.50	210	0.55	115.5
TXL1-008	人工开挖混凝土路面（100 mm 以内）	百平方米	110m^2	燃油式空气压缩机（含风镐）	0.85	372	0.935	347.82

2.4.2 仪表台班单价定额

与机械台班定额一样，只有价值在 2000 元以上的仪表才能计算其台班消耗量，低于 2000 元的不能计取仪表台班量。信息通信建设工程施工仪表台班单价如表 2-28 所示。

表 2-28 信息通信建设工程施工仪表台班单价

编　号	名　　称	规格(型号)	台班单价(元)
TXY001	数字传输分析仪	155 M/622M	350
TXY002	数字传输分析仪	2.5G	674
TXY003	数字传输分析仪	10G	1181
TXY004	数字传输分析仪	40G	1943
TXY005	数字传输分析仪	100G	2400
TXY006	稳定光源		117
TXY007	误码测试仪	2M	120
TXY008	误码测试仪	155M/622M	278
TXY009	误码测试仪	2.5G	420
TXY010	误码测试仪	10G	524
TXY011	误码测试仪	40G	894
TXY012	误码测试仪	100G	1128
TXY013	光可变衰耗器		129
TXY014	光功率计		116
TXY015	数字频率计		160
TXY016	数字宽带示波器	20G	428
TXY017	数字宽带示波器	100G	1288
TXY018	光谱分析仪		428
TXY019	多波长计		307

续表一

编　号	名　称	规格(型号)	台班单价(元)
TXY020	信令分析仪		227
TXY021	协议分析仪		127
TXY022	ATM 性能分析仪		307
TXY023	网络测试仪		100
TXY024	PCM 通道测试仪		190
TXY025	用户模拟呼叫器		268
TXY026	数据业务测试仪	GE	192
TXY027	数据业务测试仪	10GE	307
TXY028	数据业务测试仪	40GE	832
TXY029	数据业务测试仪	100GE	1154
TXY030	漂移测试仪		381
TXY031	中继模拟呼叫器		231
TXY032	光时域反射仪		153
TXY033	偏振模色散测试仪	PMD 分析	455
TXY034	操作测试终端(电脑)		125
TXY035	音频振荡器		122
TXY036	音频电平表		123
TXY037	射频功率计		147
TXY038	天馈线测试仪		140
TXY039	频谱分析仪		138
TXY040	微波信号发生器		140
TXY041	微波/标量网络分析仪		244
TXY042	微波频率计		140
TXY043	噪声测试仪		127
TXY044	数字微波分析仪(SDH)		187
TXY045	射频/微波步进衰耗器		166
TXY046	微波传输测试仪		332
TXY047	数字示波器	350M	130
TXY048	数字示波器	500M	134
TXY049	微波系统分析仪		332
TXY050	视频、音频测试仪		180

续表二

编　号	名　　称	规格(型号)	台班单价(元)
TXY051	视频信号发生器		164
TXY052	音频信号发生器		151
TXY053	绘图仪		140
TXY054	中频信号发生器		143
TXY055	中频噪声发生器		138
TXY056	测试变频器		153
TXY057	移动路测系统		428
TXY058	网络优化测试仪		468
TXY059	综合布线线路分析仪		156
TXY060	经纬仪		118
TXY061	GPS 定位仪		118
TXY062	地下管线探测仪		157
TXY063	对地绝缘探测仪		153
TXY064	光回波损耗测试仪(OLTS)		135
TXY065	PON 光功率计		116
TXY066	激光测距仪		119
TXY067	绝缘电阻测试仪		120
TXY068	直流高压发生器	40/60 kV	121
TXY069	高精度电压表		119
TXY070	数字式阻抗测试仪(数字电桥)		117
TXY071	直流钳形电流表		117
TXY072	手持式多功能万用表		117
TXY073	红外线温度计		117
TXY074	交/直流低电阻测试仪		118
TXY075	全自动变比组别测试仪		122
TXY076	接地电阻测试仪		120
TXY077	相序表		117
TXY078	蓄电池特性容量监测仪		122
TXY079	智能放电测试仪		154
TXY080	智能放电测试仪（高压）		227
TXY081	相位表		117

续表三

编　号	名　　称	规格(型号)	台班单价(元)
TXY082	电缆测试仪		117
TXY083	振荡器		117
TXY084	电感电容测试仪		117
TXY085	三相精密测试电源		139
TXY086	线路参数测试仪		125
TXY087	调压器		117
TXY088	风冷式交流负载器		117
TXY089	风速计		119
TXY090	移动式充电机		119
TXY091	放电负荷		122
TXY092	电视信号发生器		118
TXY093	彩色监视器		117
TXY094	有毒有害气体检测仪		117
TXY095	可燃气体检测仪		117
TXY096	水准仪		116
TXY097	互调测试仪		310
TXY098	杂音计		117
TXY099	色度色散测试仪	CD分析	442

与机械台班定额一样，只要知道其所耗费的仪表台班量和相应的仪表台班单价，两者相乘即可获得仪表使用费。下面举例加以说明。

例2-14　运用2016版预算定额和仪表台班单价定额，完成表2-29的相关内容。

表2-29　例2-14的仪表台班量信息表

定额编号	项目名称	单位	数量	仪表名称	单位定额值		合计值	
					消耗量（台班）	单价（元）	消耗量（台班）	合价（元）
TXL6-009	光缆接续(24芯以下)	头	10头					

分析：根据表2-29中的定额编号和项目名称，可知该工程量是第四册第六章中的第9个定额，从定额项目表可以查找到仪表名称为“光时域反射仪”，单位定额值台班消耗量为0.8台班。依据表2-28可查得光时域反射仪台班单价为153元，则合计值台班消耗量为0.8×10=8台班，合价为8×153=1224元。其正确结果如表2-30所示。

表 2-30　例 2-14 的仪表台班量信息结果表

定额编号	项目名称	单位	数量	仪表名称	单位定额值		合计值	
					消耗量（台班）	单价（元）	消耗量（台班）	合价（元）
TXL6-009	光缆接续(24 芯以下)	头	10 头	光时域反射仪	0.8	153	8	1224

例 2-15　运用 2016 版预算定额和仪表台班单价定额，完成表 2-31 的相关内容。

表 2-31　例 2-15　的仪表台班量信息表

定额编号	项目名称	单位	数量	仪表名称	单位定额值		合计值	
					消耗量（台班）	单价（元）	消耗量（台班）	合价（元）
TXL6-045	40 km 以上 36 芯中继段光缆测试(双窗口)	中继段	5 中继段					

分析：根据表 2-31 中的定额编号和项目名称，可知该工程量是第四册第六章中的第 45 个定额，从定额项目表可以查找到仪表名称为“光时域反射仪”、“稳定光源”、“光功率计”和“偏振模色散测试仪(其消耗量供设计选用)”，单位定额值台班消耗量均为 0.68 台班。根据预算定额手册《通信线路工程》第六章说明可知，本定额中的中继段光缆测试定额是按单窗口测试取定的，如需双窗口测试，其人口和仪表定额分别乘以系数 1.8，因此上述四种仪表的单位定额值台班消耗量为 0.6×1.8=1.224 台班。依据表 2-28 可查得上述四种仪表的台班单价分别为 153 元、117 元、116 元、455 元，则四种仪表的台班消耗量合计值均为 1.224×5=6.12 台班，对应的合价分别为 6.12×153=936.36元、6.12×117=716.04元、6.12×116=709.92 元、6.12×455=2784.6 元。其正确结果如表2-32 所示。

表 2-32　例 2-15 的仪表台班量信息结果表

定额编号	项目名称	单位	数量	仪表名称	单位定额值		合计值	
					消耗量（台班）	单价（元）	消耗量（台班）	合价（元）
TXL6-045	40 km 以上 36 芯中继段光缆测试(双窗口)	中继段	5 中继段	光时域反射仪	1.224	153	6.12	936.36
TXL6-045	40 km 以上 36 芯中继段光缆测试(双窗口)	中继段	5 中继段	稳定光源	1.224	117	6.12	716.04
TXL6-045	40 km 以上 36 芯中继段光缆测试(双窗口)	中继段	5 中继段	光功率计	1.224	116	6.12	709.92
TXL6-045	40 km 以上 36 芯中继段光缆测试(双窗口)	中继段	5 中继段	偏振模色散测试仪	1.224	455	6.12	2784.6

自我测试

一、填空题

1. 按定额反映物质消耗的内容，可以将定额分为________、机械消耗定额以及________三种。

2. 信息通信建设工程定额有________定额和________定额。

3. 预算定额子目编号由三部分组成：第一部分为汉语拼音缩写(三个字母)，表示________；第二部分为一位阿拉伯数字，表示定额子目________；第三部分为三位阿拉伯数字，表示定额子目在章内的序号。

4. 预算定额的主要特点有________、技普分开和________。

5. 定额具有科学性、________、________、权威性和强制性、稳定性和时效性等特点。

6.《信息通信建设工程预算定额》每册主要由________、册说明、章节说明、________和必要的附录构成。

7. “预算定额”中注有“××以上”，其含义是________本身。(填写“包括”或“不包括”)

二、判断题

1. 2016 版“预算定额”中的材料包括直接构成工程实体的主要材料和辅助材料。( )

2. 定额中包含施工用水、电、蒸汽消耗量。( )

3. 拆除旧人(手)孔时，应不含挖填土方工程量。( )

4. 设计概、预算的计价单位划分应与定额规定的项目内容相对应，才能直接套用。( )

5.《信息通信建设工程预算定额》“量价分离”的原则是指定额中只反映人工、主材、机械台班的消耗量，而不反映其单价。( )

6. 当“预算定额”用于扩建工程时，所有定额均乘以扩建调整系数。( )

7. “预算定额”仅适用于海拔高程 2000 m 以下，地震烈度为七度以下的地区，超过上述情况时无法进行套用。( )

8. 定额的时效性与稳定性是相互矛盾的。( )

9. 对于同一定额项目名称，若有多个相关系数，此时应采取连乘的方法来确定定额量。( )

10. 2016 版“预算定额”的实施时间是 2016 年 12 月 30 日。( )

11. 2016 版《信息通信建设工程预算定额》对施工机械的价值界定为 2000 元以上。( )

12. 价值为 1800 元的仪表属于定额中的“仪表台班”中的“仪表”。( )

13. 通信设备安装工程均按技工计取工日。( )

14. “预算定额”中只反映主要材料，其辅助材料可按费用定额的规定另行处理。( )

15. “预算定额”手册中人工消耗量包括基本用工和辅助用工。( )

三、选择题

1. 室外通道光缆套用管道光缆定额子目，但其人工工日调整系数为( )。

A. 60% B. 70% C. 80% D. 90%

2. 对于 2 芯电力电缆的布放，按单芯相应工日乘以系数(　　)计取。

A. 1.2　　B. 1.3　　C. 1.5　　D. 1.1

3. “预算定额”适用于通信工程新建、扩建工程，(　　)可参照使用。

A. 恢复工程　　B. 大修工程　　C. 改建工程　　D. 维修工程

4. 布放泄漏式射频同轴电缆定额工日，按布放射频同轴电缆相应子目工日乘以系数(　　)进行计算。

A. 1.1　　B. 1.3　　C. 1.5　　D. 1.6

5. 通信线路工程当工程规模较小时，人工工日以总工日为基数进行调整，当工程总工日为 100～250 工日时，其按(　　)规定系数进行调整。

A. 增加 15%　　B. 增加 20%　　C. 增加 10%　　D. 增加 14%

6. 定额中的主要材料消耗量包括直接用于安装工程中的(　　)。

A. 直接使用量、运输损耗量　　B. 直接使用量和预留量

C. 主要材料净用量和规定的损耗量　　D. 预留量和运输损耗量

7. 按定额的编制程序和用途，可以将定额分为施工定额、预算定额、概算定额、投资估算指标以及(　　)五种。

A. 企业定额　　B. 临时定额　　C. 行业定额　　D. 工期定额

8. 册名为 TSW 表示(　　)。

A. 通信电源设备安装工程　　B. 有线通信设备安装工程

C. 无线通信设备安装工程　　D. 通信管道工程

9.《无线通信设备安装工程》预算定额用于拆除天、馈线及室外基站设备时，定额规定的人工调整系数为(　　)。

A. 0.7　　B. 0.4　　C. 1.1　　D. 1.0

10. 某通信线路工程在位于海拔 2000 米以上和原始森林地区进行室外施工，如果根据工程量统计的工日为1000 工日，海拔 2000 米以上和原始森林调整系数分别为 1.13 和 1.3，则总工日应为(　　)。

A. 1130　　B. 1469　　C. 2430　　D. 1300

11.《信息通信建设工程预算定额》用于扩建工程时，其扩建施工降效部分的人工工日按乘以系数(　　)计取。

A. 1.0　　B. 1.1　　C. 1.2　　D. 1.3

12. 下列施工仪表单价在(　　)元可计入施工仪表台班消耗量。

A. 1500　　B. 1800　　C. 1900　　D. 2200

四、简答题

1. 什么是定额？有哪些特点？

2. 什么是概算定额？其作用是什么？

3.《信息通信建设工程预算定额》手册共分几册？

4. 现行信息通信建设工程定额的构成是什么？

5. 2016 版《信息通信建设工程预算定额》有哪些特点？套用定额时需要注意什么？

五、综合题

套用 2016 版《信息通信建设工程预算定额》，补充完成表 T2－1 空格中的相关内容。

表 T2－1　工程定额项目基本信息

定额编号	项目名称	定额单位	数量	单位定额值		合计值	
				技工	普工	技工	普工
	立 8.5 m 水泥电杆(综合土，山区)		10 根				
	拆除架空自承式光缆(48 芯，清理入库)		600 m				
	布放光缆人孔抽水(流水)		15 个				
	人工敷设管道光缆(单模，24 芯)		1200 m				
	桥架内明布电缆(屏蔽 50 对以下)		500 m				
	百公里中继段光缆测试(36 芯，双波长)		3 个中继段				
	建筑物内开混凝土槽		300 m				
	安装四口 8 位模块式信息插座(带屏蔽)		60 个				
	海拔 2500 m 原始森林地带开挖、松填光缆沟(冻土)		1000 m^3				
	敷设厚度为 10 cm 的一平型(460 宽)混凝土管道基础(C15)		450 m				

技能实训　预算定额查找和台班费用定额使用

一、实训目的

1. 掌握 2016 版《信息通信建设工程预算定额》手册的主要内容及注意事项。

2. 理解和掌握“预算定额”的正确查找方法及套用技巧。

3. 能根据给定工程项目内容及数量，运用“预算定额”手册查找和填写相关信息。

二、实训场所和器材

通信工程设计实训室、2016 版预算定额手册 1 套、微型计算机 1 台。

三、实训内容

根据下面给定的工程项目内容及数量，查找 2016 版“预算定额”手册完成表 J2－1～表 J2－3 的填写。

(1) 安装 100 米以内辅助吊线(1 条档)。

(2) 40 km 以下 24 芯光缆中继段测试(48 芯，1 个中继段)。

(3) 敷设 24 芯通道光缆(100 米)。

(4) 布放 1/2 英寸射频同轴电缆(1 条 3 米)。

(5) 沿外墙垂直安装室外馈线走道(10 米)。

(6) 室外布放 25 m² 双芯电力电缆(320 米)。
(7) 安装调测直放站设备(1 站)。
(8) 沿女儿墙内侧安装室外馈线走道(0.8 米)。
(9) 海拔 4200 米原始森林地带开挖直埋光缆沟(冻土、夯填,25 m³)。
(10) 布放泄漏式 1/2 英寸射频同轴电缆(1 条 3 米)。
(11) 城区拆除 8 米水泥杆(综合土、清理入库,20 根)。
(12) 48 芯架空光缆接续(10 头)。
(13) 10 千米 24 芯光缆中继段双窗口测试(1 个中继段)。
(14) 18 米楼顶铁塔上安装定向天线(3 副)。
(15) 布放泄漏式 7/8 英寸射频同轴电缆(1 条 8 米)。
(16) 4G 基站系统调测 3 个"载扇"(1 站)。
(17) 安装无线局域网交换机 (1 台)。
(18) 安装蓄电池抗震架(双层双列,6 米)。
(19) 蓄电池(48 V 以下直流系统)容量试验(2 组)。
(20) 安装高频开关整流模块(50 A 以下,9 个)。

表 J2-1 工程量信息统计

序号	定额编号	项目名称	单位	数量	单位定额值(工日)		合计值(工日)	
					技工	普工	技工	普工
1	TXL3-180	架设 100 米以内辅助吊线	条档	1	1.00	1.00	1.00	1.00
2								
3								
4								
5								
6								
7								
8								
9								
10								
11								
12								
13								
14								
15								
16								
17								
18								
19								
20								

表 J2－2　机械台班及使用费统计

序号	定额编号	工程及项目名称	单位	数量	机械名称	单位定额值		合计值	
						数量（台班）	单价（元）	数量（台班）	合价（元）
Ⅰ	Ⅱ	Ⅲ	Ⅳ	Ⅴ	Ⅵ	Ⅶ	Ⅷ	Ⅸ	Ⅹ
1									
2									
3									

表 J2－3　仪表台班及使用费统计

序号	定额编号	工程及项目名称	单位	数量	仪表名称	单位定额值		合计值	
						数量（台班）	单价（元）	数量（台班）	合价（元）
Ⅰ	Ⅱ	Ⅲ	Ⅳ	Ⅴ	Ⅵ	Ⅶ	Ⅷ	Ⅸ	Ⅹ
1									
2									
3									

四、总结与体会

____

____

____

第3章

信息通信建设工程工程量统计

【学习目标】

1. 掌握通信工程图纸常用图例及含义，并能进行正确识读。
2. 理解和掌握信息通信建设工程工程量计算的总体要求及原则。
3. 掌握信息通信建设工程不同专业的主要工程量统计方法。
4. 能正确进行信息通信工程图纸的识读，并准确统计出所涉及的工程量。

3.1 通信工程识图

通信工程图纸是通过图形符号、文字符号、文字说明以及标注表达的。要读懂图纸就必须了解和掌握图纸中各种图形符号、文字符号等所代表的含义。

将图形符号、文字符号等按不同专业的要求画在一个平面上就组成了一张通信工程图纸，专业人员通过工程图纸了解工程规模、工程内容，统计出工程量，编制出工程概预算文件。阅读工程图纸、统计工程量的过程称为工程识图。

3.1.1 通信工程常用图例

需要注意的是，工程制图规范中所给出的图例并不可能囊括所有所需的工程图例，随着技术、产品工艺的不断更新和进步，工程设计人员会依据本公司的有关标准绘制出新的工程图例，总之，只要在设计图纸中对其以图例形式加以标明即可。

1. 通信线路

1）通信光缆图例

通信光缆相关图例如表3-1所示。

表3-1 通信光缆常用图例

序 号	名 称	图 例	说 明
1	光缆		光纤或光缆的一般符号

续表

序　号	名　称	图　例	说　明
2	光缆参数标注	a/b/c	a—光缆型号； b—光缆芯数； c—光缆长度(m)
3	永久接头		
4	可拆卸固定接头		
5	光纤连接器(插头-插座)		

2）通信线路图例

通信线路图例如表3-2所示。

表3-2　通信线路常用图例

序　号	名　称	图　例	说　明
1	墙壁吊挂式		
2	墙壁卡子式		
3	通信线路一般符号		
4	直埋线路一般符号		适用于线路图
5	架空线路一般符号		适用于路由图
6	管道线路一般符号		适用于路由图
7	充气或注油堵头		
8	具有旁路的充气或 注油堵头		
9	水底或海底线路		适用于路由图

3）线路设施与分线设备

线路设施与分线设备常用图例如表3-3所示。

表 3-3　线路设施与分线设备常用图例

序　号	图形符号	名称及说明
1		埋设光(电)缆铺砖、铺水泥盖板保护
2	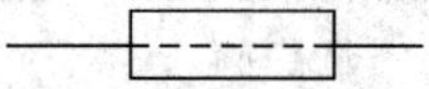	埋设光(电)缆穿管保护
3	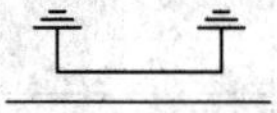	埋设光(电)缆上方敷设排流线
4		光(电)缆预留
5		光(电)缆蛇形敷设方式
6		直埋线路标石的一般符号
7		光(电)缆盘留
8		通信线路巡房
9	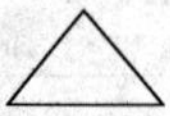	光(电)缆交接间
10		架空电缆交接箱、光缆交接箱
11		落地式电缆交接箱
12		架空光缆交接箱
13		落地式光缆交接箱

4）通信杆路

通信杆路常用图例如表 3-4 所示。

表3-4 通信杆路常用图例

序号	图例	名称及说明
1		电杆的一般符号
2		单接杆
3		品接杆
4	H 或	H型杆
5	L	L型杆
6	A	A型杆
7	Δ	三角杆
8	#	四角杆(井形杆)
9		引上杆
10		通信电杆上装设避雷针
11	A	通信电杆上装设放电器
12		电杆保护用围桩
13		带撑杆的电杆
14		带撑杆拉线的电杆

续表

序　号	图例	名称及说明
15	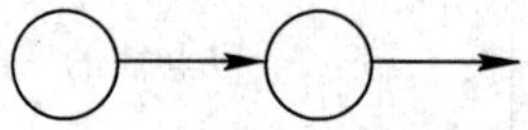	高桩拉线
16	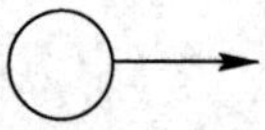	单方拉线
17	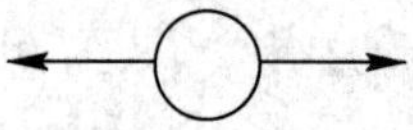	双方拉线
18	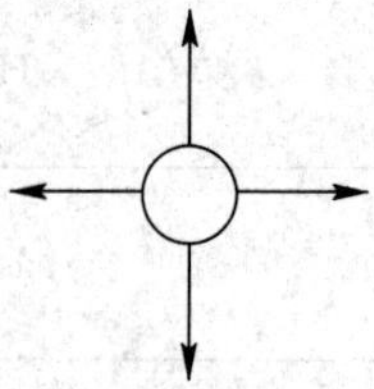	四方拉线
19	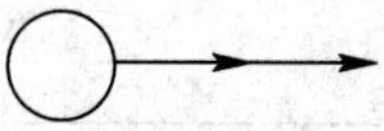	带 V 型拉线的电杆

5）通信管道工程

通信管道常用图例如表 3-5 所示。

表 3-5　通信管道常用图例

序号	图形符号	名称及说明	序号	图形符号	名称及说明
1		直通型人孔	5	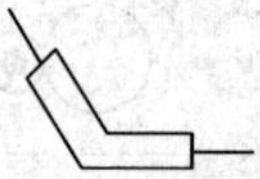	斜通型人孔
2	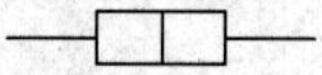	手孔（双页）	6	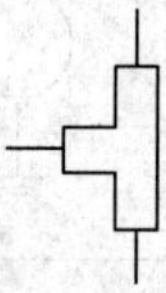	三通型人孔
3	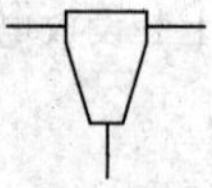	局前人孔	7	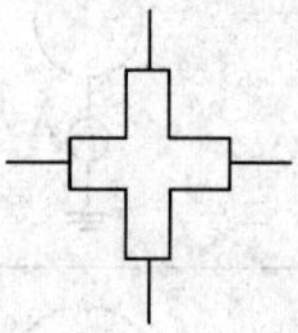	四通型人孔
4	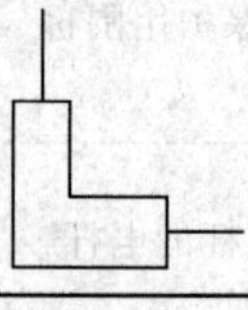	直角型人孔	8	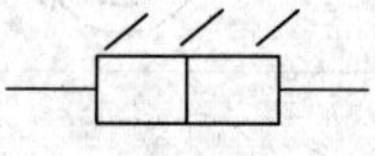	埋式手孔（双页）

2. 通信设备

1）通信电源

通信电源常用图例如表 3-6 所示。

表 3-6 通信电源常用图例

序 号	名 称	图 例	说 明
1	规划的变电杆/配电所		
2	运行的变电所/配电所		
3	规划的杆上变压器		
4	运行的杆上变压器		
5	规划的发电站		
6	运行的发电站		
7	负荷开关	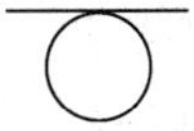	
8	蓄电池组		移动基站蓄电池一般以两组为单位放置
9	开关电源		
10	交流配电箱	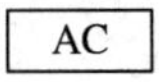 AC	

2）传输设备

传输设备常用图例如表3-7所示。

表3-7　传输设备常用图例

序　号	名　称	图　例	说　明
1	告警灯		
2	告警铃	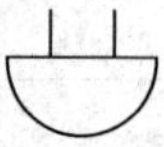	
3	设备内部时钟		
4	大楼综合定时系统		
5	网管设备		
6	ODF/DDF 架	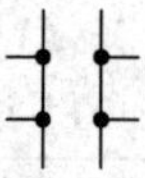	
7	WDM 终端型波分复用设备	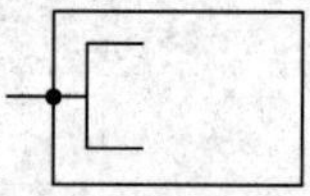	16/32/40/80 波等
8	WDM 光线路放大器		
9	WDM 光分插复用器	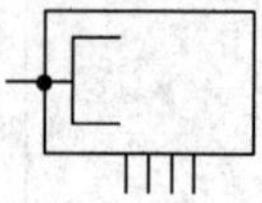	16/32/40/80 波等
10	SDH 中继器		

3）移动通信

移动通信常用图例如表3-8所示。

表3-8 移动通信常用图例

序号	名称	图例	说明
1	基站	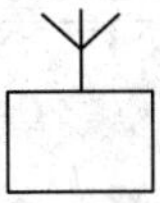	可加注BTS、GSM、CDMA基站或NodeB、WCDMA、TD-SCDMA基站等
2	定向天线	 俯视 正视	Tx：发射天线 Rx：接收天线 Tx/Rx：收发共用天线
3	板状定向天线	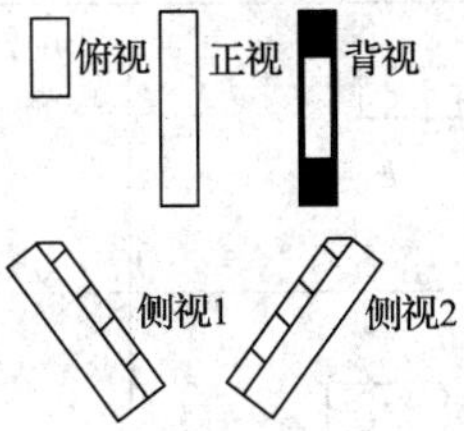 俯视 正视 背视 侧视1 侧视2	Tx：发射天线 Rx：接收天线 Tx/Rx：收发共用天线
4	八木天线	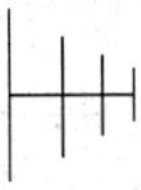	
5	吸顶全向天线		主要用于室内分布系统工程
6	吸顶定向天线		主要用于室内分布系统工程
7	抛物面天线	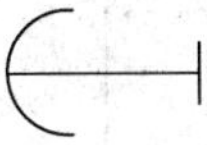	
8	馈线	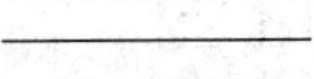	
9	泄露电缆	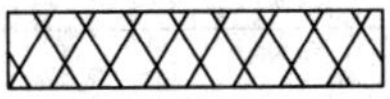	
10	二功分器	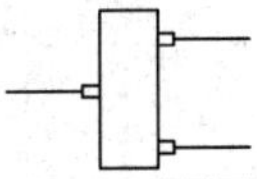	主要用于室内分布系统工程
11	三功分器	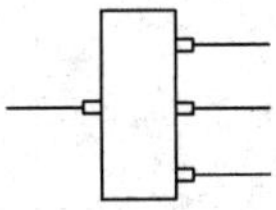	主要用于室内分布系统工程
12	耦合器	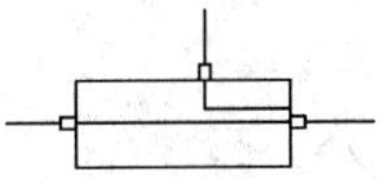	主要用于室内分布系统工程
13	直放站		主要用于室内分布系统工程
14	干线放大器	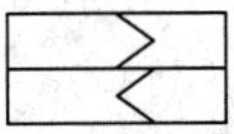	

3. 机房建筑及设施

机房建筑及设施常用图例如表 3-9 所示。

表 3-9 机房建筑及设施常用图例

序 号	名 称	图 例	说 明
1	墙	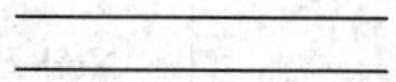	
2	方形孔洞		左边为穿墙洞，右边为地板洞
3	单扇门	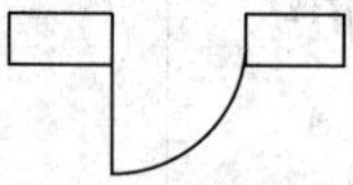	
4	双扇门		
5	电梯	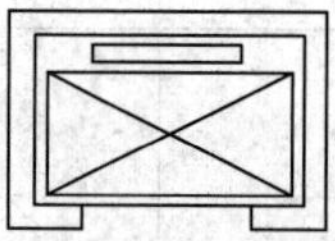	
6	楼梯	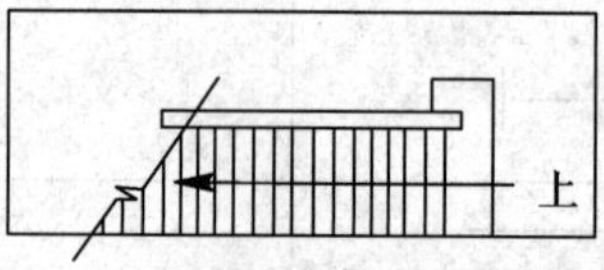 上	
7	房柱		
8	折断线		表示不需要画全的部分
9	波浪线	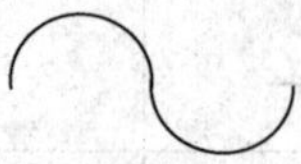	表示不需要画全的部分
10	标高		在上方横线上标出高度数值

4. 地形图常用图例

地形图常用图例如表 3-10 所示。

表 3-10 地形图常用图例

序 号	名 称	图 例	说 明
1	围墙		
2	体育场	体育场	
3	稻田		
4	天然草坪		
5	人工草坪		

3.1.2 通信工程图纸识读

1. 通信线路工程图纸识读

图 3-1 是某信息职业技术学院光缆线路工程施工图，下面将运用前面所学的制图知识和相关专业知识来详细识读它。

(1) 总体查看图纸各要素是否齐全。该工程图除图衔中有关信息没有填写完整外，其他要素基本齐全。

① 指北针图标，它是通信线路工程图、机房平面图、机房走线路由图等图纸中必不可少的要素，可以帮助施工人员辨明方向，正确快速地找到施工位置。

② 工程图例齐全，为准确识读此工程图纸奠定了基础。

③ 技术说明、主要工程量列表简述较为清晰，为编制施工图预算提供信息，同时也便于施工技术人员领会设计意图，从而为快速施工提供详细的资料。

④ 图纸主要参照物齐全，有小路、学生公寓、操场等，为工程施工提供了方便。

⑤ 图纸中线路敷设路由清晰，距离数据标注完整，同时对于特殊场景(钢管引上、拉线程式等)进行了相关说明。

⑥ 图纸左下区域也给出了本次工程管道管孔占用情况，有利于读者更好地识读该图纸。

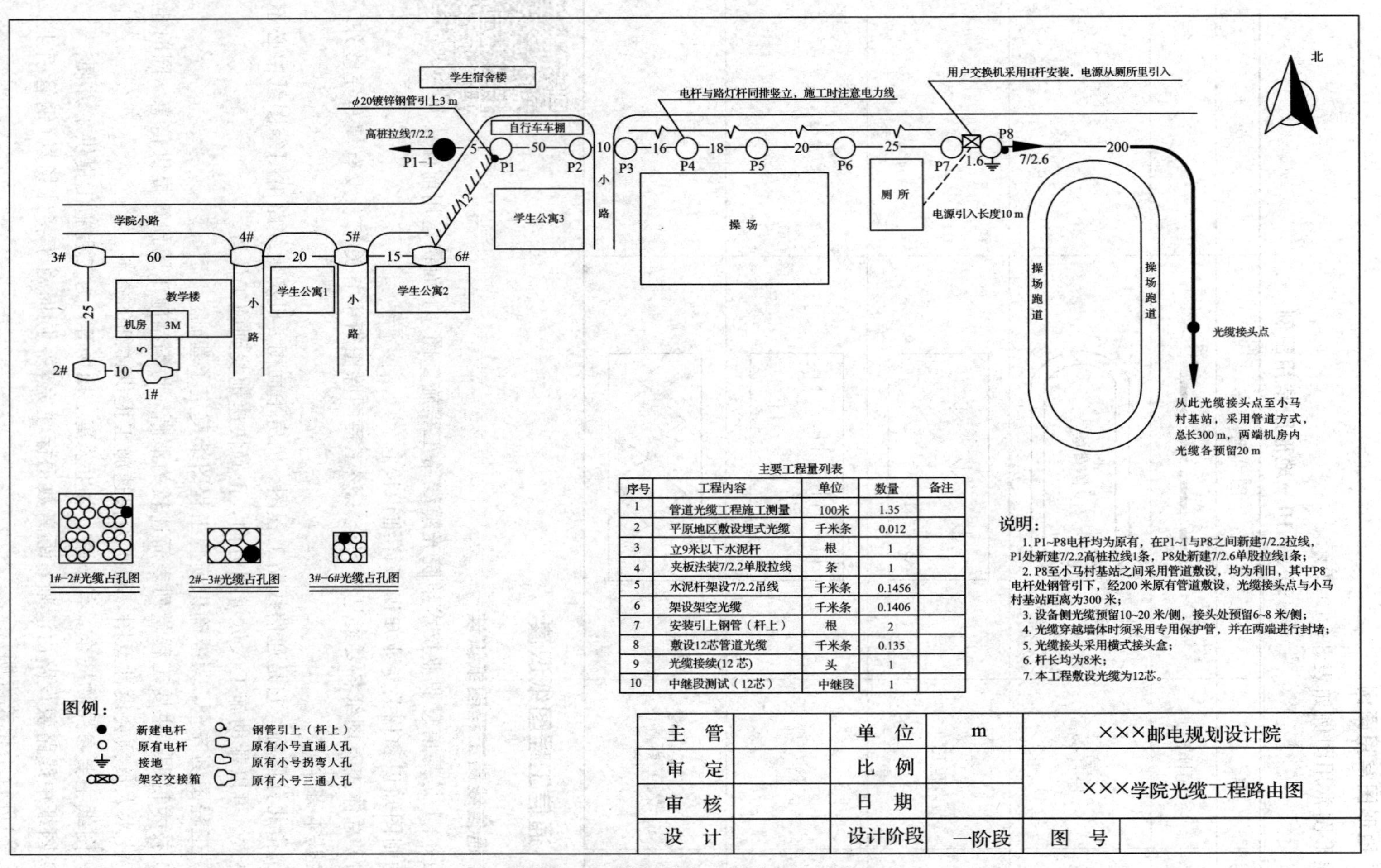

主要工程量列表

序号	工程内容	单位	数量	备注
1	管道光缆工程施工测量	100米	1.35	
2	平原地区敷设埋式光缆	千米条	0.012	
3	立9米以下水泥杆	根	1	
4	夹板法装7/2.2单股拉线	条	1	
5	水泥杆架设7/2.2吊线	千米条	0.1456	
6	架设架空光缆	千米条	0.1406	
7	安装引上钢管（杆上）	根	2	
8	敷设12芯管道光缆	千米条	0.135	
9	光缆接续(12 芯)	头	1	
10	中继段测试（12芯）	中继段	1	

图3-1 某信息职业技术学院光缆线路工程施工图

(2) 细读图纸，看是否能直接指导工程施工。

① 从左往右看，12 芯光缆由 3M 机房旁的机房里的 ODF 架出发，经管道敷设，从 1＃人孔→2＃人孔→3＃人孔→4＃人孔→5＃人孔→6＃人孔(光缆在每个人孔里的管孔位占用情况已在图纸中给出，见图例上方图示)，其光缆敷设长度为 $L=5+10+25+60+20+15=135$ 米(图中标出的人孔间距离是指人孔中心至人孔中心的距离)，这个长度不包括光纤弯曲、损耗以及设计预留等部分。要注意的是，在光缆敷设的时候，要根据实际工程情况，明确是否要计取机房室内部分的光缆长度。

② 光缆至 6＃人孔后，经 12 米的直埋敷设至电杆 P1(这里由管道敷设转换为直埋敷设，需要在 6＃人孔壁上开墙洞一个)。

③ 在电杆 P1 处通过 $\Phi 20$ 镀锌钢管引上 3 米，进行杆路敷设，从 P1→P2→P3→P4→P5→P6→P7→P8，这些电杆均为原有电杆，在 P7 与 P8 之间本次工程安装一个架空光缆交接箱，P1 至 P8 之间光缆敷设长度为 $L=50+10+16+18+20+25=139$ 米，其中不包括 P7 与 P8 之间交接箱用光缆长度、弯曲、损耗以及光缆预留部分。另外，新建拉线 2 条，P8 处设单股拉线 1 条，还有在 P1 杆处新建高桩拉线 1 条，现有预算定额手册里无高桩拉线，在计取工程量时，将其看作由新建电杆 P1－1、P1－1 与 P1 之间的吊线和单股拉线 7/2.2 组成。

④ 光缆引至 P8 杆处时，通过钢管引下(未明确钢管类型)，经过 500 米管道敷设方式至小马村基站，两端机房内光缆预留长度均为 20 米，并在距 P8 电杆 200 米接头处完成 12 芯光缆接续，接头处每侧预留光缆 6～8 米。

至此，已将本工程图纸的全部内容进行了解读，为后期工程量具体计算和概预算文件编制奠定了基础。

2. 移动通信基站工程图纸识读

图 3－2 是某新建 TD－SCDMA 基站工程平面布置图，分析思路与通信线路工程图的一样。

(1) 整体查看图纸各要素是否齐全，并了解其设计意图。可以看出，本工程图纸有指北针、机房平面布置、图例、技术说明以及主要设备表等，要素较为齐全。同时新建、扩建设备区分较为明显，设备正面图例标注清晰。

(2) 细读图纸，看是否能直接指导工程施工。

① 查看设备是否定位。本次工程新增 1(开关电源)、2(综合柜，内含 SDH/DDF/ODF)、3(NODEB)、4(蓄电池组 2 组)、5(交流配电箱)、6(室内防雷箱)和 7(室内地线排)等 7 个新设备，设备大小尺寸、设备间距已在图中及设备表里给出，每个设备的安装位置可以唯一确定。

② 查看设备摆放是否合理。1 为开关电源设备，与 5 号设备交流配电箱靠近，便于电源线布放，节约工程成本投入；预留空位 3(图中虚线框)表示后期扩建 NODEB 的位置，也较为合理，便于走线和长远规划；蓄电池组 4 靠近墙面放置，这个需要考虑到地面承重大小。

③ 门窗是否符合一定基站的建设要求。此处门宽为 880 mm，高度未知，单扇或双扇未明确，不太符合一定基站单扇门宽 1 m，高不小于 2 m 的基本要求，需要后期施工加以改造。为了减少外部灰尘渗入机房内部，机房不设窗户，若有窗子，需要进行改造。本工程整个机房没有窗户，由空调调节温度和湿度，符合要求。

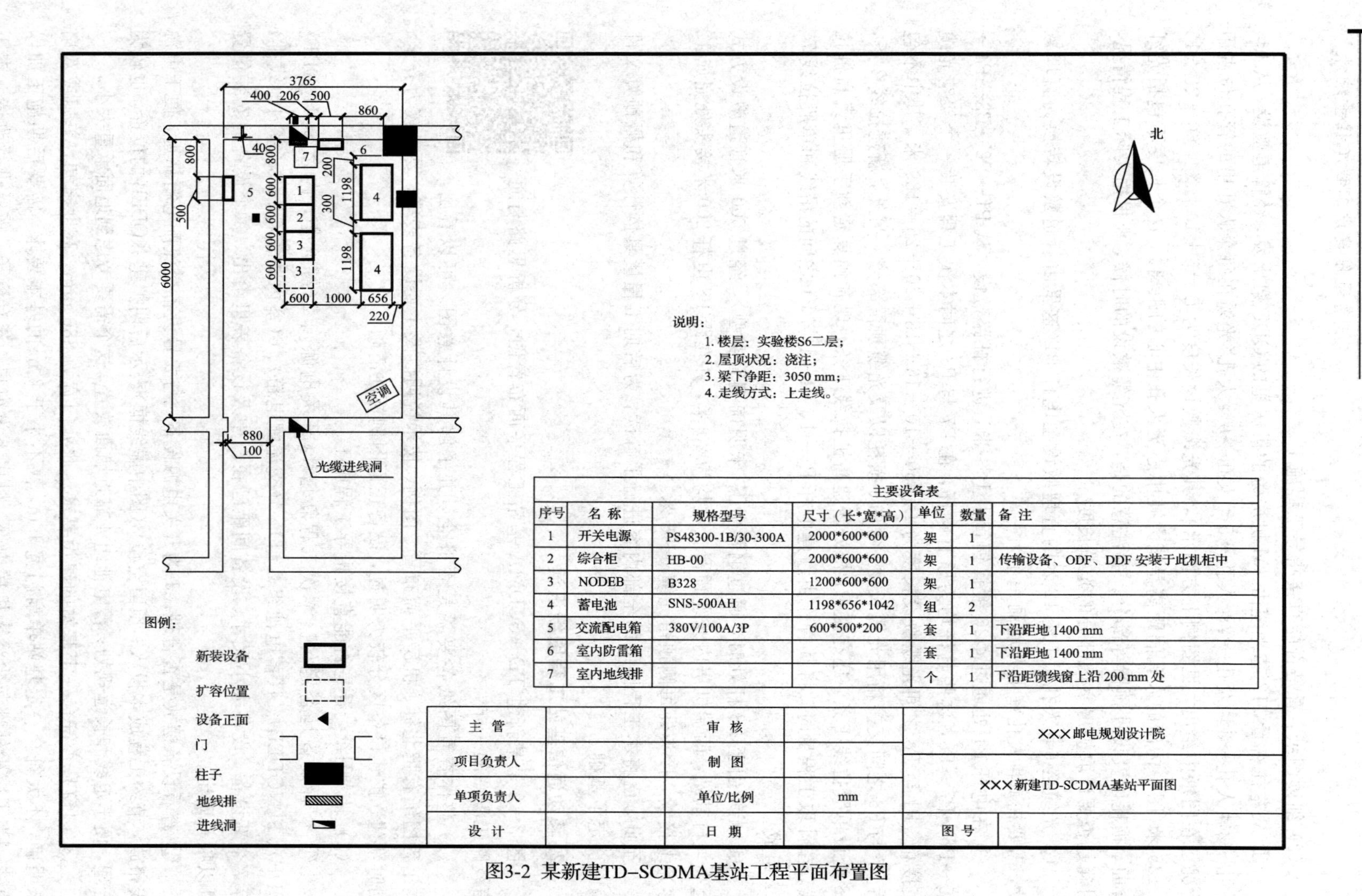

序号	名 称	规格型号	尺寸（长*宽*高）	单位	数量	备 注
1	开关电源	PS48300-1B/30-300A	2000*600*600	架	1	
2	综合柜	HB-00	2000*600*600	架	1	传输设备、ODF、DDF 安装于此机柜中
3	NODEB	B328	1200*600*600	架	1	
4	蓄电池	SNS-500AH	1198*656*1042	组	2	
5	交流配电箱	380V/100A/3P	600*500*200	套	1	下沿距地 1400 mm
6	室内防雷箱			套	1	下沿距地 1400 mm
7	室内地线排			个	1	下沿距馈线窗上沿 200 mm 处

图3-2 某新建TD–SCDMA基站工程平面布置图

④ 接地设计是否合理。本工程设计中，室内设置了接地排7，为了便于蓄电池组的接地，可以在蓄电池组4附近增设接地排，专门用于蓄电池组的接地，这样可以节省接地线缆的布放。

⑤ 墙壁上设备安装是否定位。本次工程有5(交流配电箱)、6(室内防雷箱)和7(接地排)三个设备，图中主要设备表已给出三者的安装高度，安装位置可以唯一确定。

⑥ 墙洞是否定位。本次设计中要求南北墙上各开一个墙洞，其中北墙的是馈线洞，南墙的是中继光缆进线洞，两者距侧墙的距离和高度并未给出，因此会导致无法施工。

⑦ 空调、照明、开关等辅助设施具体给出应在施工前完成，在本设计图中无需定位。

至此，已将本工程图纸的全部内容进行了解读。

3. 室内分布系统工程图纸识读

图3-3是某宾馆室内分布系统天线安装及走线路由图，下面将对其进行以下方面的解读。

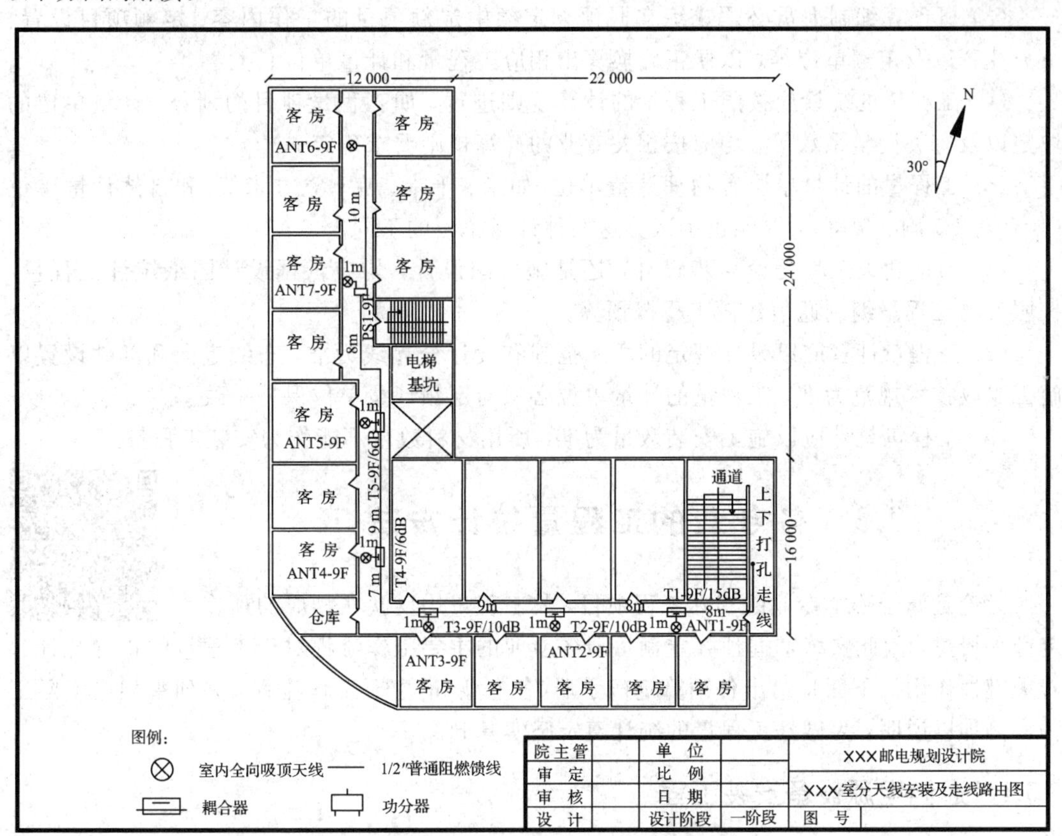

图3-3　某宾馆室内分布系统天线安装及走线路由图

(1) 整体查看图纸各要素是否齐全，并了解其设计意图。可以看出，本工程图纸有指北针、天线安装及走线路由图、图例等，要素较为齐全，若有相关技术说明也可添加在图纸相关位置，便于解读此工程图纸。

(2) 细读图纸，看是否能直接指导工程施工。从接入点开始，经过耦合器T1(15 dB)、T2(10 dB)、T3(10 dB)、T4(6 dB)、T5(6 dB)进行馈线敷设(1/2″馈线)，在各耦合器的耦合端出口1米处进行天线的安装，最后通过PS1功分器等分出两个天线。图中所用到的1/2″射频同轴电缆长度均已标注，若加上室内分布系统框图和系统原理图，可以用于指导工程施工。

3.2 工程量统计的总体要求

工程项目的工程量统计准确与否，直接影响着概预算文件的编制质量。不同编制人员的编制习惯不一样，有的从工程图纸的左上角开始逐一统计，有的按照预算定额目录顺序进行查找统计，还有的按照施工顺序进行统计，其实无论采用哪种计算方法，只要保证实际工程项目的工程量一个不少地统计出来即可。工程量的统计一般应遵循以下原则：

(1) 工程量统计的主要依据是施工图设计文件、现行预算定额的有关规定以及相关资料。

(2) 概预算编制人员应具备较强的工程识图能力，须对照所给施工图纸进行工程量的统计，绝不能无中生有。

(3) 概预算编制人员必须熟练掌握预算定额中定额项目的工作内容、定额项目设置、下方注释以及定额单位等，以便正确换算出相应工程量和计量单位。

(4) 工程量的统计应按照工程量的计算规则进行，如工程量项目的划分、计量单位的取定以及有关调整系数等，均应按相关专业的计算规则要求确定。

(5) 工程量的计量单位有物理计量单位(如米、千米、克、立方米等)和自然计量单位(如台、套、副、架等)，要能正确区分这两种计量单位的不同。

(6) 通信建设工程无论初步设计，还是施工图设计，均应依据设计图纸统计工程量，按照实物工程量编制通信建设工程概预算。

(7) 工程量计算应以设计规定的所属范围和设计分界线为准，布线走向和部件设置以施工验收技术规范为准，工程量的计量单位必须与定额计量单位保持一致。

(8) 工程量统计应以施工安装数量为准，所用材料数量不能作为安装工程量。

3.3 各专业的工程量统计方法

无论是属于哪个专业的实际工程项目，其工程量均反映在相应的预算定额手册里，因此熟练掌握预算定额手册各专业的主要工作流程对于工程量的正确统计起着关键性作用。下面将给出各预算定额手册(各专业)的主要工作流程，并列举相应实际工程实例加以说明，为做好工程量的统计奠定坚实基础。

3.3.1 通信电源设备安装工程

《通信电源设备安装工程》定额手册覆盖了通信设备安装工程中所需的全部供电系统配置的安装项目，内容包括 10 kV 以下的变、配电设备，机房空调和动力环境监控，电力缆线布放，接地装置，供电系统配套附属设施的安装与调试。本定额手册主要包括以下七章内容：

(1) 安装与调试高、低压供电设备。

(2) 安装与调试发电机设备。

(3) 安装交直流电源设备、不间断电源设备。

(4) 机房空调及动力环境监控。

(5) 敷设电源母线、电力和控制缆线。

(6) 接地装置。

(7) 安装附属设施。

对于一个移动基站工程的电源设备安装而言，其工作流程为：安装交直流、不停电电源及配套设备→敷设电源母线、电力电缆及终端制作→安装接地装置。主要工程量如表3-11所示。有关蓄电池、开关电源、交流配电箱的容量计算与选型，电源线径的确定详见附录B。

表3-11 移动基站工程的电源设备安装工程量清单

序号	定额编号	工程量名称	备 注
1	TSD3-001～TSD3-005	安装蓄电池抗震架	有单层单列、单层双列、双层单列、双层双列和多层多列之分
2	TSD3-013～TSD3-019	安装48 V铅酸蓄电池组	每组蓄电池容量不同，使用定额不同
3	TSD3-034	蓄电池补充电	
4	TSD3-036	蓄电池容量试验	本表序号1～4项属于48 V铅酸蓄电池安装工程量
5	TSD3-050～TSD3-057	安装、调试交流不间断电源	容量不同，定额不同
6	TSD3-064～TSD3-066	安装组合式开关电源	容量划分为300 A以下、600 A以下和600 A以上三种
7	TSD3-067～TSD3-069	安装开关电源架	容量划分为600 A以下、1200 A以下和1200 A以上三种
8	TSD3-070～TSD3-072	安装高频开关整流模块	容量划分为50 A以下、100 A以下和100 A以上三种
9	TSD3-076	开关电源系统调测	
10	TSD3-077	安装落地式交、直流配电屏	
11	TSD3-078	安装墙挂式交、直流配电箱	
12	TSD3-079	安装过压保护装置/防雷箱	此定额一般近似代替防雷装置
13	TSD3-094	无人值守站内电源设备系统联测	
14	TSD5-021～TSD5-027	室内布放电力电缆(单芯)	不同导线截面对应于不同定额
15	TSD5-039～TSD5-046	制作、安装1 kV以下电力电缆终端头	不同导线截面对应于不同定额
16	TSD6-011	安装室内接地排	
17	TSD6-012	敷设室内接地母线	
18	TSD6-013	敷设室外接地母线	

3.3.2 有线通信设备安装工程

《有线通信设备安装工程》定额手册主要包括以下五章内容：

(1) 安装机架、缆线及辅助设备。

(2) 安装、调测光纤数字传输设备。

(3) 安装、调测数据通信设备。

(4) 安装、调测交换设备。

(5) 安装、调测视频监控设备。

对于一个移动基站工程的传输设备安装而言，其工作流程为：安装机架、缆线及辅助设备→安装、调测光纤数字传输设备。主要工程量如表 3-12 所示。

表 3-12 移动基站工程的传输设备安装工程量清单

序号	定额编号	工程量名称	备 注
1	TSY1-005～ TSY1-006	安装室内有源综合架(柜)	有落地式、嵌墙式之分
2	TSY1-027	安装数字分配架(整架)	
3	TSY1-028	安装数字分配架(子架)	一般放置在综合柜
	TSY1-031	安装壁挂式数字分配箱	单独壁挂
4	TSY1-029	安装光分配架(整架)	
5	TSY1-030	安装光分配架(子架)	一般放置在综合柜
6	TSY1-032	安装壁挂式光分配箱	单独壁挂
7	TSY1-068	SYV 类射频同轴电缆	
8	TSY1-078	布放列内、列间信号线	
9	TSY1-079	设备机架之间放、绑软光纤(15 m 以下)	
10	TSY1-080	设备机架之间放、绑软光纤(15 m 以上)	
11	TSY2-001	安装子机框及公共单元盘	
12	TSY2-003	增(扩)装、更换光模块	
13	TSY2-004～ TSY2-017	安装测试传输设备接口盘	接口不同，定额不同
14	TSY2-018	安装测试单波道光放大器	
15	TSY2-019	安装测试光电转换模块	
16	TSY2-020	DXC 设备连通测试	
17	TSY2-020	安装测试 PCM 设备	

3.3.3 无线通信设备安装工程

《无线通信设备安装工程》定额手册主要包括以下五章内容：

(1) 安装机架、缆线及辅助设备。

(2) 安装移动通信设备。

(3) 安装微波通信设备。

(4) 安装卫星地球站设备。

(5) 铁塔安装工程。

对于一个移动基站工程的无线设备安装而言，其工作流程为：安装机架、缆线及辅助设备→天、馈线系统安装和调测→基站系统安装和调测→联网调测。主要工程量如表3-13所示。

表3-13 移动基站工程的无线设备安装工程量清单

序号	定额编号	工程量名称	备注
1	TSW1-001	安装室内电缆槽道	
2	TSW1-002、TSW1-003	安装室内电缆走线架	有水平和垂直两种
3	TSW1-004	安装室外馈线走道(水平)	
4	TSW1-005	安装室外馈线走道(沿外墙垂直)	
5	TSW1-012、TSW1-013	安装室内有源综合架(柜)	有落地式和嵌墙式两种
6	TSW1-027～TSW1-029	安装防雷箱	有室内安装、室外非塔上安装、室外铁塔上安装三种
7	TSW1-030	安装室内接地排	
8	TSW1-031	安装室外接地排	
9	TSW1-032	安装防雷器	
10	TSW1-033	敷设室内接地母线	
11	TSW1-044～TSW1-045	放、绑设备缆线、SYV类同轴电缆	有单芯和多芯两种
12	TSW1-050	编扎、焊(绕、卡)接设备电缆、SYV类同轴电缆	
13	TSW1-053～TSW1-055	放、绑软光纤	
14	TSW1-058	布放射频拉远单元(RRU)用光缆	
15	TSW1-080	安装加固吊挂	
16	TSW1-081	安装支撑铁架	
17	TSW1-082	安装馈线密封窗	
18	TSW1-088～TSW1-090	天线美化处理配合用工	有楼顶、铁塔、外墙三种
19	TSW2-016	安装定向天线(抱杆上)	
20	TSW2-023	安装调测卫星全球定位系统(GPS)天线	
21	TSW2-027～TSW2-028	布放射频同轴电缆1/2英寸以下	有4 m以下和每增加1 m之分
22	TSW2-029～TSW2-030	布放射频同轴电缆7/8英寸以下	有10 m以下和每增加1 m之分，用于GSM基站

续表

序号	定额编号	工程量名称	备　注
23	TSW2-044～TSW2-045	宏基站天、馈线系统调测	有1/2英寸和7/8英寸两种
24	TSW2-048	配合调测天、馈线系统	
25			
26	TSW2-049～TSW2-052	安装基站主设备	有室外落地式、室内落地、壁挂式、机柜/箱嵌式四种
27	TSW2-053～TSW2-062	安装射频拉远设备	各种安装场景
28	TSW2-073～TSW2-075	2G基站系统调测	
29	TSW2-076～TSW2-077	3G基站系统调测	
30	TSW2-078～TSW2-079	LTE/4G基站系统调测	
31	TSW2-080～TSW2-081	配合基站系统调测	有全向和定向两种
32	TSW2-090～TSW2-091	2G基站联网调测	
33	TSW2-092	3G基站联网调测	
34	TSW2-093	LTE/4G基站联网调测	
35	TSW2-094	配合联网调测	

对于一个室内分布系统工程的无线设备安装而言，其工作流程为：直放站设备安装→天、馈系统设备安装→线缆布放→系统调测。主要工程量如表3-14所示。

表3-14　室内分布系统工程的无线设备安装工程量清单

序号	定额编号	工程量名称	备　注
1	TSW2-070	安装调测直放站设备	安装调测直放站设备包括近端、远端直放站设备
2	TSW2-039	安装调测室内天、馈线附属设备合路器、分路器(功分器、耦合器)	施主基站处用的耦合器要统计
3	TSW2-024～TSW2-026	安装室内天线	有高度6 m以下、高度6 m以上和电梯井三种
4	TSW2-027	布放射频同轴电缆1/2英寸以下(4 m以下)	
5	TSW2-028	布放射频同轴电缆1/2英寸以下(每增加1 m)	
6	TSW1-060～TSW1-066	室内布放电力电缆(单芯)16 mm^2以下(近端)	截面积不同，定额不同；双芯或多芯按照相应系数调整

续表

序号	定额编号	工程量名称	备 注
7	TSW1-060～TSW1-066	室内布放电力电缆（单芯）16 mm^2以下（远端）	截面积不同，定额不同；双芯或多芯按照相应系数调整
8	TSW2-046	室内分布式天、馈线系统调测	

3.3.4 通信线路工程

《通信线路工程》定额手册主要包括以下七章内容：

(1) 施工测量、单盘检验与开挖路面。

(2) 敷设埋式光（电）缆。

(3) 敷设架空光(电)缆。

(4) 敷设管道、引上及墙壁光(电)缆。

(5) 敷设其他光(电)缆。

(6) 光(电)缆接续与测试。

(7) 安装线路设备。

对于一个直埋线路工程而言，其工作流程为：施工测量→开挖路面→开挖光缆沟和接头坑→敷设直埋光缆→埋式光缆保护→测试。主要工程量如表 3-15 所示。

表 3-15 直埋线路工程工程量清单

序号	定额编号	工程量名称	备 注
1	TXL1-001	光(电)缆工程施工测量(直埋)	
2	TXL1-006	单盘检验(光缆)	
3	TXL1-008～ TXL1-016	人工开挖路面	路面类型不同，定额不同
4	TXL1-017～ TXL1-022	机械开挖路面	路面类型不同，定额不同
5	TXL2-001～ TXL2-006	挖、松填光(电)缆沟、接头坑(硬土)	土质不同，定额不同
6	TXL2-007～ TXL2-012	挖、夯填光(电)缆沟、接头坑(硬土)	土质不同，定额不同
7	TXL2-014	手推车倒运土方	
8	TXL2-015	平原地区敷设埋式光缆(36 芯以下)	不同土质（平原，丘陵、水田、城区，山区）和光缆芯数，采用定额不同
9	TXL2-107	人工顶管	当遇到铁路、公路等
10	TXL2-108	机械顶管	当遇到铁路、公路等

续表

序号	定额编号	工程量名称	备　注
11	TXL2－109～ TXL2－111	铺管保护	有钢管、塑料管和大长度半硬塑料管三种
12	TXL2－112～ TXL2－113	铺砖保护	有横铺砖和竖铺砖两种
13	TXL2－114	铺水泥盖板	
14	TXL2－115	铺水泥槽	
15	TXL6－010	光缆接续(36 芯以下)	不同光缆芯数，采用定额不同
16	TXL5－005～TXL5－006	光缆成端接头	有束状和带状两种
17	TXL6－045	40 km 以上中继段光缆测试(36 芯以下)	光缆芯数不同，定额不同
18	TXL6－074	40 km 以下光缆中继段测试(36 芯以下)	光缆芯数不同，定额不同
19	TXL7－042～ TXL7－044	安装落地式光缆交接箱	交接箱容量(144 芯以下、288 芯以下和 288 芯以上)不同，采用定额不同
20	TXL7－045～ TXL7－046	安装壁挂式光缆交接箱	交接箱容量(144 芯以下、288 芯以下和 288 芯以上)不同，采用定额不同
21	TXL7－047～ TXL7－048	安装架空式光缆交接箱	交接箱容量(144 芯以下、288 芯以下和 288 芯以上)不同，采用定额不同

对于一个架空线路工程而言，其工作流程为：施工测量→立杆→安装拉线→架设吊线→敷设架空式光缆→测试。主要工程量如表 3－16 所示。

表 3－16　架空线路工程工程量清单

序号	定额编号	工程量名称	备　注
1	TXL1－002	光(电)缆工程施工测量(架空)	
2	TXL3－001	立 9 米以下水泥杆(综合土)	不同土质(综合土、软石、坚石)和杆高，采用定额不同；此外还有立 11 m 以下和 13 m 以下水泥杆

续表

序号	定额编号	工程量名称	备　注
3	TXL3 - 051	水泥杆夹板法装 7/2.2 单股拉线(综合土)	不同土质(综合土、软石、坚石)和拉线程式，采用定额不同
4	TXL3 - 168	水泥杆架设 7/2.2 吊线(平原)	不同土质(平原、丘陵、山区、市区)和吊线程式(7/2.2、7/2.6、7/3.0)，采用定额不同
5	TXL3 - 180	架设 100 米以内辅助吊线	
6	TXL3 - 188	挂钩法架设架空光缆(平原、72 芯以下)	不同土质(平原、丘陵、水田、城区、山区)和光缆芯数，采用定额不同
7	TXL6 - 010	光缆接续(36 芯以下)	不同光缆芯数，采用定额不同
8	TXL5 - 005～TXL5 - 006	光缆成端接头	有束状和带状两种
9	TXL6 - 045	40 km 以上中继段光缆测试(36 芯以下)	光缆芯数不同，定额不同
10	TXL6 - 074	40 km 以下光缆中继段测试(36 芯以下)	光缆芯数不同，定额不同
11	TXL7 - 042～ TXL7 - 044	安装落地式光缆交接箱	交接箱容量(144 芯以下、288 芯以下和 288 芯以上)不同，采用定额不同
12	TXL7 - 045～ TXL7 - 046	安装壁挂式光缆交接箱	交接箱容量(144 芯以下、288 芯以下和 288 芯以上)不同，采用定额不同
13	TXL7 - 047～ TXL7 - 048	安装架空式光缆交接箱	交接箱容量(144 芯以下、288 芯以下和 288 芯以上)不同，采用定额不同

对于一个管道线路工程而言，其工作流程为：施工测量→敷设塑料子管→敷设管道光缆→测试。主要工程量如表 3 - 17 所示。

表 3 - 17　管道线路工程工程量清单

序号	定额编号	工程量名称	备　注
1	TXL1 - 003	光(电)缆工程施工测量(管道)	
2	TXL4 - 001	布放光(电)缆人孔抽水(积水)	
3	TXL4 - 002	布放光(电)缆人孔抽水(流水)	
4	TXL4 - 003	布放光(电)缆手孔抽水	

续表

序号	定额编号	工程量名称	备注
5	TXL4-004	人工敷设塑料子管(1孔子管)	不同子管孔数(1～5孔),采用定额不同
6	TXL4-012	敷设管道光缆(24芯以下)	不同光缆芯数,采用定额不同;室外通道、管廊光缆按规定系数调整
7	TXL4-033	打人(手)孔墙洞(砖砌人孔、3孔管以下)	"3孔管以上"、"3孔管以下"是指人(手)孔墙洞可敷设的引上管数量
8	TXL4-037	打穿楼墙洞(砖墙)	
9	TXL4-040	打穿楼层洞(混凝土楼层)	
10	TXL4-043～TXL4-046	安装引上钢管	有Φ50以下和Φ50以上之分;有杆上和墙上之分
11	TXL4-048	进局光(电)缆防水封堵	
12	TXL4-050	穿放引上光缆	
13	TXL4-053～TXL4-055	架设墙壁光缆	有吊线式、钉固式和自承式三种
14	TXL6-010	光缆接续(36芯以下)	不同光缆芯数,采用定额不同
15	TXL5-005～TXL5-006	光缆成端接头	有束状和带状两种
16	TXL6-045	40 km以上中继段光缆测试(36芯以下)	光缆芯数不同,定额不同
17	TXL6-074	40 km以下光缆中继段测试(36芯以下)	光缆芯数不同,定额不同
18	TXL7-042～TXL7-044	安装落地式光缆交接箱	交接箱容量(144芯以下、288芯以下和288芯以上)不同,采用定额不同
19	TXL7-045～TXL7-046	安装壁挂式光缆交接箱	交接箱容量(144芯以下、288芯以下和288芯以上)不同,采用定额不同
20	TXL7-047～TXL7-048	安装架空式光缆交接箱	交接箱容量(144芯以下、288芯以下和288芯以上)不同,采用定额不同

除了上述直埋、架空和管道(墙壁)光缆外，还有如表 3－18 所示的其他方式敷设光(电)缆的主要工程量。

表 3－18　其他敷设方式的主要工程量清单

序号	定额编号	工程量名称	备注
1	TXL5－041	托板式敷设室内通道光缆	
2	TXL5－042	钉固式敷设室内通道光缆	
3	TXL5－044	槽道光缆	
4	TXL5－046	顶棚内光(电)缆	
5	TXL5－074	桥架、线槽、网络地板内明布光缆	

3.3.5　通信管道工程

《通信管道工程》定额手册主要包括以下四章内容：

(1) 施工测量与开挖、填管道沟及人孔坑。

(2) 铺设通信管道。

(3) 砌筑人(手)孔。

(4) 管道防护工程及其他。

对于新建一个通信管道而言，其工作流程为：施工测量→开挖管道沟及人孔坑→铺设通信管道(混凝土管道基础、塑料管道基础、基础加筋、水泥管道、塑料管道、管道填充水泥砂浆、混凝土包封等)→砌筑人(手)孔→管道防护工程。主要工程量如表 3－19 所示。

表 3－19　通信管道工程工程量清单

序号	定额编号	工程量名称	备　注
1	TGD1－001	施工测量	
2	TGD1－002	人工开挖路面(混凝土路面、100 以下)	路面类型不同，定额不同
3	TGD1－011	机械开挖路面(混凝土路面、100 以下)	路面类型不同，定额不同
4	TGD1－017	人工开挖管道沟及人(手)孔坑(普通土)	土质不同，定额不同
5	TGD1－023	机械开挖管道沟及人(手)孔坑(普通土)	土质不同，定额不同
6	TGD1－027	回填土方(松填原土)	不同回填方式，采用定额不同
7	TGD1－034	手推车倒运土方	
8	TGD1－036	挡土板(管道沟)	
9	TGD1－037	挡土板(人孔坑)	

续表

序号	定额编号	工程量名称	备注
10	TGD1-038～TGD1-040	管道沟抽水	有弱水流、中水流和强水流三种
11	TGD1-041～TGD1-043	人孔坑抽水	有弱水流、中水流和强水流三种
12	TGD1-044～TGD1-046	手孔坑抽水	有弱水流、中水流和强水流三种
13	TGD2-004	混凝土管道基础(一平型、460宽，C15)	管道类型不同，采用定额不同，详见定额手册
14	TGD2-023	人孔/手孔窗口处混凝土管道基础加筋(一平型、460宽)	管道类型不同，采用定额不同，详见定额手册
15	TGD2-006	铺设水泥管道(三孔管)	类型不同，定额不同
16	TGD2-089	敷设塑料管道4孔(2×2)	孔数不同，定额不同
17	TGD2-136	管道填充水泥砂浆(M7.5)	
18	TGD2-138	管道混凝土包封(C15)	
19	TGD3-001	砖砌小号直通型人孔(现场浇灌上覆)	
20	TGD4-002	防水砂浆抹面法(五层)，砖砌墙	

对于通信管道工程项目来说，通常使用预算定额手册第五册《通信管道工程》中附录一～附录十二，近似计算出通信管道工程建设相关的工程量；也可以进行精确的计算，具体见附录C。

3.4 工程量统计示例

3.4.1 通信线路工程

例3-1 架空光缆线路工程

图3-4所示为平原地区某架空式光缆线路工程施工图。土质为综合土，平原地区，新建8 m水泥杆P1～P8和P1-1，P1～P8之间挂钩法敷设24芯单模光缆，吊线程式为7/2.2，在P3～P4之间有河流穿过，需架设辅助吊线，并需要进行中继段测试。

从图中可以发现：电杆、拉线、光缆均为粗线条，即表示为新建的。根据3.3.4小节中架空线路工程的工作流程可知，本次工程主要工程量有施工测量、立杆、安装拉线、架设吊线、敷设架空式光缆和中继段测试等内容。下面将逐一进行解答。

(1) 架空式光缆工程施工测量：将图中的各电杆间距相加即可，即数量 $L=50+55+90+50+55+50+55+50=455$ m。

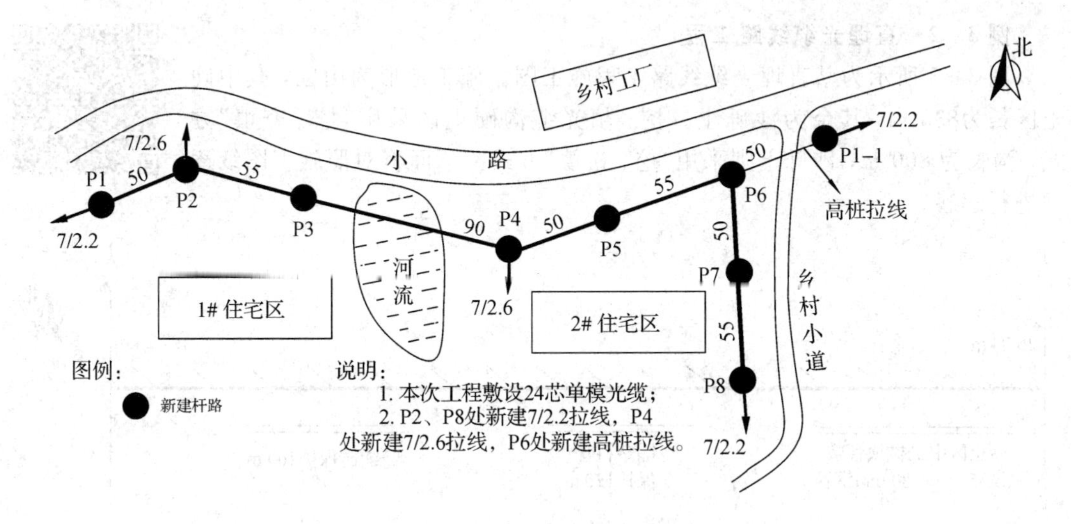

图 3-4 架空式光缆线路工程施工图

(2) 光缆单盘检验：因敷设24芯光缆，所以数量=24芯盘。

(3) 立电杆：本次工程新建电杆P1～P8、P1-1，共9根。

(4) 安装拉线：由图3-4可知，在P1、P8处各安装1条7/2.2单股拉线，在P2、P4处各安装1条7/2.6单股拉线，在P6处安装1条高桩拉线(可以理解为新建电杆P1-1，P6至P1-1间架设吊线，P1-1处安装1条7/2.2单股拉线)，因此本次工程需安装7/2.2单股拉线共3条，7/2.6单股拉线共2条。

(5) 架设架空吊线：长度 $L=50+55+90+50+55+50+55+50=455$ m。

(6) 架设辅助吊线：图中P3和P4之间有河流穿过，使得杆距达到了90 m，比正常的杆距要大得多，因此在此处要求架设100米以内辅助吊线1条。

(7) 敷设架空式光缆：长度 $L=50+55+90+50+55+50+55=405$ m，这里忽略光缆的弯曲和损耗影响以及光缆预留部分。

(8) 中继段测试：光缆敷设总长度为405 m，为1个中继段测试。

将上述计算出来的数据用工程量表格表示，如表3-20所示。

表3-20 图3-4中的主要工程量统计表

序号	定额编号	项目名称	定额单位	数量
1	TXL1-002	架空光(电)缆工程施工测量	100 m	4.55
2	TXL1-006	光缆单盘检验	芯盘	24
3	TXL3-001	立8米水泥杆(综合土)	根	9
4	TXL3-051	夹板法装7/2.2单股拉线(综合土)	条	3
5	TXL3-054	夹板法装7/2.6单股拉线(综合土)	条	2
6	TXL3-168	平原地区水泥杆架设7/2.2吊线	千米条	0.455
7	TXL3-180	架设100米以内辅助吊线	条档	1
8	TXL3-187	平原地区架设24芯架空光缆	千米条	0.405
9	TXL6-073	40 km以下光缆中继段测试	中继段	1

例 3－2　直埋光缆线路工程

图 3－5 所示为某直埋光缆线路工程施工图。施工地形为山区，其中硬土区长为835 m，其余为沙砾土。挖、填光缆沟硬土区采用“挖、夯填”方式，沟长为 800 m，沙砾土则采用“挖、松填”方式。下面将对照施工图纸逐一进行解答。

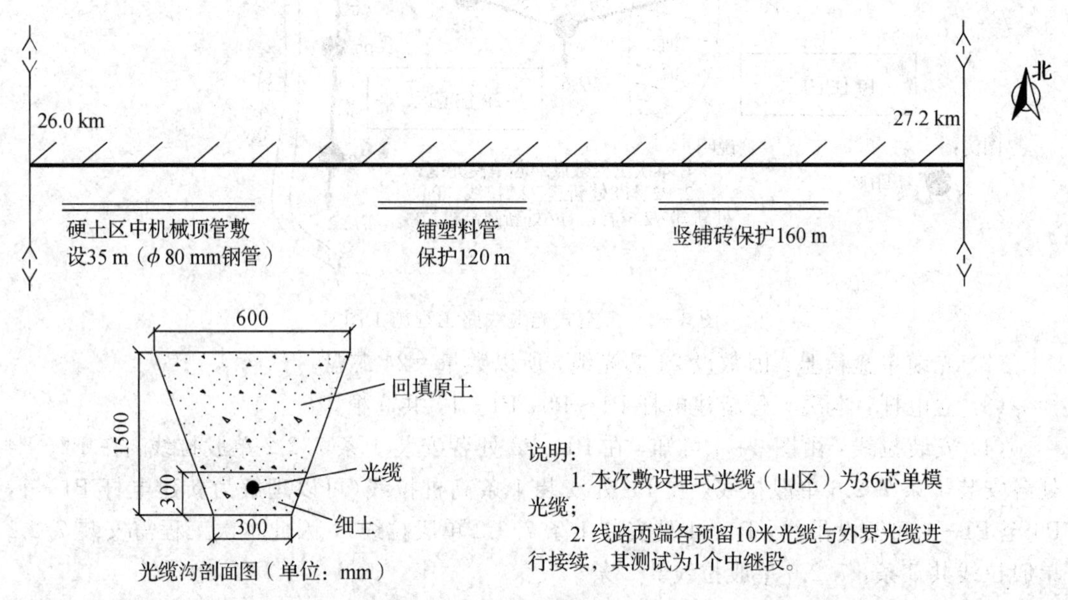

图 3－5　直埋光缆线路工程施工图

（1）直埋式光缆线路工程施工测量：数量 L＝27.2 km－26.0 km＝1.2 km＝1200 m。

（2）光缆单盘检验：因敷设 36 芯光缆，所以数量＝36 芯盘。

（3）挖、松填光(电)缆沟及接头坑(沙砾土区)：数量＝(0.6＋0.3)×(1.5/2)×365＝246.375 m^3。

（4）挖、夯填光(电)缆沟及接头坑(硬土区)：数量＝(0.6＋0.3)×(1.5/2)×800＝540 m^3。

（5）山区敷设埋式光缆：从图 3－5 中可知，其数量 L＝1200＋20(线路两端预留长度)＝1220 m。

（6）光缆接续(36 芯以下)：数量＝2 头。

（7）敷设机械顶管：数量＝35 m。

（8）铺设塑料管保护：数量＝120 m。

（9）铺设竖砖保护：数量＝160 m。

（10）中继段测试：数量＝1 个中继段。

将上述计算出来的数据用工程量统计表表示，如表 3－21 所示。

表 3－21　图 3－5 中的主要工程量统计表

序号	定额编号	项 目 名 称	定额单位	数量
1	TXL1－001	直埋光(电)缆工程施工测量	100 m	12
2	TXL1－006	光缆单盘检验	芯盘	36

续表

序号	定额编号	项 目 名 称	定额单位	数量
3	TXL2－003	挖、松填光(电)缆沟及接头坑(砂砾土区)	100 m^3	2.46375
4	TXL2－008	挖、夯填光(电)缆沟及接头坑(硬土区)	100 m^3	5.4
5	TXL2－027	山区敷设 36 芯埋式光缆	千米条	1.22
6	TXL6－010	光缆接续(36 芯以下)	头	2
7	TXL2－108	敷设机械顶管	m	35
8	TXL2－110	铺设塑料管保护	m	120
9	TXL2－113	铺设竖砖保护	km	0.16
10	TXL6－074	40 km 以下光缆中继段测试	中继段	1

例 3－3　管道光缆线路工程

图 3－6 所示为管道光缆线路工程施工图。本次工程从 1＃人孔至 9＃人孔为利旧管道光缆敷设(人工敷设 5 孔子管，敷设 24 芯单模光缆)，从 9＃人孔沿城南 ABC 写字楼墙(1)处钢管(Φ50)引上光缆 6 m，然后经墙壁(钉固式)敷设方式将光缆敷设至城南 A 基站中继光缆进口，机房内为 20 m 的槽道敷设。下面将对照施工图纸对工程量进行逐一解答。

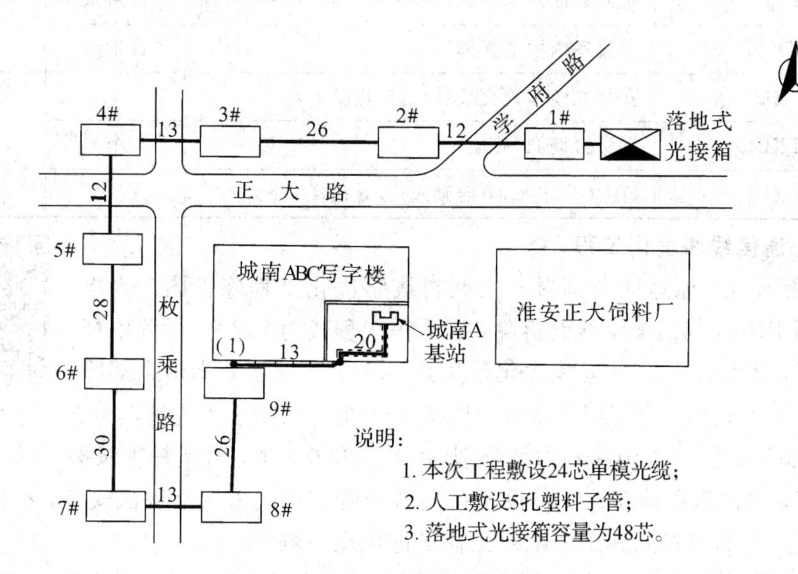

图 3－6　管道光缆线路工程施工图

(1) 管道光缆线路工程施工测量：数量 L＝12＋26＋13＋12＋28＋30＋13＋26＋6(引上光缆)＋13(墙壁光缆)＋20(槽道光缆)＝199 m。

(2) 光缆单盘检验：因敷设 24 芯光缆，所以数量＝24 芯盘。

(3) 人工敷设塑料子管(5 孔)：数量＝12＋26＋13＋12＋28＋30＋13＋26＝160 m。

(4) 安装引上钢管(Φ50)：由图 3－6 可知，数量＝1 根，与之相对应的布放引上光缆为 1 条。

(5) 敷设管道光缆(24 芯以下)：数量 L＝12＋26＋13＋12＋28＋30＋13＋26＝160 m。

(6) 敷设钉固式墙壁光缆：数量 L＝13 m。

(7) 布放室内槽道光缆：数量 L＝20 m。

(8) 安装落地式光缆交接箱：数量＝1 个。

(9) 打穿楼墙洞(砖墙)：打墙洞光缆进入城南 A 基站，数量＝1 个。

(10) 打人(手)孔墙洞(砖砌人孔，3 孔管以下)：即为 9＃人孔处打洞，然后钢管引上，数量＝1 处。

将上述计算出来的数据用工程量表格表示，如表 3－22 所示。

表 3－22　图 3－6 中的主要工程量统计表

序号	定额编号	项 目 名 称	定额单位	数量
1	TXL1－003	管道光(电)缆工程施工测量	100 m	1.99
2	TXL1－006	光缆单盘检验	芯盘	24
3	TXL4－008	人工敷设塑料子管(5 孔子管)	km	0.16
4	TXL4－044	安装引上钢管(墙上)(Φ50 以下)	根	1
5	TXL4－050	穿放引上光缆	条	1
6	TXL4－012	敷设管道光缆(24 芯以下)	千米条	0.16
7	TXL4－054	布放钉固式墙壁光缆	百米条	0.13
8	TXL5－044	布放室内槽道光缆	百米条	0.20
9	TXL7－042	安装光缆落地交接箱(108 芯以下)	个	1
10	TXL4－037	打穿楼墙洞(砖墙)	个	1
11	TXL4－033	打人(手)孔墙洞(砖砌人孔，3 孔管以下)	处	1

例 3－4　通信线路优化工程

图 3－7 所示为平原地区苗荡村一大元村线路优化工程施工图。本次工程将 P01 到 P10 之间的架空线路拆除，拆除吊线程式为 7/2.2，拆除电杆为 8 米水泥杆，将其杆上24 芯光缆优化迁移到 P01 引下直埋 8 米到金郑路南侧的 1＃、2＃人孔中，再直埋 4 米到 P10 电杆引上。其中引上光缆为 6 米，直埋部分采用挖、夯填方式(普通土)，沟深和沟宽分别为0.8 米和 0.3 米，需塑料管保护。1＃到 2＃人孔为利旧管道，敷设光缆前需人工敷设 4 孔塑料子管。拉线采用夹板法安装，拆除工程材料需清理入库。下面将对照施工图纸对工程量进行逐一解答。

(1) 直埋光缆工程施工测量：数量 L＝6(引上光缆)＋8＋4＋6(引上光缆)＝24 m。

(2) 光缆单盘检验：数量＝24 芯盘。

(3) 挖、夯填光(电)缆沟及接头坑(普通土)：数量＝0.8×0.3×12＝2.88 m^3。

(4) 平原地区敷设直埋式 24 芯光缆：数量＝10(割接杆预留)＋8＋4＋10(割接杆预留)＝32 m。

(5) 直埋部分塑料管保护：数量＝12 m。

(6) 管道光缆工程施工测量：数量 L＝125 m。

(7) 人工敷设塑料子管(4 孔)：数量＝125 m。

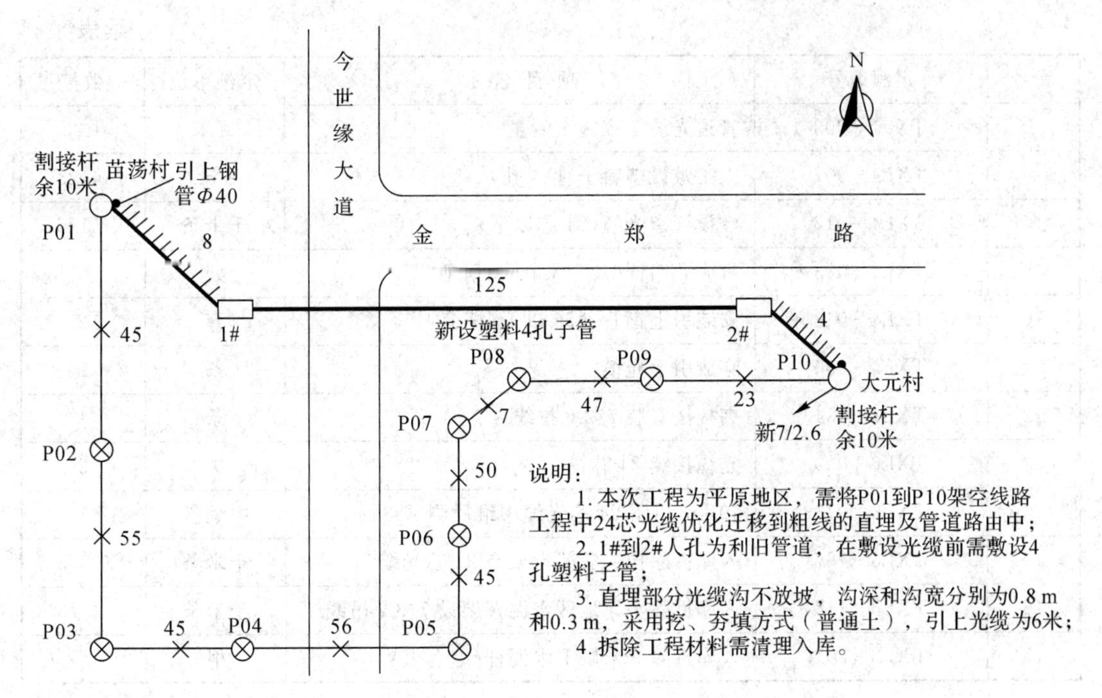

图 3-7　苗荡村－大元村线路优化工程施工图

(8) 敷设管道光缆(24 芯以下)：数量＝125 m。

(9) 打人孔墙洞(砖砌人孔，3 孔管以下)：数量＝2 处(1＃、2＃人孔处)。

(10) 安装引上钢管 Φ50 以下(杆上)：数量＝2 根。

(11) 穿放引上光缆：数量＝2 条。

(12) 夹板法安装 7/2.6 拉线：数量＝1 条(P10 处)。

(13) 光缆接续 24 芯：数量＝2 头。

(14) 40 千米以下 24 芯光缆中继段测试：数量＝1 个中继段。

(15) 入库拆除挂钩法架设架空 24 芯光缆：数量＝45＋55＋45＋56＋45＋50＋7＋47＋23＝373 m。

(16) 入库拆除平原地区水泥杆架设 7/2.2 吊线：数量＝45＋55＋45＋56＋45＋50＋7＋47＋23＝373 m。

(17) 入库拆除 9 米以下水泥杆(综合土)：数量＝8 根(P02～P09)。

将上述计算出来的数据用工程量表格表示，如表 3-23 所示。

表 3-23　图 3-7 中的主要工程量统计表

序号	定额编号	项 目 名 称	定额单位	数量
1	TXL1-001	直埋光缆工程施工测量	百米	0.24
2	TXL1-006	光缆单盘检验	芯盘	24
3	TXL2-007	挖、夯填光(电)缆沟及接头坑(普通土)	百立方米	0.0288
4	TXL2-015	平原地区敷设埋式 24 芯光缆	千米条	0.032
5	TXL2-110	直埋部分塑料管保护	m	12

续表

序号	定额编号	项 目 名 称	定额单位	数量
6	TXL1-003	管道光缆工程施工测量	百米	1.25
7	TXL4-007	人工敷设塑料子管(4孔)	km	0.125
8	TXL4-012	敷设管道光缆(24芯以下)	千米条	0.125
9	TXL4-033	打人孔墙洞(砖砌人孔，3孔管以下)	处	2
10	TXL4-043	安装引上钢管 Φ50以下(杆上)	套	2
11	TXL4-050	穿放引上光缆	条	2
12	TXL3-054	夹板法安装7/2.6拉线	条	1
13	TXL6-009	光缆接续24芯	头	2
14	TXL6-073	40 km以下24芯光缆中继段测试	中继段	1
15	TXL3-187	入库拆除挂钩法架设架空24芯光缆	千米条	0.373
16	TXL3-168	入库拆除平原地区水泥杆架设7/2.2吊线	千米条	0.373
17	TXL3-001	入库拆除9米以下水泥杆(综合土)	根	8

3.4.2 移动通信基站工程

图3-8所示为GSM移动基站平面布置示意图。该基站位于六楼，本次工程新建落地式BTS、环境监控箱、防雷箱、馈线窗等设施，从BTS布放射频同轴电缆至天线。下面将对照其施工图纸进行逐一解答。

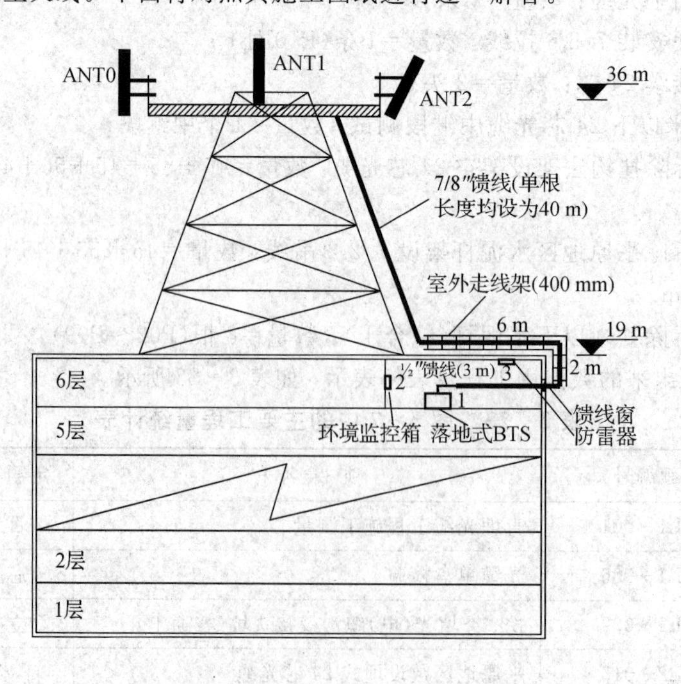

图3-8 GSM移动基站平面布置示意图

(1) 安装室外走线架(宽 400 mm)：沿墙垂直走线架长度为 2 m，水平走线架长度为 6 m。

(2) 安装基站主设备(室内落地式)：数量=1 架。

(3) 安装基站环境监控箱：数量=1 个。

(4) 安装防雷器：数量=1 个。

(5) 安装馈线窗：数量=1 个。

(6) GSM 基站系统调测(6 个载频以下)：数量=1 站。

(7) 安装定向天线(楼顶铁塔 20 m 以下)：数量=3 副。

(8) 布放射频同轴电缆：1/2 英寸射频同轴电缆(3 m)，BTS、天线处各 6 条，共计 12 条；7/8 英寸射频同轴电缆共 6 条，每条 40 m，总长度为 240 m，其中布放 10 m，共有 6 条(10 米条)，而每增加 1 m，数量=240－6×10=180(米条)。

(9) 宏基站天、馈线系统调测：7/8 英寸射频同轴电缆 6 条。这里说明一下，按照定额手册第三册第 31 页备注要求，宏基站天、馈线系统调测定额中 7/8 英寸同轴电缆调测人工日包含两端 1/2 英寸射频同轴电缆的调测人工工日。

(10) GSM 基站联网调测(定向天线站)：数量=3 扇区。

将上述计算出来的数据用工程量表格表示，如表 3-24 所示。

表 3-24　图 3-8 中的主要工程量统计表

序号	定额编号	项 目 名 称	定额单位	数量
1	TSW1-005	安装室外馈线走道(沿外墙垂直)	m	2
2	TSW1-004	安装室外馈线走道(水平)	m	6
3	TSW2-050	安装基站主设备(室内落地式)	架	1
4	TSD4-012	安装壁挂式外围告警监控箱	个	1
5	TSW1-032	安装防雷器	个	1
6	TSW1-082	安装馈线密封窗	个	1
7	TSW2-074	GSM 基站系统调测(6 个载频以下)	站	1
8	TSW2-009	楼顶铁塔上安装定向天线(20 m 以下)	副	3
9	TSW2-029	布放射频同轴电缆 7/8 英寸以下(布放 10 m)	条	6
10	TSW2-030	布放射频同轴电缆 7/8 英寸以下(每增加 1 m)	米条	180
11	TSW2-027	布放射频同轴电缆 1/2 英寸以下(4 m 以下)	条	12
12	TSW2-045	基站天、馈线系统调测	条	6
13	TSW2-091	2G 基站联网调测(定向天线站)	扇区	3

3.4.3 室内分布系统工程

图 3－9 为某广电学院教学楼三层室内分布系统工程图。室内分布系统工程属于无线通信设备安装工程范畴，主要工作量体现在预算定额手册中第三册《无线通信设备安装工程》的第一、二章。

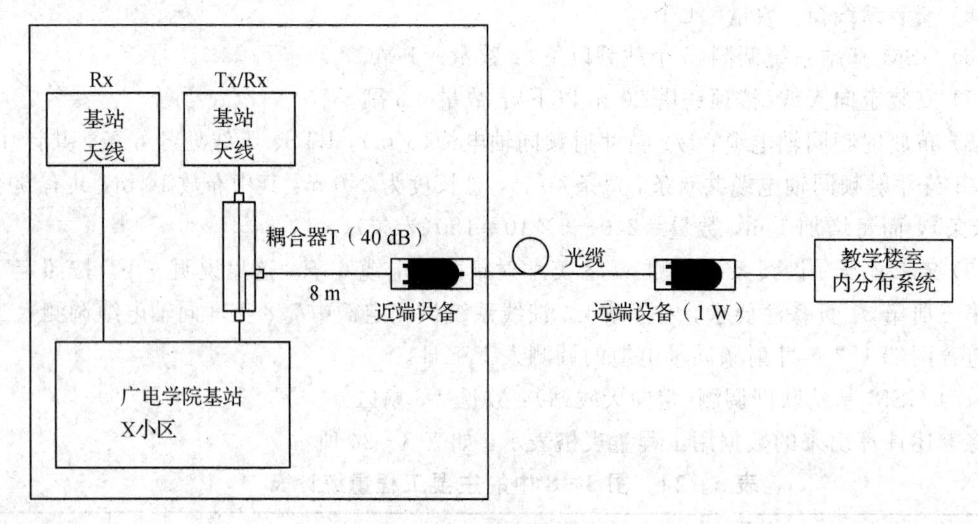

(a) 系统框图

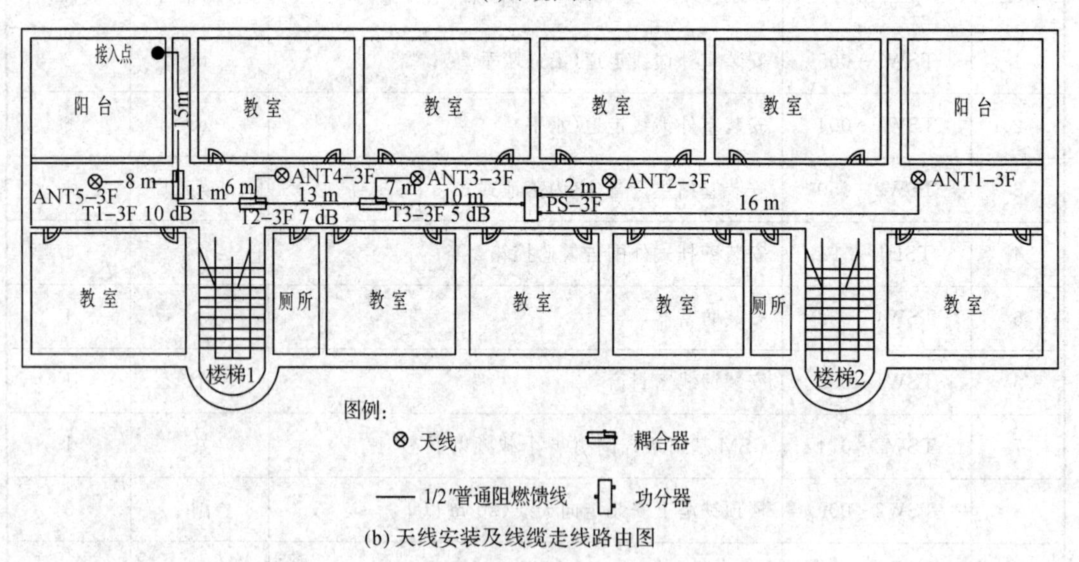

(b) 天线安装及线缆走线路由图

图 3－9 某广电学院教学楼三层室内分布系统施工图

图 3－9(a)为系统框图。从图中可知直放站耦合了某广电学院基站(该基站称为施主基站)的 X 小区，使用的耦合器类型为 40 dB，经 8 m 射频同轴电缆连接至直放站近端设备，近端设备安装在机房内，然后经光缆传输至远端设备(1 W)，最后通过射频同轴电缆连接至教学楼室内分布系统。这里假设近端设备至远端设备之间的光缆(单模 6 芯光缆)不计入本次工程中。

图 3－9(b)为天线安装及线缆走线路由示意图，即从接入点出发，经 10 dB、7 dB、

5 dB三个耦合器和二功分功分器进行天线及线缆布放。

下面根据工程图纸对工程量进行逐一统计。

(1) 安装调测直放站设备：数量＝1站，这里要注意此定额的工作内容包括了直放站近端和远端设备的安装。

(2) 安装调测室内天、馈线附属设备/分路器(功分器、耦合器)：耦合器共4个(含施主基站处40 dB耦合器)，功分器共1个，数量＝5个。

(3) 安装室内天线：从图3-9(b)可知，安装了5副室内全向天线，数量＝5副。

(4) 布放射频同轴电缆1/2英寸以下：本次工程共布放1/2英寸射频同轴电缆10条，其中1条4 m以下。则布放射频同轴电缆1/2英寸以下(4 m以下)的数量＝10(条)，布放射频同轴电缆1/2英寸以下(每增加1 m)的数量＝8＋8＋15＋11＋6＋13＋7＋16＋10－4×9＝58(米条)。

(5) 室内布放电力电缆(双芯) 16 mm^2 以下(近端)：用于直放站近端设备的供电，这里长度设为15 m。

(6) 室内布放电力电缆(双芯) 16 mm^2 以下(远端)：用于直放站远端设备的供电，这里长度设为15 m。

(7) 分布式天、馈线系统调测：数量＝5副(等于天线数量)。

将上述计算出来的数据用工程量表格表示，如表3-25所示。

表3-25 图3-9中的主要工程量统计表

序号	定额编号	项目名称	定额单位	数量
1	TSW2-070	安装调测直放站设备	站	1
2	TSW2-039	安装调测室内天、馈线附属设备/分路器(功分器、耦合器)	个	5
3	TSW2-024	安装室内天线(高度6 m以下)	副	5
4	TSW2-027	布放射频同轴电缆1/2″以下(4 m以下)	条	10
5	TSW2-028	布放射频同轴电缆1/2″以下(每增加1 m)	米条	58
6	TSW1-060	室内布放电力电缆(双芯) 16 mm^2 以下(近端)	10米条	1.5
7	TSW1-060	室内布放电力电缆(双芯) 16 mm^2 以下(远端)	10米条	1.5
8	TSW2-046	分布式天、馈线系统调测	副	5

自我测试

一、填空题

1. 工程设计图纸幅面和图框大小应符合国家标准GB/T 6988.1—2008《电气技术用文件的编制 第1部分：一般要求》的规定，A4图纸尺寸大小为________。

2. 当需要区分新安装的设备时，则粗实线表示________，细实线表示原有设施，虚线表示________。在改建的电信工程图纸上，用“×”来标注________。

3. 在通信线路工程图中一般以________为单位，其他图中均以________为单位，且无需另行说明。

4. 施工图设计阶段代号为________。

5. 架空光缆工程的主要工作流程包括________、立杆、________、吊线、________和中继段测试等。

6. 在安装移动通信馈线项目中，若布放一条长度为10米的1/2英寸射频同轴电缆，则其技工工日数合计为________。（注：布放射频同轴电缆1/2英寸以下，每条布放4 m以下，其技工单位定额量为0.2工日；每增加1 m的技工单位定额量为0.03工日）

二、判断题

1. 通信工程制图执行的标准是YD/T5015—2015《通信工程制图与图形符号规定》。（　）

2. 虚线多用于设备工程设计中，表示为将来需要新增的设备。（　）

3. 架空光缆线路工程图纸一般可不按比例绘制，且其长度单位均为米。（　）

4. 若某设计图纸中挖光(电)缆沟时需要开挖混凝土路面(路面施工完后需要恢复)，则一定有挖、夯填光(电)缆沟工作项目。（　）

5. 设计图纸上的“×”表示不要，也无需统计其工程量。（　）

6. 在布放1/2英寸射频同轴电缆的工程量中，如电缆长度大于4米，则可以分解成两个定额。（　）

7. 架设自承式架空光缆工程量可按不同芯数套用不同定额。（　）

8. 布放光电缆人孔抽水不论是积水还是流水都套用一个定额编号。（　）

9. 安装引上钢管不论钢管管径多少都套用一个定额编号。（　）

10. 穿放引上光缆不论是沿墙引上还是沿杆引上都套用一个定额编号。（　）

11. 40 km以上及以下36芯光缆中继段测试都套用一个定额编号。（　）

12. 光缆单盘检验定额单位是盘。（　）

13. 定额中的“施工测量”子目是任何施工图设计中都应有的工程量。（　）

14. 在定额中，“沿墙引上”和“沿杆引上”是同一个子目编号。（　）

15. 墙壁光缆的架设形式有吊挂式和钉固式两种。（　）

16. 人工开挖管道沟及人(手)孔坑可按不同土质分解成不同定额。（　）

17. 只要是楼顶铁塔上安装定向天线就套用一个定额编号。（　）

18. 不论铁塔高度是多少，安装全向天线都套用一个定额编号。（　）

三、选择题

1. 工程图纸幅面和图框大小应符合国家标准GB/T 6988.1—2008《电气技术用文件的编制 第1部分：规则》的规定，一般应采用A0、A1、A2、A3、A4及其加长的图纸幅面，目前实际工程设计中，多数采用(　　)图纸幅面。

A. A4　　B. A3　　C. A1　　D. A2

2. 安装架空式交换设备需要套用(　　)定额。

A. TSY4-001　　B. TSY4-002　　C. TSY4-003　　D. TSY4-004

3. 在地面铁塔上安装40 m以下定向天线，需要套用(　　)定额。

A. TSW2-011　　B. TSW2-012　　C. TSW2-013　　D. TSW2-010

4. 无线通信设备，安装室内电缆槽道需要套用(　　)定额。

A. TSW1-001　　B. TSW1-002　　C. TSW1-003　　D. TSW1-005

5. 安装 48 V 铅酸蓄电池组 600 AH 以下要套用(　　)定额。

A. TSD3-013　　B. TSD3-014　　C. TSD3-015　　D. TSD3-016

6. 安装锂电池组 200 AH 以下要套用(　　)定额。

A. TSD3-031　　B. TSD3-032　　C. TSD3-033　　D. TSD3-034

7. 安装测试波分复用设备 48 波以下要套用(　　)定额。

A. TSY2-025　　B. TSY2-026　　C. TSY2-027　　D. TSY2-028

8.《通信电源设备安装工程》预算定额内容不包括(　　)。

A. 10 kV 以上的变、配线设备安装　　B. 10 kV 以下的变、配线设备安装

C. 电力缆线布放　　D. 接地装置及供电系统配套附属设施的安装与调试

9. 在安装移动通信馈线项目中，若布放 1/2 英寸射频同轴电缆的总长度为 8 m，则其技工工日数是(　　)。

A. 0.32　　B. 0.38　　C. 0.36　　D. 0.4

10. 下列导线截面积(单位：mm^2)数值中，属于现行定额定义的“电力电缆单芯相线截面积”的是(　　)。

A. 16　　B. 14　　C. 12　　D. 10

11. 城区架设 7/2.2 吊线要套用(　　)定额。

A. TXL3-168　　B. TXL3-169　　C. TXL3-170　　D. TXL3-171

12. 水泥杆夹板法装 7/2.2 单股拉线要套用(　　)定额。

A. TXL3-051　　B. TXL3-052　　C. TXL3-053　　D. TXL3-054

13. 城区立 8 m 水泥杆综合土 10 根，技工总工日数为(　　)。

A. 5.2　　B. 6.76　　C. 7.5　　D. 8.6

14. 沿杆上安装引上钢管(Φ45)要套用(　　)定额。

A. TXL4-043　　B. TXL4-044　　C. TXL4-045　　D. TXL4-046

四、图例题

1. 根据图例写出图例名称。

序　号	名　称	图　例
1		
2		
3		
4		
5		
6		

续表

序　号	名　称	图　例
7		
8		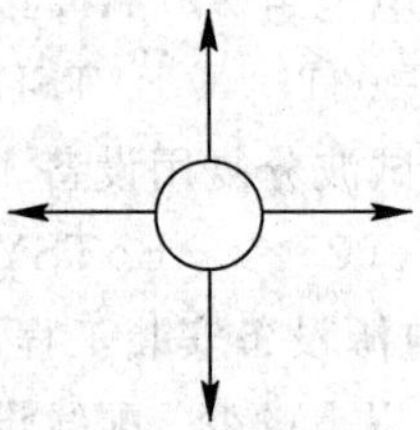
9		
10		
11		
12		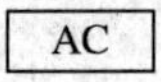 AC
13		
14		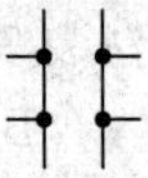
15		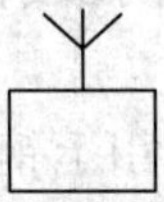

2. 根据图例名称画出图例。

序　号	名　称	图　例
1	吸顶全向天线	
2	双扇门	
3	泄露电缆	
4	WDM 光线路放大器	
5	埋设光(电)缆穿管保护	
6	直角型人孔	

五、综合题目

1. 图 T3-1 为××架空光缆线路施工图，其说明如下：

(1) 电杆采用水泥线杆，其中 P4、P5 为 8 米水泥杆，其余为 7 米水泥杆；

(2) P1、P9 水泥杆处要求装设 7/2.6 单股拉线，P4、P5 水泥杆处要求装设 7/2.2 单股拉线；

(3) 本次工程采用24芯自承式架空光缆；

(4) 本次工程施工土质均为综合土，施工地区为城区；

(5) 本次工程为1个中继段测试。

请根据给定的施工图纸和已知条件计算该工程的工程量。

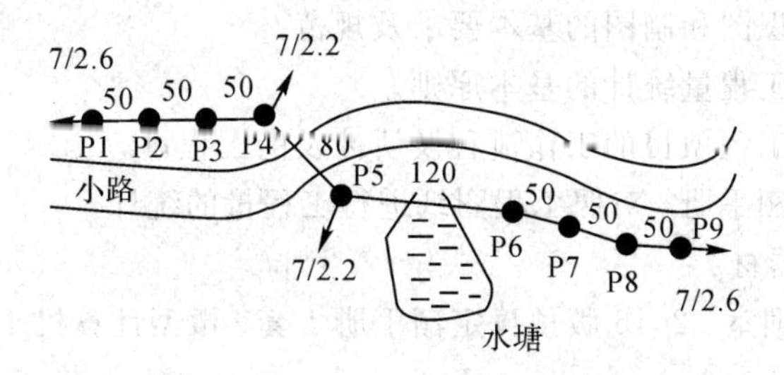

图T3-1 ××架空光缆线路施工图

2. 图T3-2为××管道光缆线路工程施工图，请根据所学知识统计出该施工图中所涉及的工程量。

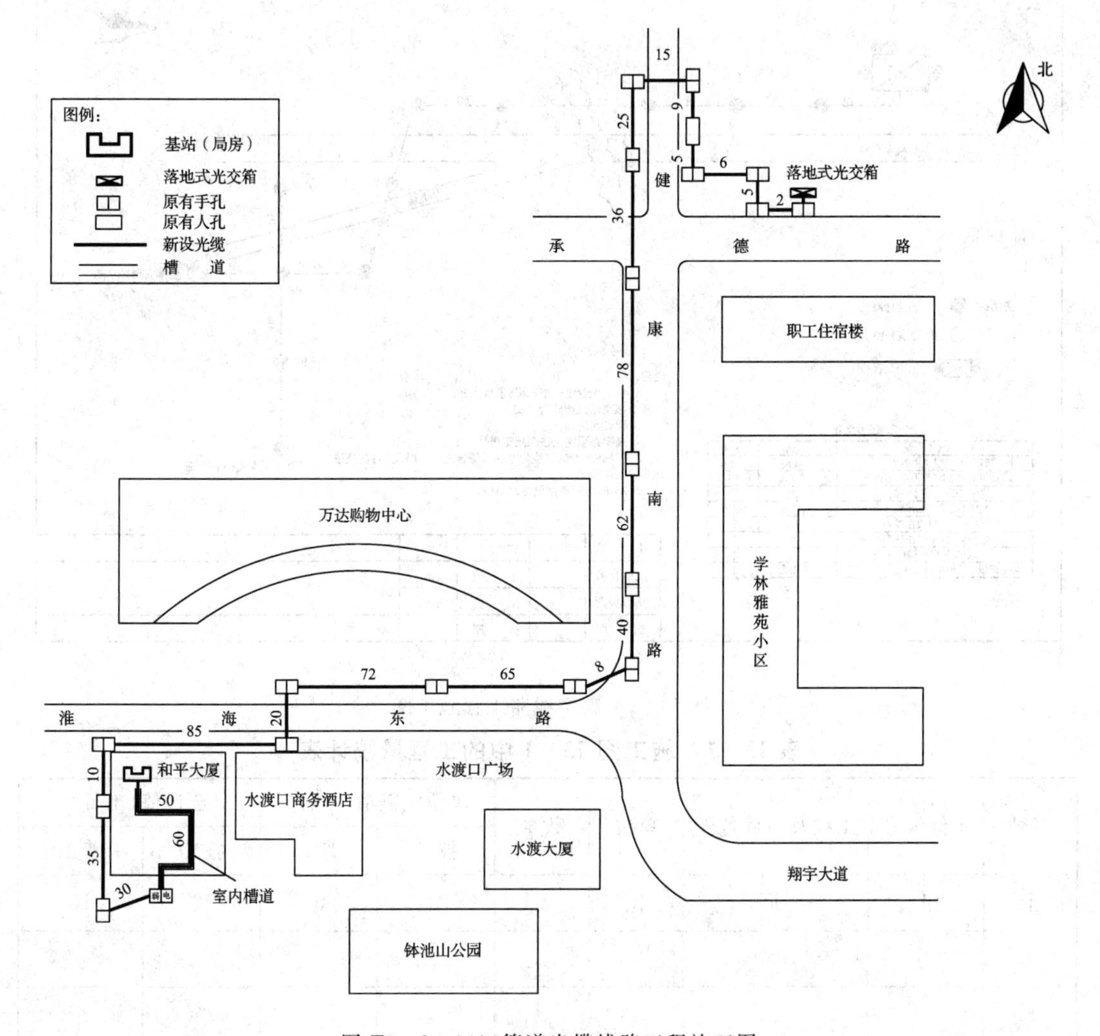

图T3-2 ××管道光缆线路工程施工图

技能实训　通信建设工程工程量的统计

一、实训目的

1. 掌握通信工程识图和制图的基本要求及规范。

2. 掌握通信工程工程量统计的基本原则。

3. 掌握不同专业工程项目的工作流程及所涉及的工程量。

4. 能运用预算定额手册，对照工程图纸进行工程量的统计。

二、实训场所和器材

通信工程设计实训室、2016 版预算定额手册 1 套、微型计算机 1 台。

三、实训内容

运用 2016 版预算定额手册，对照下面的施工图纸(图 J3－1)，完成工程量表的填写。

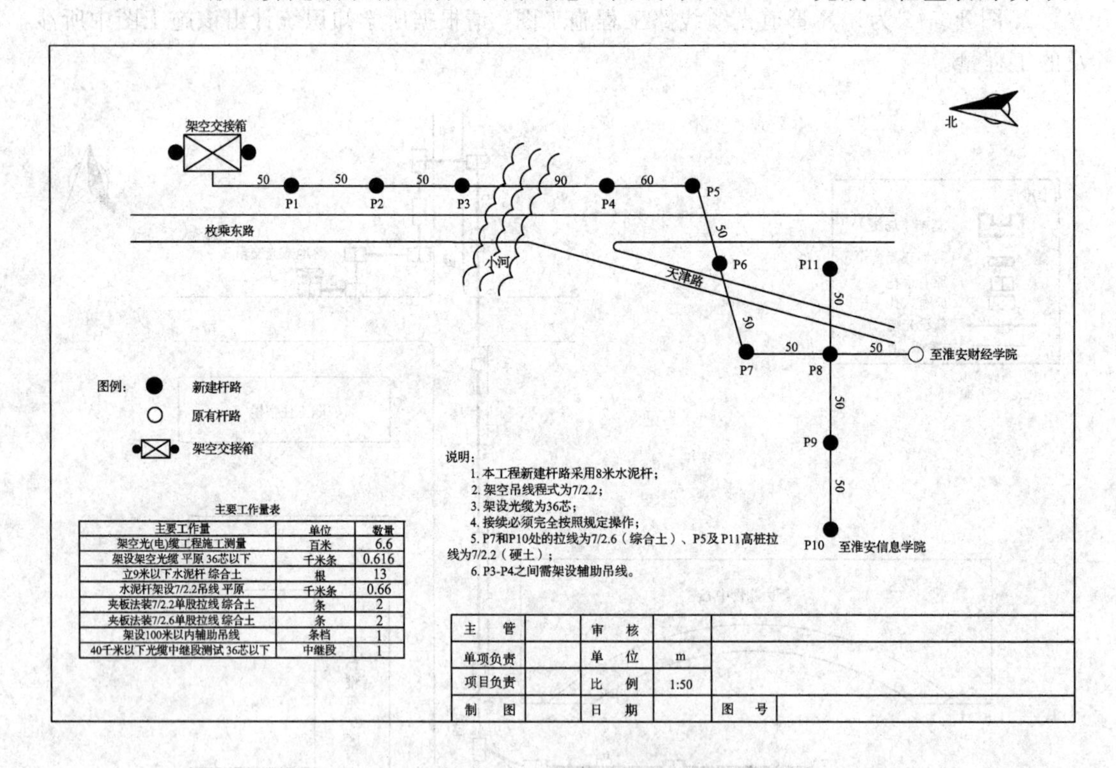

图 J3－1　架空线路工程施工图

表 J3－1　施工图 J3－1 中的工程量统计表

序号	定额编号	工程及项目名称	单位	数量	单位定额值(工日)		合计值(工日)	
					技工	普工	技工	普工
Ⅰ	Ⅱ	Ⅲ	Ⅳ	Ⅴ	Ⅵ	Ⅶ	Ⅷ	Ⅸ
1								
2								

续表

序号	定额编号	工程及项目名称	单位	数量	单位定额值(工日)		合计值(工日)	
					技工	普工	技工	普工
Ⅰ	Ⅱ	Ⅲ	Ⅳ	Ⅴ	Ⅵ	Ⅶ	Ⅷ	Ⅸ
3								
4								
5								
6								
7								
8								
9								
10								

2. 运用 2016 版预算定额手册，对照下面的施工图纸(图 J3 - 2)，完成工程量表的填写。

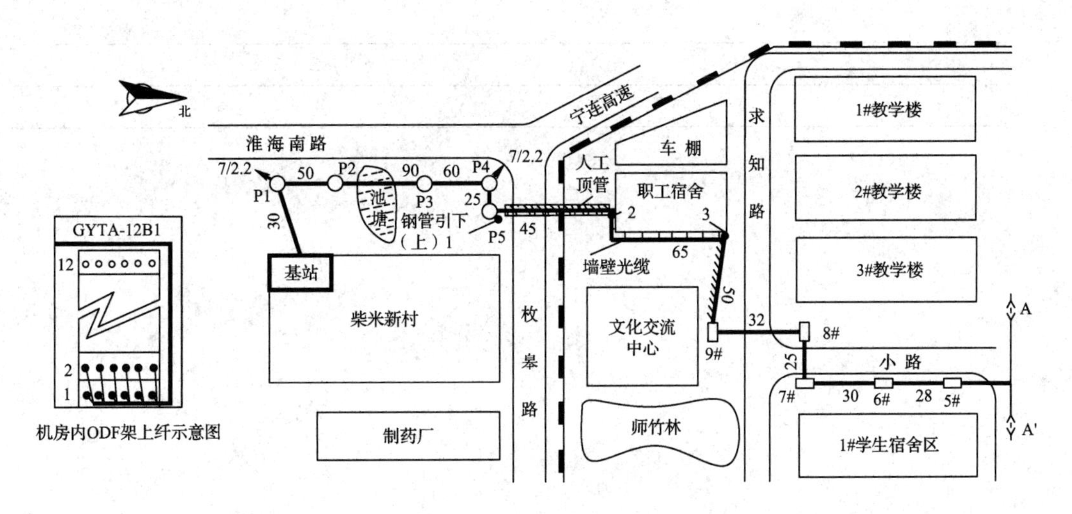

图 J3 - 2　×××学院移动通信基站中继光缆线路工程施工图

表 J3 - 2　施工图 J3 - 2 工程量统计表

序号	定额编号	工程及项目名称	单位	数量	单位定额值(工日)		合计值(工日)	
					技工	普工	技工	普工
Ⅰ	Ⅱ	Ⅲ	Ⅳ	Ⅴ	Ⅵ	Ⅶ	Ⅷ	Ⅸ
1								
2								

续表

序号	定额编号	工程及项目名称	单位	数量	单位定额值(工日)		合计值(工日)	
					技工	普工	技工	普工
Ⅰ	Ⅱ	Ⅲ	Ⅳ	Ⅴ	Ⅵ	Ⅶ	Ⅷ	Ⅸ
3								
4								
5								
6								
7								
8								
9								
10								

四、总结与体会

第 4 章

信息通信建设工程费用定额

【学习目标】

1. 熟练掌握信息通信建设工程费用的构成及含义。

2. 能根据信息通信建设工程各项费用含义和国家规范文件要求，正确进行费用及相应费率的计取。

3. 能结合信息通信建设工程项目的类别和特点，正确进行相关费用、费率的计取。

4.1 信息通信建设工程费用构成

信息通信建设工程项目总费用由各单项工程总费用构成；各单项工程总费用由工程费、工程建设其他费、预备费和建设期利息四部分构成，如图 4-1 所示。

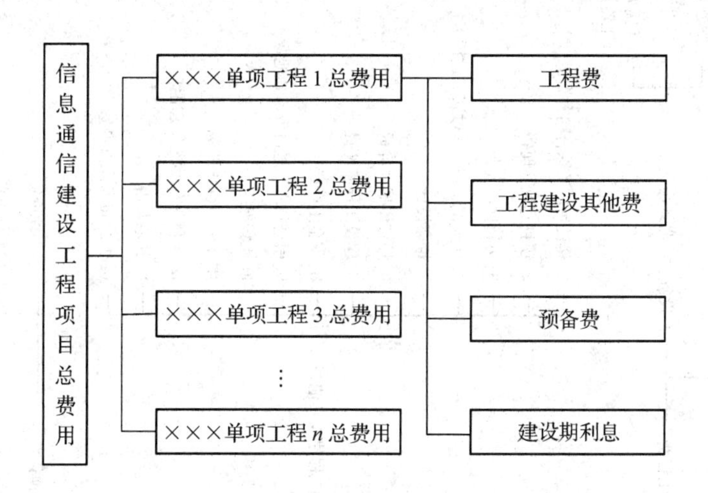

图 4-1 信息通信建设工程项目总费用构成

将图 4-1 中的工程费、工程建设其他费、预备费以及建设期利息四大项费用进一步细化，就给出了整个单项工程的所有费用组成，如图 4-2 所示。

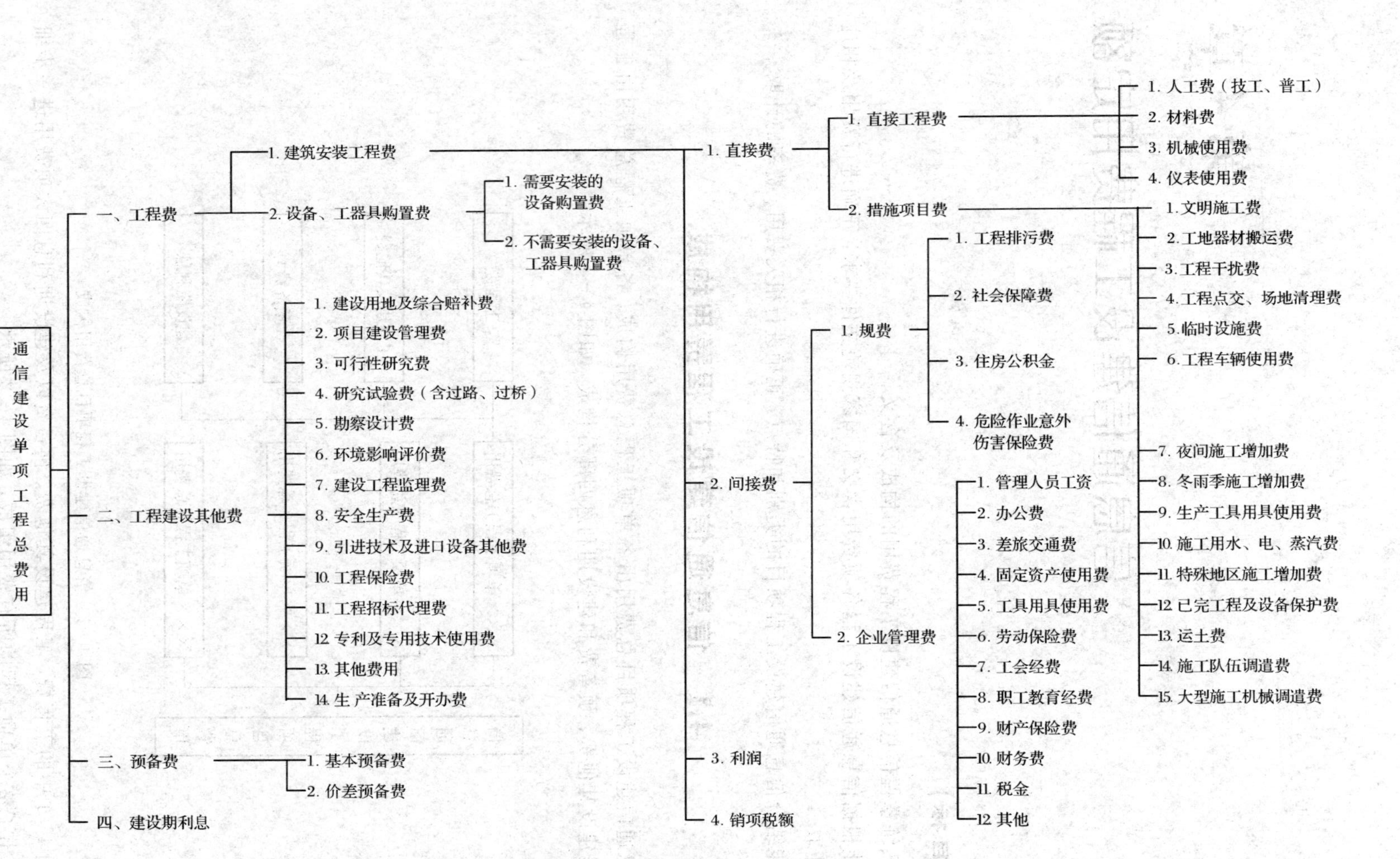

图4-2 信息通信建设单项工程总费用构成(2016版)

4.2 工　程　费

工程费由建筑安装工程费和设备、工器具(需要安装和不需要安装的)购置费两大类组成，是通信建设单项工程总费用的重要组成部分。

4.2.1 建筑安装工程费

建筑安装工程费由直接费、间接费、利润和销项税额组成，具体费用构成如表4-1所示。

表4-1 建筑安装工程费构成

一级费用明细	二级费用明细	三级费用明细
直接费	直接工程费 (4项)	人工费(技工、普工)
		材料费
		机械使用费
		仪表使用费
	措施项目费 (15项)	文明施工费
		工地器材搬运费
		工程干扰费
		工程点交、场地清理费
		临时设施费
		工程车辆使用费
		夜间施工增加费
		冬雨季施工增加费
		生产工具用具使用费
		施工用水、电、蒸汽费
		特殊地区施工增加费
		已完工程及设备保护费
		运土费
		施工队伍调遣费
		大型施工机械调遣费

续表

一级费用明细	二级费用明细	三级费用明细
间接费	规费（4 项）	工程排污费
		社会保障费
		住房公积金
		危险作业意外伤害保险费
	企业管理费（12 项）	管理人员工资
		办公费
		差旅交通费
		固定资产使用费
		工具用具使用费
		劳动保险费
		工会经费
		职工教育经费
		财产保险费
		财务费
		税金
		其他
利　润		
销项税额		

1. 直接费

直接费由直接工程费和措施项目费构成。各项费用均为不包括增值税可抵扣进项税额的税前造价。具体内容如下。

1）直接工程费

直接工程费指施工过程中耗用的构成工程实体和有助于工程实体形成的各项费用，包括人工费、材料费、机械使用费和仪表使用费等 4 项费用。

（1）人工费。人工费是指直接从事建筑安装工程施工的生产人员开支的各项费用。具体内容包括：

① 基本工资：指发放给生产人员的岗位工资和技能工资。

② 工资性补贴：指规定标准的物价补贴，煤、燃气补贴，交通费补贴，住房补贴，流动施工津贴等。

③ 辅助工资：指生产人员年平均有效施工天数以外非作业天数的工资，包括职工学习、培训期间的工资，调动工作、探亲、休假期间的工资，因气候影响的停工工资，女工哺乳期间的工资，病假在六个月以内的工资及产、婚、丧假期的工资。

④ 职工福利费：指按规定标准计提的职工福利费。

⑤ 劳动保护费：指规定标准的劳动保护用品的购置费及修理费、徒工服装补贴、防暑降温等保健费用。

人工费的计算规则如下：

① 信息通信建设工程不分专业和地区工资类别，综合取定人工费。人工费单价：技工为 114 元/工日；普工为 61 元/工日。

② 人工费＝技工费＋普工费。

③ 技工费＝技工单价×概算、预算的技工总工日。

④ 普工费＝普工单价×概算、预算的普工总工日。

例 4－1 某通信光缆线路工程项目耗费人工总工日为 160 工日，其中技工总工日为 70 工日，普工总工日为 90 工日，计算本工程项目所耗费的人工费。(不考虑小工日调整)

分析：根据工日单价标准(技工为 114 元/工日，普工为 61 元/工日)可知：

本工程所耗费的人工费＝技工总工日×114 元/工日＋普工总工日×61 元/工日
＝70×114＋90×61＝13 470 元

(2) 材料费。材料费是指施工过程中实体消耗的原材料、辅助材料、构配件、零件、半成品的费用和周转使用材料的摊销，以及采购材料所发生的费用总和。

材料费的计算公式如下：

材料费＝主要材料费＋辅助材料费

其中

主要材料费＝材料原价＋材料运杂费＋运输保险费＋采购及保管费＋采购代理服务费

① 材料原价：供应价或供货地点价。

② 材料运杂费：指材料(或器材)自来源地运至工地仓库(或指定堆放地点)所发生的费用。编制概算时，除水泥及水泥制品的运输距离按 500 km 计算，其他类型的材料运输距离按 1500 km 计算。

材料运杂费＝材料原价×器材运杂费费率

上式中，器材运杂费费率如表 4－2 所示。

表 4－2　器材运杂费费率

费率/(%) 器材名称 / 运距 L/km	光缆	电缆	塑料及塑料制品	木材及木制品	水泥及水泥构件	其他
$L\leqslant 100$	1.3	1.0	4.3	8.4	18.0	3.6
$100<L\leqslant 200$	1.5	1.1	4.8	9.4	20.0	4.0
$200<L\leqslant 300$	1.7	1.3	5.4	10.5	23.0	4.5
$300<L\leqslant 400$	1.8	1.3	5.8	11.5	24.5	4.8
$400<L\leqslant 500$	2.0	1.5	6.5	12.5	27.0	5.4
$500<L\leqslant 750$	2.1	1.6	6.7	14.7	—	6.3
$750<L\leqslant 1000$	2.2	1.7	6.9	16.8	—	7.2
$1000<L\leqslant 1250$	2.3	1.8	7.2	18.9	—	8.1
$1250<L\leqslant 1500$	2.4	1.9	7.5	21.0	—	9.0
$1500<L\leqslant 1750$	2.6	2.0	—	22.4	—	9.6
$1750<L\leqslant 2000$	2.8	2.3	—	23.8	—	10.2
$L>2000$ km 时，每增加 250 km 费率增加	0.3	0.2	—	1.5	—	0.6

③ 运输保险费：指材料(或器材)自来源地运至工地仓库(或指定堆放地点)所发生的保险费用。

运输保险费＝材料原价×保险费率(一般取定为0.1％)

④ 采购及保管费：指为组织材料(或器材)采购及材料保管过程中所需要的各项费用。

采购及保管费＝材料原价×采购及保管费费率

采购及保管费费率计取规则如表4-3所示。

表4-3　材料采购及保管费费率

工程专业	计算基础	费率/(％)
通信设备安装工程	材料原价	1.0
通信线路工程		1.1
通信管道工程		3.0

⑤ 采购代理服务费：指委托中介采购代理服务的费用。采购代理服务费按照实际情况计取。

⑥ 辅助材料费：指对施工生产起辅助作用的材料所产生的费用。

辅助材料费＝主要材料费×辅助材料费费率

凡由建设单位提供的利旧材料，其材料费不计入工程成本，但作为计算辅助材料费的基础。辅助材料费费率计取如表4-4所示。

表4-4　辅助材料费费率

工程专业	计算基础	费率/(％)
有线、无线通信设备安装工程	主要材料费	3.0
电源设备安装工程		5.0
通信线路工程		0.3
通信管道工程		0.5

(3) 机械使用费。机械使用费是指施工机械作业所发生的机械使用费以及机械安拆费，主要内容包括：

① 折旧费：指施工机械在规定的使用年限内，陆续收回其原值及购置资金的时间价值。

② 大修理费：指施工机械按规定的大修理间隔台班进行必要的大修理，以恢复其正常功能所需的费用。

③ 经常修理费：指施工机械除大修理以外的各级保养和临时故障排除所需的费用，包括为保障机械正常运转所需替换设备与随机配备工具和附具的摊销、维护费用，机械运转中日常保养所需润滑与擦拭的材料费用及机械停滞期间的维护和保养费用等。

④ 安拆费：指施工机械在现场进行安装与拆卸所需的人工、材料、机械和试运转费用以及机械辅助设施的折旧、搭设、拆除等费用。

⑤ 人工费：指机上操作人员和其他操作人员在工作台班定额内的人工费。

⑥ 燃料动力费：指施工机械在运转作业中所消耗的固体燃料(煤、木柴)、液体燃料(汽油、柴油)及水、电等的费用。

⑦ 税费：指施工机械按照国家规定应缴纳的车船使用税、保险费及年检费等。

机械使用费的计算公式如下：

机械使用费＝机械台班单价×概算、预算的机械台班量

其中“机械台班单价”可以查阅工业和信息化部《信息通信建设工程施工机械、仪表台班单价》文件(也可从表 2－25 中查找)，机械台班量可以从相应定额手册中查找。

例 4－2 某通信线路工程完成光缆接续 20 头(36 芯)，请问该工程所需机械使用费为多少?

分析：从定额手册第四册“通信线路工程”得知，光缆接续(TXL6－010)需要使用 2 个机械，即汽油发电机(10 kW)和光纤熔接机，其单位(1 头光缆接续)台班量分别为 0.25 台班、0.45 台班，现在接续 20 头，则合计台班量分别为 5 台班、9 台班。从表 2－25(信息通信建设工程施工机械台班单价)中可以查找得知，汽油发电机(10 kW)、光纤熔接机 2 个机械单位台班单价分别为 202 元、144 元，则

机械使用费＝机械台班单价×概算、预算的机械台班量

＝202×5＋144×9＝2306 元

(4) 仪表使用费。仪表使用费是指施工作业所发生的属于固定资产的仪表使用费用，主要内容包括：

① 折旧费：指施工仪表在规定的年限内，陆续收回其原值及购置资金的时间价值。

② 经常修理费：指施工仪表的各级保养和临时故障排除所需的费用，包括为保证仪表正常使用所需备件(备品)的摊销和维护费用。

③ 年检费：指施工仪表在使用寿命期间定期标定与年检的费用。

④ 人工费：指施工仪表操作人员在工作台班定额内的人工费。

仪表使用费的计算规则与以上机械使用费计算方法很相似：

仪表使用费＝仪表台班单价×概算、预算的仪表台班量

其中“仪器仪表台班单价”可以查阅表 2－28(信息通信建设工程施工仪表台班单价)，仪表台班可以从相应定额手册中查找。

例 4－3 某通信线路工程完成 65 km 中继段光缆测试(12 芯)2 个，请问该工程所需仪表使用费为多少?

分析：从定额手册第四册“通信线路工程”得知，65 km 中继段光缆测试(12 芯)TXL6－043需要使用 4 个仪表，即光时域反射仪、稳定光源、光功率计、偏振模色散测试仪(其消耗量供设计选用)，其单位(1 个中继段)台班量均为 0.36 台班，现在完成 2 个中继段光缆测试，则合计台班量均为 0.72 台班。从表 2－28(信息通信建设工程施工仪表台班单价)中查找得知，光时域反射仪、稳定光源、光功率计、偏振模色散测试仪 4 个机械单位台班单价分别为 153 元、117 元、116 元、455 元。因此

仪表使用费＝仪表台班单价×概算、预算的仪表台班量

＝153×0.72＋117×0.72＋116×0.72＋455×0.72

＝605.52 元

2) 措施项目费

措施项目费是指为完成工程项目施工，发生于该工程前和施工过程中非工程实体项目的费用，包括文明施工费，工地器材搬运费，工程干扰费，工程点交、场地清理费，临时设

施费，工程车辆使用费，夜间施工增加费，冬雨季施工增加费，生产工具用具使用费，施工用水、电、蒸汽费，特殊地区施工增加费，已完工程及设备保护费，运土费，施工队伍调遣费，大型施工机械调遣费等15项，其多数费用计取以人工费为基础。

(1) 文明施工费。文明施工费是指施工现场为达到环保要求及文明施工所需要的各项费用。

文明施工费的计算公式如下：

文明施工费＝人工费×文明施工费费率

其费率计取如表4－5所示。

表4－5　文明施工费费率

工程专业	计算基础	费率/(%)
无线通信设备安装工程	人工费	1.1
通信线路工程、通信管道工程		1.5
有线通信设备安装工程、电源设备安装工程		0.8

(2) 工地器材搬运费。工地器材搬运费是指由工地仓库至施工现场转运器材而发生的费用。因施工场地条件限制造成一次运输不能到达工地仓库时，可在此费用中按实计列二次搬运费用。

工地器材搬运费的计算公式如下：

工地器材搬运费＝人工费×工地器材搬运费费率

其费率计取如表4－6所示。

表4－6　工地器材搬运费费率

工程专业	计算基础	费率/(%)
通信设备安装工程	人工费	1.1
通信线路工程		3.4
通信管道工程		1.2

(3) 工程干扰费。工程干扰费指通信工程由于受市政管理、交通管制、人流密集、输配电设施等影响工效的补偿费用。

工程干扰费的计算公式如下：

工程干扰费＝人工费×工程干扰费费率

其费率计取如表4－7所示。

表4－7　工程干扰费费率

工程专业	计算基础	费率/(%)
通信线路工程(干扰地区)、通信管道工程(干扰地区)	人工费	6.0
无线通信设备安装工程(干扰地区)		4.0

注：① 干扰地区指城区、高速公路隔离带、铁路路基边缘等施工地带。

② 城区的界定以当地规划部门规划文件为准。综合布线工程不计取该项费用。

(4) 工程点交、场地清理费。工程点交、场地清理费指按规定编制竣工图及资料、工程点交、施工场地清理等发生的费用。

工程点交、场地清理费的计算公式如下：

工程点交、场地清理费＝人工费×工程点交、场地清理费费率

其费率计取如表4－8所示。

表4－8 工程点交、场地清理费费率

工程专业	计算基础	费率/(%)
通信设备安装工程	人工费	2.5
通信线路工程		3.3
通信管道工程		1.4

(5) 临时设施费。临时设施费指施工企业为进行工程施工所必须设置的生活和生产用的临时建筑物、构筑物和其他临时设施的费用等。临时设施费用包括：临时设施的租用或搭设、维修、拆除费或摊销费。

临时设施费按施工现场与企业的距离划分为35 km以内、35 km以外两挡。

临时设施费的计算公式如下：

临时设施费＝人工费×临时设施费费率

其费率计取如表4－9所示。

表4－9 临时设施费费率

工程专业	计算基础	费率/(%)	
		距离≤35 km	距离＞35 km
通信设备	人工费	3.8	7.6
通信线路	人工费	2.6	5.0
通信管道	人工费	6.1	7.6

注：如果建设单位无偿提供临时设施，则不计此项费用。

(6) 工程车辆使用费。工程车辆使用费是指工程施工中接送施工人员用车、生活用车等的费用(含过路、过桥费用)，包括生活用车、接送工人用车和其他零星用车，不含直接生产用车。

工程车辆使用费的计算公式如下：

工程车辆使用费＝人工费×工程车辆使用费费率

其费率计取如表4－10所示。

表4－10 工程车辆使用费费率

工程专业	计算基础	费率/(%)
无线通信设备安装工程、通信线路工程	人工费	5.0
有线通信设备安装工程、通信电源设备安装工程、通信管道工程		2.2

(7) 夜间施工增加费。夜间施工增加费是指因夜间施工所发生的夜间补助费、夜间施工降效、夜间施工照明设备摊销及照明用电等费用。

夜间施工增加费的计算公式如下：

夜间施工增加费＝人工费×夜间施工增加费费率

其费率计取如表 4－11 所示。

表 4－11　夜间施工增加费费率

工程专业	计算基础	费率/(%)
通信设备安装工程	人工费	2.1
通信线路工程(城区部分)、通信管道工程		2.5

注：此项费用不考虑施工时段，均按相应费率计取。

(8) 冬雨季施工增加费。冬雨季施工增加费是指在冬雨季施工时所采取的防冻、保温、防雨、防滑等安全措施及工效降低所增加的费用。

冬雨季施工增加费的计算公式如下：

冬雨季施工增加费＝人工费×冬雨季施工增加费费率

其费率计取如表 4－12 所示，冬雨季施工地区分类如表 4－13 所示。

表 4－12　冬雨季施工增加费费率

工程专业	计算基础	费率/(%)		
		Ⅰ	Ⅱ	Ⅲ
通信设备安装工程(室外部分)	人工费	3.6	2.5	1.8
通信线路工程、通信管道工程				

表 4－13　冬雨季施工地区分类

地区分类	省、自治区、直辖市名称
Ⅰ	黑龙江、青海、新疆、西藏、辽宁、内蒙古、吉林、甘肃
Ⅱ	陕西、广东、广西、海南、浙江、福建、四川、宁夏、云南
Ⅲ	其他地区

注：① 此费用在编制预算时不考虑施工所处季节，均按相应费率计取。

② 如工程跨越多个地区分类挡，则按高挡计取该项费用。

③ 综合布线工程不计取。

(9) 生产工具用具使用费。生产工具用具使用费是指施工所需的不属于固定资产的工具用具等的购置、摊销、维修费。

生产工具用具使用费的计算公式如下：

生产工具用具使用费＝人工费×生产工具用具使用费费率

其费率计取如表 4－14 所示。

表 4－14　生产工具用具使用费费率

工程专业	计算基础	费率/(%)
通信设备安装工程	人工费	0.8
通信线路工程、通信管道工程		1.5

(10) 施工用水、电、蒸汽费。施工用水、电、蒸汽费是指施工生产过程中使用水、电、

蒸汽所发生的费用。

① 信息通信建设工程依照施工工艺要求按实计列施工用水、电、蒸汽费。

② 在编制概、预算时，有规定的按规定计算，无规定的根据工程具体情况计算，如果建设单位无偿提供水、电、蒸汽，则不应计列此项费用。

(11) 特殊地区施工增加费。特殊地区施工增加费是指在原始森林地区、2000 m 以上高原地区、沙漠地区、山区无人值守站、化工区、核工业区等特殊地区施工所需增加的费用。

特殊地区施工增加费的计算公式如下：

特殊地区施工增加费＝特殊地区补贴金额×总工日

特殊地区分类及补贴金额如表 4-15 所示。

表 4-15 特殊地区分类及补贴金额

地区分类	高海拔地区		原始森林、沙漠、化工、核工业、山区无人值守站地区
	4000 m 以下	4000 m 以上	
补贴金额(元/天)	8	25	17

注：如工程所在地同时存在上述多种情况，则按高挡计取该项费用。

(12) 已完工程及设备保护费。已完工程及设备保护费是指竣工验收前，对已完工程及设备进行保护所需的费用。

已完工程及设备保护费的计算公式如下：

已完工程及设备保护费＝人工费×已完工程及设备保护费费率

其费率计取如表 4-16 所示。

表 4-16 已完工程及设备保护费费率

工程专业	计算基础	费率/(%)
通信线路工程	人工费	2.0
通信管道工程		1.8
无线通信设备安装工程		1.5
有线通信及电源设备安装工程(室外部分)		1.8

(13) 运土费。运土费是指工程施工中，需从远离施工地点取土或向外倒运土方所发生的费用。

运土费＝工程量(吨·千米)×运费单价(元/吨·千米)

其中，工程量由设计单位按实际发生计列，运费单价按工程所在地运价计算。

(14) 施工队伍调遣费。施工队伍调遣费是指因建设工程的需要，应支付施工队伍的调遣费用，包括调遣人员的差旅费、调遣期间的工资、施工工具与用具等的运费。

施工队伍调遣费按调遣费定额计算。施工现场与企业的距离在 35 km 以内时，不计取此项费用；35 km 以外，按照如下公式计取：

施工队伍调遣费＝单程调遣费定额×调遣人数×2

其具体指标如表 4－17 和表 4－18 所示。

表 4－17　施工队伍单程调遣费定额

调遣里程(L)/km	调遣费/元	调遣里程(L)/km	调遣费/元
$35<L\leqslant 100$	141	$1600<L\leqslant 1800$	634
$100<L\leqslant 200$	174	$1800<L\leqslant 2000$	675
$200<L\leqslant 400$	240	$2000<L\leqslant 2400$	746
$400<L\leqslant 600$	295	$2400<L\leqslant 2800$	918
$600<L\leqslant 800$	356	$2800<L\leqslant 3200$	979
$800<L\leqslant 1000$	372	$3200<L\leqslant 3600$	1040
$1000<L\leqslant 1200$	417	$3600<L\leqslant 4000$	1203
$1200<L\leqslant 1400$	565	$4000<L\leqslant 4400$	1271
$1400<L\leqslant 1600$	598	$L>4400$ km 后，每增加 200 km 增加调遣费	48

注：调遣里程依据铁路里程计算，铁路无法到达的里程部分，依据公路、水路里程计算。

表 4－18　施工队伍调遣人数定额

工程专业	概(预)算技工总工日	调遣人数/人	概(预)算技工总工日	调遣人数/人
通信设备安装工程	500 工日以下	5	4000 工日以下	30
	1000 工日以下	10	5000 工日以下	35
	2000 工日以下	17	5000 工日以上，每增加 1000 工日增加调遣人数	3
	3000 工日以下	24		
通信线路、通信管道工程	500 工日以下	5	9000 工日以下	55
	1000 工日以下	10	10 000 工日以下	60
	2000 工日以下	17	15 000 工日以下	80
	3000 工日以下	24	20 000 工日以下	95
	4000 工日以下	30	25 000 工日以下	105
	5000 工日以下	35	30 000 工日以下	120
	6000 工日以下	40	30 000 工日以上，每增加 5000 工日增加调遣人	3
	7000 工日以下	45		
	8000 工日以下	50		

(15) 大型施工机械调遣费。大型施工机械调遣费是指大型施工机械调遣所发生的运输费用。

$$大型施工机械调遣费＝调遣用车运价\times调遣运距\times 2$$

大型施工机械调遣吨位、调遣用车吨位及运价分别如表 4－19 和表 4－20所示。

表 4-19 大型施工机械调遣吨位

机械名称	吨位	机械名称	吨位
混凝土搅拌机	2 t	水下光(电)缆沟挖冲机	6 t
电缆拖车	5 t	液压顶管机	5 t
微管微缆气吹设备	6 t	微控钻孔敷管设备(25 t以下)	8 t
气流敷设吹缆设备	8 t	微控钻孔敷管设备(25 t以上)	12 t
回旋钻机	11 t	液压钻机	15 t
型钢剪断机	4.2 t	磨钻机	0.5 t

表 4-20 调遣用车吨位及运价表

名 称	吨位	运价/(元/千米)	
		单程运程<100 km	单程运程>100 km
工程机械运输车	5 t	10.8	7.2
工程机械运输车	8 t	13.7	9.1
工程机械运输车	15 t	17.8	12.5

2. 间接费

间接费主要由规费和企业管理费构成，各项费用均为不包括增值税可抵扣进项税额的税前造价。具体内容如下。

1) 规费

规费是指政府和有关部门规定必须缴纳的费用，包括工程排污费、社会保障费、住房公积金和危险作业意外伤害保险费等4项费用。

(1) 工程排污费。工程排污费指施工现场按规定缴纳的费用。

工程排污费根据施工所在地政府部门的相关规定进行缴纳。

(2) 社会保障费。社会保障费指企业按规定标准(或国家规定)为职工缴纳的相关社会保险费用，主要包括养老保险费、失业保险费、医疗保险费、生育保险费以及工伤保险费等。

① 养老保险费：指企业按规定标准为职工缴纳的基本养老保险费。

② 失业保险费：指企业按照国家规定标准为职工缴纳的失业保险费。

③ 医疗保险费：指企业按照规定标准为职工缴纳的基本医疗保险费。

④ 生育保险费：指企业按照规定标准为职工缴纳的生育保险费。

⑤ 工伤保险费：指企业按照规定标准为职工缴纳的工伤保险费。

社会保障费的计算公式如下：

社会保障费＝人工费×相关费率(一般取定为28.5%)

(3) 住房公积金。企业按照规定标准为职工缴纳的住房公积金的计算公式如下：

住房公积金＝人工费×相关费率(一般取定为4.19%)

(4) 危险作业意外伤害保险费。危险作业意外伤害保险费是指企业为从事危险作业的建筑安装施工人员支付的意外伤害保险费。

危险作业意外伤害保险费的计算公式如下：

危险作业意外伤害保险费＝人工费×相关费率(一般取定为1.00％)

2) 企业管理费

企业管理费指施工企业组织施工生产和经营管理所需的费用，包括管理人员工资、办公费、差旅交通费、固定资产使用费、工具用具使用费、劳动保险费、工会经费、职工教育经费、财产保险费、财务费、税金、其他等12项内容。

(1) 管理人员工资：指管理人员的基本工资、工资性补贴、职工福利费、劳动保护费等。

(2) 办公费：指企业管理办公用的文具、纸张、账表、印刷、邮电、书报、办公软件、现场监控、会议、水电、烧水和集体取暖降温(包括现场临时宿舍取暖降温)等费用。

(3) 差旅交通费：指职工因公出差、调动工作的差旅费，住勤补助费，市内交通费和误餐补助费，职工探亲路费，劳动力招募费，职工离退休、退职一次性路费，工伤人员就医路费，工地转移费以及管理部门使用的交通工具的油料、燃料等费用。

(4) 固定资产使用费：指管理和试验部门及附属生产单位使用的属于固定资产的房屋、设备、仪器等的折旧、大修、维修或租赁费。

(5) 工具用具使用费：指管理使用的不属于固定资产的生产工具、器具、家具、交通工具和检验、测绘、消防用具等的购置、维修和摊销费。

(6) 劳动保险费：指由企业支付离退休职工的异地安家补助费、职工退职金、六个月以上的病假人员工资、按规定支付给离退休干部的各项经费。

(7) 工会经费：指企业按职工工资总额计提的工会经费。

(8) 职工教育经费：指按职工工资总额的规定比例计提，企业为职工进行专业技术和职业技能培训、专业技术人员继续教育、职工职业技能鉴定、职业资格认定以及根据需要对职工进行各类文化教育所发生的费用。

(9) 财产保险费：指施工管理用财产、车辆等的保险费用。

(10) 财务费：指企业为施工生产筹集资金或提供预付款担保、履约担保、职工工资支付担保等所发生的各种费用。

(11) 税金：指企业按规定缴纳的城市维护建设税、教育费附加税、地方教育费附加税、房产税、车船使用税、土地使用税、印花税等。

(12) 其他：包括技术转让费、技术开发费、投标费、业务招待费、绿化费、广告费、公证费、法律顾问费、审计费、咨询费等。

企业管理费的计算公式如下：

企业管理费＝人工费×相关费率(各类通信工程取定为27.4％)

3. 利润

利润是指施工企业完成所承包工程获得的盈利。

利润的计算公式如下：

利润＝人工费×利润率(各类通信工程取定为20％)

4. 销项税额

销项税额是指按国家税法规定应计入建筑安装工程造价的增值税销项税额。

销项税额的计算公式如下：

销项税额＝(人工费＋乙供主材费＋辅材费＋机械使用费＋仪表使用费＋措施费
＋规费＋企业管理费＋利润)×11％＋甲供主材费×适用税率

式中，甲供主材费的适用税率为材料采购税率，乙供主材指建筑服务方提供的材料。

4.2.2 设备、工器具购置费

设备、工器具购置费指根据设计提出的设备(包括必需的备品备件)、仪表、工器具清单，按设备原价、运杂费、采购及保管费、运输保险费和采购代理服务费计算的费用。设备、工器具购置费用包括两项：需要安装的设备的购置费和不需要安装的设备、工器具、仪表的购置费。

设备、工器具购置费的计算公式如下：

设备、工器具购置费＝设备原价＋运杂费＋运输保险费
＋采购及保管费＋采购代理服务费

其中：

(1) 设备原价：供应价或供货地点价。设备、工器具原价指国产设备制造厂的供货地点价、进口设备的到岸价(包括货价、国际运费、运输保险费)。

(2) 运杂费＝设备原价×设备运杂费费率，其费率计取如表 4－21 所示。

表 4－21　设备运杂费费率

运输里程 L/km	计算基础	费率/(％)	运输里程 L/km	计算基础	费率/(％)
$L \leqslant 100$	设备原价	0.8	$1000 < L \leqslant 1250$	设备原价	2.0
$100 < L \leqslant 200$		0.9	$1250 < L \leqslant 1500$		2.2
$200 < L \leqslant 300$		1.0	$1500 < L \leqslant 1750$		2.4
$300 < L \leqslant 400$		1.1	$1750 < L \leqslant 2000$		2.6
$400 < L \leqslant 500$		1.2	$L > 2000$ km 时，每增 250 km 费率增加		0.1
$500 < L \leqslant 750$		1.5			
$750 < L \leqslant 1000$		1.7	-	-	-

(3) 运输保险费＝设备原价×运输保险费费率(一般取定为 0.4％)。

(4) 采购及保管费＝设备原价×采购及保管费费率，其费率如表 4－22 所示。

表 4－22　采购及保管费费率

项目名称	计算基础	费率/(％)
需要安装的设备	设备原价	0.82
不需要安装的设备(仪表、工器具)		0.41

(5) 采购代理服务费按实计列。

进口设备(材料)的国外运输费、国外运输保险费、关税、增值税、外贸手续费、银行财务费、国内运杂费、国内运输保险费、引进设备(材料)国内检验费、海关监管手续费等按进口货价计算后进入相应的设备材料费中。单独引进软件不计关税，只计增值税。

对于引进工程项目来说：

引进设备购置费＝到岸价＋入关各项手续费＋国内运输及保管等费用

其中：

到岸价＝货价＋国际运费＋国际运输保险费

入关各项手续费＝关税＋增值税＋工商统一费＋海关监管费
＋外贸手续费＋银行手续费

国内运输及保管等费用＝国内运杂费＋国内运输保险费
＋采购保管费＋采购代理服务费

4.3 工程建设其他费

工程建设其他费是指应在建设项目的建设投资中开支的固定资产其他费用、无形资产费用和其他资产费用，具体包括建设用地及综合赔补费、项目建设管理费、可行性研究费、研究试验费、勘察设计费、环境影响评价费、建设工程监理费、安全生产费、引进技术及进口设备其他费、工程保险费、工程招标代理费、专利及专用技术使用费、其他费用、生产准备及开办费等14项内容，具体如表4-23所示。

表4-23 工程建设其他费构成

一级费用明细	二级费用明细
工程建设其他费（共14项）	建设用地及综合赔补费
	项目建设管理费
	可行性研究费
	研究试验费
	勘察设计费
	环境影响评价费
	建设工程监理费
	安全生产费
	引进技术及进口设备其他费
	工程保险费
	工程招标代理费
	专利及专用技术使用费
	其他费用
	生产准备及开办费

1. 建设用地及综合赔补费

建设用地及综合赔补费是指按照《中华人民共和国土地管理法》等规定，建设项目征用土地或租用土地应支付的费用，具体包括以下费用：

(1) 土地征用及迁移补偿费：经营性建设项目通过出让方式购置的土地使用权（或建设项目通过划拨方式取得无限期的土地使用权）而支付的土地补偿费、安置补偿费、地上附着物和青苗补偿费、余物迁建补偿费、土地登记管理费等；行政事业单位的建设项目通过出让方式取得土地使用权而支付的出让金；建设单位在建设过程中发生的土地复垦费用和土地损失补偿费用；建设期间临时占地补偿费。

(2) 征用耕地按规定一次性缴纳的耕地占用税；征用城镇土地在建设期间按规定每年缴纳的城镇土地使用税；征用城市郊区菜地按规定缴纳的新菜地开发建设基金。

(3) 建设单位租用建设项目土地使用权而支付的租地费用。

(4) 建设单位在建设项目期间租用建筑设施、场地的费用，以及因项目施工造成所在地企事业单位或居民的生产、生活干扰而支付的补偿费用。

建设用地及综合赔补费的计算规则如下：

(1) 根据应征建设用地面积、临时用地面积，按建设项目所在省、市、自治区人民政府制定颁发的土地征用补偿费、安置补助费标准和耕地占用税、城镇土地使用税标准计算。

(2) 建设用地上的建(构)筑物如需迁建，其迁建补偿费应按迁建补偿协议计列或按新建同类工程造价计算。

2. 项目建设管理费

项目建设管理费是指项目建设单位从项目筹建之日起至办理竣工财务决算之日止发生的管理性质的支出，具体包括：不在原单位发工资的工作人员工资及相关费用、办公费、办公场地租用费、差旅交通费、劳动保护费、工具用具使用费、固定资产使用费、招募生产工人费、技术图书资料费（含软件）、业务招待费、施工现场津贴、竣工验收费和其他管理性质开支。

实行代建制管理的项目，代建管理费按照不高于项目建设管理费标准核定。一般不得同时列支代建管理费和项目建设管理费，确需同时发生的，两项费用之和不得高于项目建设管理费限额。

建设单位可根据《关于印发〈基本建设项目建设成本管理规定〉的通知》(财建［2016］504号)，结合自身实际情况制定项目建设管理费取费规则。

如建设项目采用工程总承包方式，其总包管理费由建设单位与总包单位根据总包工作范围在合同中商定，从项目建设管理费中列支。

3. 可行性研究费

可行性研究费是指在建设项目前期工作中，编制和评估项目建议书(或预可行性研究报告)、可行性研究报告所需的费用。

根据《国家发展改革委关于进一步放开建设项目专业服务价格的通知》(发改价格［2015］299号)文件的要求，可行性研究服务收费实行市场调节价。

4. 研究试验费

研究试验费是指为本建设项目提供或验证设计数据、资料等进行必要的研究试验及按照设计规定在建设过程中必须进行试验、验证所需的费用。

研究试验费根据建设项目研究试验内容和要求进行编制。

研究试验费不包括以下项目：

(1) 应由科技三项费用(即新产品试制费、中间试验费和重要科学研究补助费)开支的项目。

(2) 应在建筑安装费用中列支的施工企业对材料、构件进行一般鉴定、检查所发生的费用及技术革新的研究试验费。

(3) 应由勘察设计费或工程费中开支的项目。

5. 勘察设计费

勘察设计费是指委托勘察设计单位进行工程勘察、工程设计所发生的各项费用，包括工程勘察费、初步设计费和施工图设计费。

根据《国家发展改革委关于进一步放开建设项目专业服务价格的通知》(发改价格[2015]299号)文件的要求，勘察设计服务收费实行市场调节价。

6. 环境影响评价费

环境影响评价费是指按照《中华人民共和国环境保护法》、《中华人民共和国环境影响评价法》等规定，为全面、详细评价本建设项目对环境可能产生的污染或造成的重大影响所需的费用，包括编制环境影响报告书(含大纲)、环境影响报告表和评估环境影响报告书(含大纲)、评估环境影响报告表等所需的费用。

根据《国家发展改革委关于进一步放开建设项目专业服务价格的通知》(发改价格[2015]299号)文件的要求，环境影响咨询服务收费实行市场调节价。

7. 建设工程监理费

建设工程监理费指建设单位委托工程监理单位实施工程监理的费用。

根据《国家发展改革委关于进一步放开建设项目专业服务价格的通知》(发改价格[2015]299号)文件的要求，建设工程监理服务收费实行市场调节价，可参照相关标准作为计价基础。

8. 安全生产费

安全生产费是指施工企业按照国家有关规定和建筑施工安全标准，购置施工防护用具、落实安全施工措施以及改善安全生产条件所需要的各项费用。

安全生产费可参照《关于印发〈企业安全生产费用提取和使用管理办法〉的通知》(财企[2012]16号)文件的规定计算。

9. 引进技术及进口设备其他费

引进技术及进口设备其他费的内容包括：

(1) 引进项目图纸资料翻译复制费、备品备件测绘费。

(2) 出国人员费用：包括买方人员出国设计联络、出国考察、联合设计、监造、培训等所发生的差旅费、生活费、置装费等。

(3) 来华人员费用：包括卖方来华工程技术人员的现场办公费用、往返现场交通费用、工资、食宿费用、接待费用等。

(4) 银行担保及承诺费：指引进项目由国内外金融机构出面承担风险和责任担保所发生的费用，以及支付贷款机构的承诺费用。

引进技术及进口设备其他费的计算规则如下：

(1) 引进项目图纸资料翻译复制费：根据引进项目的具体情况计列或按引进设备到岸

价的比例估列。

(2) 出国人员费用：依据合同规定的出国人次、期限和费用标准计算。生活费及置装费按照财政部、外交部规定的现行标准计算，旅费按中国民航公布的国际航线票价计算。

(3) 来华人员费用：应依据引进合同有关条款规定计算。引进合同价款中已包括的费用内容不得重复计算。来华人员接待费用可按每人次费用指标计算。

(4) 银行担保及承诺费：应按担保或承诺协议计取。

10. 工程保险费

工程保险费指建设项目在建设期间根据需要对建筑工程、安装工程及机器设备进行投保而发生的保险费用，包括建筑安装工程一切险、进口设备财产保险和人身意外伤害险等。

工程保险费的计算规则如下：

(1) 不投保的工程不计取此项费用。

(2) 不同的建设项目可根据工程特点选择投保险种，根据投保合同计列保险费用。

11. 工程招标代理费

工程招标代理费是指招标人委托代理机构编制招标文件、编制标底、审查投标人资格、组织投标人踏勘现场并答疑，组织开标、评标、定标，以及提供招标前期咨询、协调合同的签订等业务所收取的费用。

根据《国家发展改革委关于进一步放开建设项目专业服务价格的通知》(发改价格[2015]299号)文件的要求，工程招标代理服务收费实行市场调节价。

12. 专利及专用技术使用费

专利及专用技术使用费的内容包括以下三个方面：

(1) 国外设计及技术资料费，引进有效专利、专有技术使用费和技术保密费。

(2) 国内有效专利、专有技术使用费。

(3) 商标使用费、特许经营权费等。

专利及专用技术使用费的计算规则如下：

(1) 按专利使用许可协议和专有技术使用合同的规定计列。

(2) 专有技术的界定应以省、部级鉴定机构的批准为依据。

(3) 项目投资中只计取需要在建设期支付的专利及专有技术使用费。协议或合同规定在生产期支付的使用费应在成本中核算。

13. 其他费用

其他费用指根据建设任务的需要，必须在建设项目中列支的费用，如中介机构审查费等。

其他费用根据工程实际计列。

14. 生产准备及开办费

生产准备及开办费是指建设项目为保证正常生产(或营业、使用)而发生的人员培训费、提前进场费以及投产使用初期必备的生产生活用具、工器具等购置费用，具体内容包括以下三个方面：

(1) 人员培训费及提前进场费：自行组织培训或委托其他单位培训的人员工资、工资性补贴、职工福利费、差旅交通费、劳动保护费、学习资料费等。

(2) 为保证初期正常生产、生活(或营业、使用)所必需的生产办公、生活家具用具购置费。

(3) 为保证初期正常生产(或营业、使用)必需的第一套不够固定资产标准的生产工具、器具、用具购置费(不包括备品备件费)。

新建项目按设计定员为基数计算生产准备及开办费，改扩建项目按新增设计定员为基数计算生产准备及开办费：

生产准备及开办费 ＝设计定员×生产准备及开办费指标(元/人)

其中，生产准备及开办费指标由投资企业自行测算，此项费用列入运营费。

4.4 预 备 费

预备费是指在初步设计阶段编制概算时难以预料的工程费用。预备费包括基本预备费和价差预备费。

基本预备费包括以下内容：

(1) 进行技术设计、施工图设计和施工过程中，在批准的初步设计概算范围内所增加的工程费用。

(2) 由一般自然灾害所造成的损失和预防自然灾害所采取的措施项目费用。

(3) 竣工验收时，为鉴定工程质量，必须开挖和修复隐蔽工程的费用。

价差预备费是指设备、材料的价差。

预备费的计算公式如下：

预备费＝(工程费＋工程建设其他费)×预备费费率

预备费费率计取如表 4-24 所示。可以发现：在单项工程各项费用中除建设期利息外，其他所有费用的变化均可以影响预备费的变化。

表 4-24 预备费费率

工程名称	计算基础	费率/(%)
通信设备安装工程	工程费＋工程建设其他费	3.0
通信线路工程		4.0
通信管道工程		5.0

4.5 建 设 期 利 息

建设期利息是指建设项目贷款在建设期内发生并应计入固定资产的贷款利息等财务

费用。

建设期利息按银行当期利率计算。

自我测试

一、填空题

1. 工程费由________和设备、工器具(需要安装和不需要安装的)购置费两大类组成，是通信建设单项工程总费用的重要组成部分。

2. 一个建设项目总费用由单项工程费用构成；单项工程费用包括________、________、预备费以及建设期利息。

3. 预备费是指在________时难以预料的工程费用。预备费包括________和价差预备费。

4. 完成某通信线路工程，其技工总工日为 100，普工总工日为 200，则此工程所需人工费为________元。

5. 销项税额是指按国家税法规定应计入建筑安装工程造价的________销项税额。

6. 措施项目费是指为完成工程项目施工，发生于该工程前和施工过程中非工程实体项目的费用，属于直接费范畴，其包括的费用计费基础多数为________费。

7. 夜间施工增加费是指因夜间施工所发生的夜间补助费、________、夜间施工照明设备摊销及________等费用。

8. 工程建设其他费是指应在建设项目的建设投资中开支的固定资产其他费用、________和其他资产费用。

9. 间接费由规费和________构成，各项费用均为不包括增值税可抵扣________的税前造价。

二、判断题

1. 施工队伍调遣费是指因建设工程的需要，应支付施工队伍的调遣费用。无论本地网还是长途网的通信工程均计取。 (　　)

2. 夜间施工增加费只有必须在夜间施工的工程才计列。 (　　)

3. 通信建设工程不分专业均可计取冬雨季施工增加费。 (　　)

4. 措施项目费指为完成工程项目施工，发生于该工程前和施工过程中非工程实体项目的费用。 (　　)

5. 利润是指施工企业完成所承包工程获得的盈利。 (　　)

6. 施工队伍调遣费、大型施工机械调遣费和运土费是建筑安装工程费的组成部分。 (　　)

7. 凡是施工图设计的预算都应计列预备费。 (　　)

8. 距工程所在地 30 km 的施工队伍比距离工程所在地 25 km 的施工队伍调遣费要多。 (　　)

9. 施工图预算需要修改时，应由设计单位修改，由建设单位报主管部门审批。 (　　)

10. 直接工程费就是直接费。 (　　)

11. 凡是通信线路工程都应计列冬雨季施工增加费。 (　　)

12. 通信线路工程都应计列工程干扰费。　　(　　)

13. 通信工程计费依据中的人工费包含着技工费和普工费。　　(　　)

14. 在海拔 2000 m 以上的高原施工时，可计取特殊地区施工增加费。　　(　　)

15. 在编制通信建设工程概算时，主要材料费运距均按 1500 km 计算。　　(　　)

三、选择题

1. 某通信线路工程在位于海拔 2000 m 以上的原始森林地区进行室外施工，如果根据工程量统计的工日为 1000 工日，海拔 2000 m 以上和原始森林人工调整系数分别为 1.13 和 1.3，则总工日应为(　　)。

A. 1130　　B. 1469　　C. 2430　　D. 1300

2. 设备购置费是指(　　)。

A. 设备采购时的实际成交价

B. 设备采购和安装的费用之和

C. 设备在工地仓库出库之前所发生的费用之和

D. 设备在运抵工地之前发生的费用之和

3. 下列选项中，不应归入措施项目费的是(　　)。

A. 临时设施费　　B. 特殊地区施工增加费

C. 项目建设管理费　　D. 工程车辆使用费

4. 工程监理费应在(　　)中单独计列。

A. 工程建设其他费　　B. 项目建设管理费

C. 工程招标代理费　　D. 建筑安装工程费

5. 下列选项中，(　　)不包括在材料的预算价格中。

A. 材料原价　　B. 材料包装费

C. 材料采购及保管费　　D. 工地器材搬运费

6. 编制竣工图纸和资料所发生的费用已含在(　　)中。

A. 工程点交、场地清理费　　B. 企业管理费

C. 现场管理费　　D. 建设单位管理费

7. 下列选项中，不属于间接费的是(　　)。

A. 财务费　　B. 职工养老保险费　　C. 企业管理人员工资　　D. 生产人员工资

8. 通信建设工程定额用于扩建工程时，其人工工时按(　　)系数计取。

A. 1.0　　B. 1.1　　C. 1.2　　D. 1.3

9. 计算通信设备安装工程的预备费时，费率按(　　)%计取。

A. 2　　B. 3　　C. 4　　D. 5

10. 工程干扰费是指通信线路工程在市区施工(　　)所需采取的安全措施及降效补偿的费用。

A. 对外界的干扰　　B. 相互干扰　　C. 由于受外界对施工干扰　　D. 电磁干扰

11. 安全生产费一般按建筑安装工程费的(　　)%计取。

A. 0.6　　B. 1.4　　C. 1.2　　D. 1.5

12. 施工队伍调遣费的计算与施工现场距企业的距离有关，一般在(　　)km 以内时可

以不计取此项费用。

A. 35　B. 200　C. 400　D. 600

13. 对于通信设备安装工程，概预算技工总工日在1000工日以下时，施工队伍调遣人数应为(　　)人。

A. 5　B. 10　C. 17　D. 2

14.《信息通信建设工程费用定额》规定，在计算主要材料的运输保险费时，保险费费率取(　　)。

A. 0.1%　B. 0.2%　C. 0.3%　D. 0.4%

15.《信息通信建设工程费用定额》规定，对于通信设备安装工程，材料采购及保管费费率按(　　)计取。

A. 0.9%　B. 1.0%　C. 1.1%　D. 3.0%

16.《信息通信建设工程费用定额》规定，对于有线通信设备安装工程，辅助材料费费率按(　　)计取。

A. 0.3%　B. 0.5%　C. 3.0%　D. 5.0%

17. 通信建设工程企业管理费的取费基础是(　　)。

A. 技工费　B. 直接工程费　C. 人工费　D. 直接费

18.《信息通信建设工程费用定额》规定，对于通信设备安装工程，工地器材搬运费费率按(　　)计取。

A. 1.1%　B. 1.3%　C. 2.0%　D. 5.0%

19.《信息通信建设工程费用定额》规定，对于通信设备安装工程，在距离不超过35 km时临时设施费费率按(　　)计取。

A. 6.0%　B. 12.0%　C. 10.0%　D. 3.8%

20.《信息通信建设工程费用定额》规定，施工队伍调遣里程超过100 km，但是不超过200 km时，单程调遣费为(　　)元。

A. 295　B. 141　C.174　D. 240

21.《通信电源设备安装工程》预算定额在用于拆除交直流电源设备、不间断电源设备及配套装置工程不需入库时，拆除工程人工系数为(　　)。

A. 0.4　B. 0.5　C. 0.55　D. 1.0

22. 通信建设工程的材料采购及保管费费率为1.0%的是(　　)。

A. 通信线路工程　B. 通信管道工程

C. 通信设备安装工程　D. 土建工程

23. 建设工程监理费应在(　　)。

A. 工程建设其他费中单独计列　B. 建设单位管理费中包含

C. 直接工程费中计列　D. 建筑安装工程费中计列

24. 通信建设工程费用定额的内容不包括(　　)。

A. 直接工程费中人工工日定额　B. 措施费取费标准

C. 间接费取费标准　D. 工程建设其他费标准

25. 下列费用项目不属于工程建设其他费的是(　　)。

A. 研究试验费　B. 勘察设计费　C. 临时设施费　D. 环境影响评价费

26. 下列属于设备购置费的是(　　)。

A. 运输保险费　　B. 消费税　　C. 工地材料搬运费　　D. 设备安装费

27. 下列选项中与利润计算有关的是(　　)。

A. 工程类别　　B. 计划利润率　　C. 人工费　　D. 施工企业资质等级

四、多项选择题

1. 措施项目费指为完成工程项目施工，发生于该工程前和施工过程中非工程实体项目的费用。下列费用属于措施项目费的是(　　)。

A. 生产工具用具使用费　　B. 工程车辆使用费

C. 工程点交、场地清理费　　D. 差旅交通费

2. 下列不属于直接费的是(　　)。

A. 直接工程费　　B. 安全生产费　　C. 措施费　　D. 财务费

3. 计算器材运杂费时材料按光缆、电缆、塑料及塑料制品、木材及木制品、(　　)各类分别计算。

A. 电线　　B. 地方材料　　C. 水泥及水泥制品　　D. 其他

4. 预备费包括(　　)等。

A. 一般自然灾害造成工程损失和预防自然灾害所采取措施的费用

B. 竣工验收时为鉴定工程质量对隐蔽工程进行必要的挖掘和修复的费用

C. 旧设备拆除费用

D. 割接费

5. 措施项目费中含有(　　)。

A. 冬雨季施工增加费　　B. 工程干扰费

C. 新技术培训费　　D. 仪器仪表使用费

6. 对概预算进行修改时，如果需要安装的设备费有所增加，那么对(　　)产生影响。

A. 建筑安装工程费　　B. 工程建设其他费　　C. 预备费　　D. 运营费

7. 设备购置费由设备原价、运杂费与(　　)构成。

A. 采购及保管费　　B. 运输保险费　　C. 采购代理服务费　　D. 设备的安装费

8. 下列费用中，以人工费作为计算基数的是(　　)。

A. 利润　　B. 社会保障费　　C. 特殊地区施工增加费　　D. 临时设施费

9. 临时设施费主要内容包括临时设施的(　　)拆除费和摊销费。

A. 搭设　　B. 维修　　C. 租用　　D. 材料

10. 直接费由(　　)构成。

A. 直接工程费　　B. 间接工程费　　C. 预备费　　D. 措施项目费

11. 下列费用中，以人工费作为计算基数的是(　　)。

A. 机械使用费　　B. 利润

C. 企业管理费　　D. 施工用水、电、蒸汽费

12. 工程建设其他费包括(　　)等内容。

A. 勘察设计费　　B. 施工队伍调遣费　　C. 企业管理费　　D. 建设单位管理费

13. 下列选项中，不属于建筑安装工程费的是(　　)。

A. 直接费　　B. 间接费　　C. 建设工程其它费　　D. 工具购置费

14. 间接费由(　　)构成。

A. 规费　　B. 企业管理费　　C. 机械使用费　　D. 仪表使用费

15. 下列费用属于工程建设其他费的是(　　)。

A. 建设单位管理费　　B. 勘察设计费

C. 劳动保险费　　D. 专利及专有技术使用费

16. 下列预备费中属于费用定额定义的预备费的是(　　)。

A. 工伤预备费　　B. 基本预备费　　C. 价差预备费　　D. 材料预备费

17. 规费指政府和有关部门规定必须交纳的费用。下列费用项目中，属于规费的有(　　)。

A. 工程干扰费　　B. 工程排污费　　C. 社会保障费　　D. 住房公积金

18. 规费包括(　　)。

A. 工程排污费　　B. 社会保险费

C. 住房公积金　　D. 危险作业意外伤害保险费

五、综合题

某教学楼室内分布系统工程的工程量统计如表 T4－1 所示。这里假设所涉及的主要材料费用为 6000 元，国内需要安装的设备购置费为 16 000 元。

表 T4－1　某教学楼室内分布系统工程工程量统计表

序　号	定额编号	项目名称	定额单位	数　量
1	TSW2－070	安装调测直放站设备	站	1
2	TSW2－039	安装调测室内天、馈线附属设备/分路器(功分器、耦合器)	个	5
3	TSW2－024	安装室内天线(高度 6 m 以下)	副	8
4	TSW2－027	布放射频同轴电缆 1/2″以下(4 m 以下)	条	10
5	TSW2－028	布放射频同轴电缆 1/2″以下(每增加 1 m)	米条	58
6	TSW1－060	室内布放电力电缆(双芯) 16 mm^2 以下(近端)	10 米条	2
7	TSW1－060	室内布放电力电缆(双芯) 16 mm^2 以下(远端)	10 米条	2
8	TSW2－046	分布式天、馈线系统调测	副	8

本工程位于Ⅰ类非特殊地区，施工企业与施工地点距离为 10 km。施工用水、电、蒸汽费，勘察设计费分别按 200 元、2000 元计取，不计取监理费以及不具备计算条件的费用。建设单位管理费的计费基础为工程费，费率为 1.5%。

请根据以上条件，计算出人工费、直接工程费、直接费、建筑安装工程费、工程费、工程建设其他费和预备费。

技能实训　信息通信建设工程费用定额使用

一、实训目的

(1) 掌握通信建设单项工程费用的构成。

(2) 掌握通信建设工程各项费用及费率的计取。

(3) 能对照施工图纸进行相应工程的费用费率计取。

二、实训场所和器材

通信工程设计实训室、2016 版预算定额手册 1 套、微型计算机 1 台。

三、实训内容

1. 已知条件

(1) 本工程位于Ⅱ类非特殊地区，为××学院移动通信基站中继光缆线路单项工程一阶段设计，其施工图如图 J4－1 所示。人孔内均有积水现象，管道敷设时需要敷设 1 孔塑料子管，机房内桥架明布光缆架设长度为 15 米。

(2) 本工程建设单位为××市移动分公司，不购买工程保险，不实行工程招标，其核心机房的 ODF 架已安装完毕，本次工程的中继传输光缆只需上架成端即可。

(3) 国内配套主材的运距为 500 km，按不需要中转(无需采购代理)考虑，所有材料单价均假设为除税价 10 元，增值税税率为 17%，材料由建筑方提供。

(4) 施工用水、电、蒸汽费，勘察设计费，可行性研究费分别按 1000 元、1500 元、2000 元计取。本工程不具备计算条件的费用不计取。

(5) 安全生产费以建筑安装工程费为计费基础，相应费率为 1.5%。

(6) 工程施工企业距工程所在地 300 km。

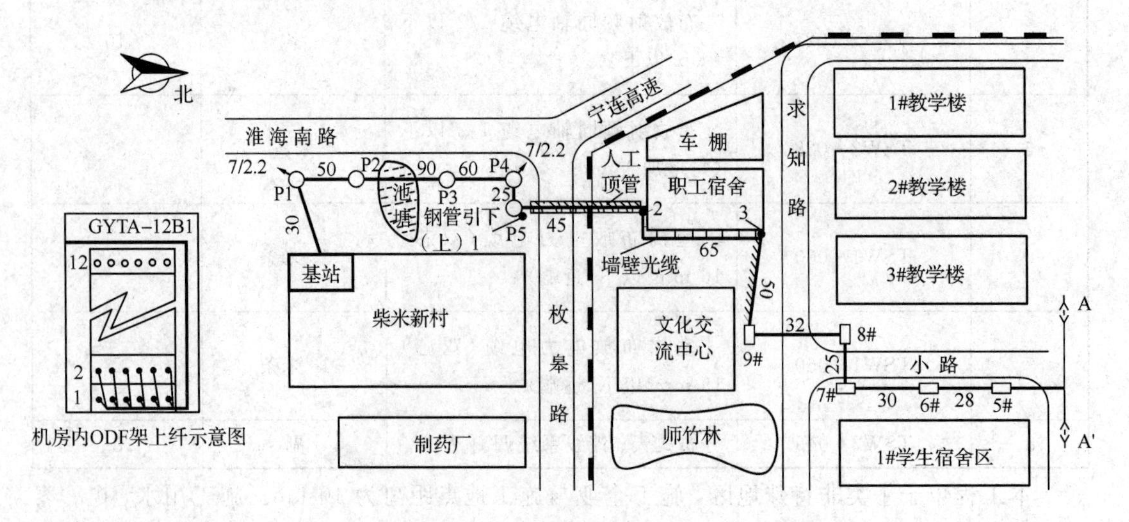

图 J4－1　××学院移动通信基站中继光缆线路工程施工图

2. 实训结果汇总

根据以上已知条件和施工图纸(图 J4－1)，在完成工程量统计的基础上，填写表 J4－1 至表 J4－5。

表 J4－1　工程主材用量统计表

<table>
<tr><th>序号</th><th>定额编号</th><th>项目名称</th><th>工程量</th><th>主材名称</th><th>规格型号</th><th>单位</th><th>定额量</th><th>使用量</th></tr>
<tr><td rowspan="3">1</td><td rowspan="3"></td><td rowspan="3"></td><td rowspan="3"></td><td></td><td></td><td></td><td></td><td></td></tr>
<tr><td></td><td></td><td></td><td></td><td></td></tr>
<tr><td></td><td></td><td></td><td></td><td></td></tr>
<tr><td rowspan="3">2</td><td rowspan="3"></td><td rowspan="3"></td><td rowspan="3"></td><td></td><td></td><td></td><td></td><td></td></tr>
<tr><td></td><td></td><td></td><td></td><td></td></tr>
<tr><td></td><td></td><td></td><td></td><td></td></tr>
<tr><td rowspan="3">3</td><td rowspan="3"></td><td rowspan="3"></td><td rowspan="3"></td><td></td><td></td><td></td><td></td><td></td></tr>
<tr><td></td><td></td><td></td><td></td><td></td></tr>
<tr><td></td><td></td><td></td><td></td><td></td></tr>
</table>

表 J4－2　主材用量分类汇总表

<table>
<tr><th>序号</th><th>类别</th><th>名称</th><th>规格</th><th>单位</th><th>使用量</th></tr>
<tr><td>1</td><td>光缆</td><td></td><td></td><td></td><td></td></tr>
<tr><td>2</td><td rowspan="3">塑料及塑料制品</td><td></td><td></td><td></td><td></td></tr>
<tr><td>3</td><td></td><td></td><td></td><td></td></tr>
<tr><td>4</td><td></td><td></td><td></td><td></td></tr>
<tr><td>5</td><td rowspan="3">水泥及水泥构件</td><td></td><td></td><td></td><td></td></tr>
<tr><td>6</td><td></td><td></td><td></td><td></td></tr>
<tr><td>7</td><td></td><td></td><td></td><td></td></tr>
<tr><td>8</td><td rowspan="3">其他</td><td></td><td></td><td></td><td></td></tr>
<tr><td>9</td><td></td><td></td><td></td><td></td></tr>
<tr><td>10</td><td></td><td></td><td></td><td></td></tr>
</table>

表 J4－3　国内主要材料表(表四)甲

<table>
<tr><th rowspan="2">序号</th><th rowspan="2">名称</th><th rowspan="2">规格程式</th><th rowspan="2">单位</th><th rowspan="2">数量</th><th>单价
(元)</th><th colspan="3">合计
(元)</th><th rowspan="2">备注</th></tr>
<tr><th>除税价</th><th>除税价</th><th>增值税</th><th>含税价</th></tr>
<tr><td>Ⅰ</td><td>Ⅱ</td><td>Ⅲ</td><td>Ⅳ</td><td>Ⅴ</td><td>Ⅵ</td><td>Ⅶ</td><td>Ⅷ</td><td>Ⅸ</td><td rowspan="7">光缆</td></tr>
<tr><td>1</td><td></td><td></td><td></td><td></td><td></td><td></td><td></td><td></td></tr>
<tr><td colspan="5">(1) 小计 1</td><td></td><td></td><td></td><td></td></tr>
<tr><td colspan="5">(2) 运杂费：小计 1× %</td><td></td><td></td><td></td><td></td></tr>
<tr><td colspan="5">(3) 运输保险费：小计 1× %</td><td></td><td></td><td></td><td></td></tr>
<tr><td colspan="5">(4) 采购及保管费：小计 1× %</td><td></td><td></td><td></td><td></td></tr>
<tr><td colspan="5">(5) 合计 1</td><td></td><td></td><td></td><td></td></tr>
<tr><td>2</td><td></td><td></td><td></td><td></td><td></td><td></td><td></td><td></td><td rowspan="6">塑料及
塑料制品</td></tr>
<tr><td colspan="5">(1) 小计 2</td><td></td><td></td><td></td><td></td></tr>
<tr><td colspan="5">(2) 运杂费：小计 2× %</td><td></td><td></td><td></td><td></td></tr>
<tr><td colspan="5">(3) 运输保险费：小计 2× %</td><td></td><td></td><td></td><td></td></tr>
<tr><td colspan="5">(4) 采购及保管费：小计 2× %</td><td></td><td></td><td></td><td></td></tr>
<tr><td colspan="5">(3) 合计 3</td><td></td><td></td><td></td><td></td></tr>
<tr><td>3</td><td></td><td></td><td></td><td></td><td></td><td></td><td></td><td></td><td rowspan="6">水泥及
水泥构件</td></tr>
<tr><td colspan="5">(1) 小计 3</td><td></td><td></td><td></td><td></td></tr>
<tr><td colspan="5">(2) 运杂费：小计 3× %</td><td></td><td></td><td></td><td></td></tr>
<tr><td colspan="5">(3) 运输保险费：小计 3× %</td><td></td><td></td><td></td><td></td></tr>
<tr><td colspan="5">(4) 采购及保管费：小计 3× %</td><td></td><td></td><td></td><td></td></tr>
<tr><td colspan="5">(5) 合计 3</td><td></td><td></td><td></td><td></td></tr>
<tr><td>4</td><td></td><td></td><td></td><td></td><td></td><td></td><td></td><td></td><td rowspan="6">其他</td></tr>
<tr><td colspan="5">(1) 小计 4</td><td></td><td></td><td></td><td></td></tr>
<tr><td colspan="5">(2) 运杂费：小计 4× %</td><td></td><td></td><td></td><td></td></tr>
<tr><td colspan="5">(3) 运输保险费：小计 4× %</td><td></td><td></td><td></td><td></td></tr>
<tr><td colspan="5">(4) 采购及保管费：小计 4× %</td><td></td><td></td><td></td><td></td></tr>
<tr><td colspan="5">(5) 合计 4</td><td></td><td></td><td></td><td></td></tr>
<tr><td></td><td colspan="4">总计＝合计 1＋合计 2＋合计 3＋合计 4</td><td></td><td></td><td></td><td></td><td></td></tr>
</table>

表J4-4 建筑安装工程费__预__算表(表二)

序号	费用名称	依据和计算方法	合计(元)	序号	费用名称	依据和计算方法	合计(元)
Ⅰ	Ⅱ	Ⅲ	Ⅳ	Ⅰ	Ⅱ	Ⅲ	Ⅳ
	建安工程费(含税价)	一+二+三+四		7	夜间施工增加费		
	建安工程费(除税价)	一+二+三		8	冬雨季施工增加费		
一	直接费	(一)+(二)		9	生产工具用具使用费		
(一)	直接工程费	1+2+3+4		10	施工用水、电、蒸汽费		
1	人工费	(1)+(2)		11	特殊地区施工增加费		
(1)	技工费	技工总工日×技工单价		12	已完工程及设备保护费		
(2)	普工费	普工总工日×普工单价		13	运土费		
2	材料费	(1)+(2)		14	施工队伍调遣费		
(1)	主要材料费	表四甲主材表		15	大型施工机械调遣费		
(2)	辅助材料费			二	间接费	(一)+(二)	
3	机械使用费	表三乙		(一)	规费	1+2+3+4	
4	仪表使用费	表三丙		1	工程排污费		
(二)	措施项目费	1+2+…+15		2	社会保障费		
1	文明施工费			3	住房公积金		
2	工地器材搬运费			4	危险作业意外伤害保险费		
3	工程干扰费			(二)	企业管理费		
4	工程点交、场地清理费			三	利润		
5	临时设施费			四	销项税额		
6	工程车辆使用费						

表 J4－5　工程建设其他费预算表(表五)甲

序号	费用名称	计算依据及方法	金额(元)			备　注
			除税价	增值税	含税价	
Ⅰ	Ⅱ	Ⅲ	Ⅳ	Ⅴ	Ⅵ	Ⅶ
1	建设用地及综合赔补费					
2	项目建设管理费					
3	可行性研究费					
4	研究试验费					
5	勘察设计费					
6	环境影响评价费					
7	建设工程监理费					
8	安全生产费					
9	引进技术及进口设备其他费					
10	工程保险费					
11	工程招标代理费					
12	专利及专用技术使用费					
13	其他费用					
	总计					
14	生产准备及开办费（运营费）					

四、总结与体会

第 5 章

信息通信建设工程概预算文件编制

【学习目标】

1. 熟悉信息通信建设工程概算、预算编制的主要依据。

2. 掌握信息通信建设工程概预算文件的构成及预算表格的填写方法。

3. 能正确理解和使用国家颁布的信息通信建设工程概预算编制规程。

4. 掌握信息通信建设工程概预算的编制流程。

5. 理解和掌握概预算表格的填写方法、填写顺序，弄清预算表格与单项工程各项费用之间的对应关系。

6. 了解设计概算和施工图预算文件的管理及要求。

5.1 信息通信建设工程概预算编制依据

5.1.1 设计概算的编制依据

设计概算的编制主要依据以下资料：

(1) 批准的可行性研究报告。

(2) 初步设计图纸及有关资料。

(3) 国家相关部门发布的有关法律、法规、标准规范。

(4)《信息通信建设工程预算定额》、《信息通信建设工程费用定额》及有关文件。

(5) 建设项目所在地政府发布的土地征用和赔补费用等有关规定。

(6) 有关合同、协议等。

5.1.2 施工图预算的编制依据

施工图预算的编制主要依据以下资料：

(1) 批准的初步设计概算或可行性研究报告及有关文件。

(2) 施工图、通用图、标准图及说明。

(3) 国家相关部门发布的有关法律、法规、标准规范。

(4)《信息通信建设工程预算定额》、《信息通信建设工程费用定额》及有关文件。

(5) 建设项目所在地政府发布的土地征用和赔补费用等有关规定。

(6) 有关合同、协议等。

5.2 信息通信建设工程概预算文件构成

概预算文件由概预算编制说明和概预算表格组成。

5.2.1 编制说明

(1) 工程概况和概预算总价值的介绍。说明工程项目的规模、用途、概预算总价值、产品品种、生产能力、公用工程及项目外工程的主要情况等。

(2) 编制依据及采用的取费标准和计算方法的说明。主要说明编制时所依据的技术经济文件、各种定额、材料设备价格、地方政府的有关规定和有关主管部门未作统一规定的费用计算依据和说明。

(3) 工程技术经济指标分析。主要说明各项投资的比例及与类似工程投资额的比较，分析投资额高低的原因、工程设计的经济合理性、技术的先进性及其适宜性等。工程技术经济指标分析表如表 5－1 所示。

表 5－1　工程技术经济指标分析表

工程项目名称：				
序　号	项　目	单　位	经济指标分析	
			数量	指标(%)
1	工程总投资(预算)	元		
2	其中：需要安装的设备费用	元		
3	建筑安装工程费	元		
4	预备费	元		
5	工程建设其他费	元		
6	光缆总皮长	公里		
7	折合纤芯公里	纤芯公里		
8	皮长造价	元/公里		
9	单位工程造价	元/纤芯公里		

(4) 其他需要说明的问题。如建设项目的特殊条件和特殊问题，需要上级主管部门和有关部门帮助解决的其他有关问题等。

5.2.2 概预算表格及填写方法

通信建设工程概预算表格共 6 种 10 张表格，分别如下：建设项目总概预算表(汇总表)、工程概预算总表(表一)、建筑安装工程费用概预算表(表二)、建筑安装工程量概预算表(表三)甲、建筑安装工程施工机械使用费概预算表(表三)乙、建筑安装工程仪器仪表使用费概预算表(表三)丙、国内器材概预算表(表四)甲、进口器材概预算表(表四)乙、工程建设其他费概预算表(表五)甲、进口设备工程建设其他费概预算表(表五)乙。下面详细介绍各张概预算表格的结构和填写方法。

1. 概预算表格填写总说明

(1) 本套表格供编制工程项目概算或预算使用,各类表格标题中的“_”应根据编制阶段明确填写“概”或“预”。

(2) 本套表格的表首填写具体工程的相关内容。

(3) 本套表格中“增值税”栏目中的数值,均为建设方应支付的进项税额。在计算乙供主材时,表四中的“增值税”及“含税价”栏可不填写。

(4) 本套表格的编码规则如表5-2、表5-3所示。

表5-2 表格编码表

表格名称		表格编号
汇总表		专业代码-总
表一		专业代码-1
表二		专业代码-2
表三	表三甲	专业代码-3甲
	表三乙	专业代码-3乙
	表三丙	专业代码-3丙
表四甲	主要材料表	专业代码-4甲A
	需要安装的设备表	专业代码-4甲B
	不需要安装的设备、仪表工器具表	专业代码-4甲C
表四乙	主要材料表	专业代码-4乙A
	需要安装的设备表	专业代码-4乙B
	不需要安装的设备、仪表工器具表	专业代码-4乙C
表五甲		专业代码-5甲
表五乙		专业代码-5乙

表5-3 专业代码编码表

专业名称	专业代码
通信电源设备安装工程	TSD
有线通信设备安装工程	TSY
无线通信设备安装工程	TSW
通信线路工程	TXL
通信管道工程	TGD

2. 概预算表格构成及填写方法

1）建设项目总概预算表(汇总表)

本表供编制建设项目总概算(预算)使用，建设项目的全部费用在本表中汇总。

汇总表的具体构成如下：

建设项目总____算表(汇总表)

建设项目名称：　　建设单位名称：　　表格编号：　　第　页

序号	表格编号	工程名称	小型建筑工程费	需要安装的设备费	不需要安装的设备、工器具费	建筑安装工程费	其他费用	预备费	总价值				生产准备及开办费
			(元)						除税价	增值税	含税价	其中外币	(元)
Ⅰ	Ⅱ	Ⅲ	Ⅳ	Ⅴ	Ⅵ	Ⅶ	Ⅷ	Ⅸ	Ⅹ	Ⅺ	Ⅻ	XIII	XIV

设计负责人：　　审核：　　编制：　　编制日期：　　年　　月

汇总表的填写方法如下：

(1) 第Ⅱ栏填写各工程对应的总表(表一)编号。

(2) 第Ⅲ栏填写各工程名称。

(3) 第Ⅳ～Ⅸ栏填写各工程概算或预算表(表一)对应的费用合计，费用均为除税价。

(4) 第Ⅹ栏填写第Ⅳ～Ⅸ栏的各项费用之和。

(5) 第Ⅺ栏填写Ⅳ～Ⅸ各项费用建设方应支付的进项税之和。

(6) 第Ⅻ栏填写Ⅹ、Ⅺ之和。

(7) 第XIII栏填写以上各列费用中以外币支付的合计。

(8) 第XIV栏填写各工程项目需单列的“生产准备及开办费”金额。

(9) 当工程有回收金额时，应在费用项目总计下列出“其中回收费用”，其金额填入第Ⅷ栏。此费用不冲减总费用。

2）工程概预算总表(表一)

本表供编制单位工程概算(预算)使用。

表一的具体构成如下：

工程____算总表(表一)

建设项目名称：

项目名称：　　　　建设单位名称：　　　　表格编号：　　第　　页

序号	表格编号	费用名称	小型建筑工程费	需要安装的设备费	不需要安装的设备、工器具费	建筑安装工程费	其他费用	预备费	总价值			
			(元)						除税价	增值税	含税价	其中外币
Ⅰ	Ⅱ	Ⅲ	Ⅳ	Ⅴ	Ⅵ	Ⅶ	Ⅷ	Ⅸ	Ⅹ	Ⅺ	Ⅻ	XIII
		工程费										
		工程建设其他费										
		合计										
		预备费										
		建设期利息										
		总计										
		其中回收费用										

设计负责人：　　　审核：　　　编制：　　　　编制日期：　　年　　月

表一的填写方法如下：

(1) 表首“建设项目名称”填写立项工程项目全称。

(2) 第Ⅱ栏填写本工程各类费用概算(预算)表格编号。

(3) 第Ⅲ栏填写本工程概算(预算)各类费用名称。

(4) 第Ⅳ～Ⅸ栏填写各类费用合计，费用均为除税价。

(5) 第Ⅹ栏填写第Ⅳ～Ⅸ栏之和。

(6) 第Ⅺ栏填写Ⅳ～Ⅸ栏各项费用建设方应支付的进项税额之和。

(7) 第Ⅶ栏填写Ⅹ、Ⅺ之和。

(8) 第XIII栏填写本工程引进技术和设备所支付的外币总额。

(9) 当工程有回收金额时，应在费用项目总计下列出“其中回收费用”，其金额填入第Ⅷ栏。此费用不冲减总费用。

3)建筑安装工程费用概预算表(表二)

本表供编制建筑安装工程费使用。

表二的具体构成如下：

建筑安装工程费用____算表(表二)

工程名称：　　建设单位名称：　　表格编号：　　第　页

序号	费用名称	依据和计算方法	合计(元)	序号	费用名称	依据和计算方法	合计(元)
Ⅰ	Ⅱ	Ⅲ	Ⅳ	Ⅰ	Ⅱ	Ⅲ	Ⅳ
	建安工程费（含税价）			7	夜间施工增加费		
	建安工程费（除税价）			8	冬雨季施工增加费		
一	直接费			9	生产工具用具使用费		
(一)	直接工程费			10	施工用水、电、蒸汽费		
1	人工费			11	特殊地区施工增加费		
(1)	技工费			12	已完工程及设备保护费		
(2)	普工费			13	运土费		
2	材料费			14	施工队伍调遣费		
(1)	主要材料费			15	大型施工机械调遣费		
(2)	辅助材料费			二	间接费		
3	机械使用费			(一)	规费		
4	仪表使用费			1	工程排污费		
(二)	措施项目费			2	社会保障费		
1	文明施工费			3	住房公积金		
2	工地器材搬运费			4	危险作业意外伤害保险费		
3	工程干扰费			(二)	企业管理费		
4	工程点交、场地清理费			三	利润		
5	临时设施费			四	销项税额		
6	工程车辆使用费						

设计负责人：　　审核：　　编制：　　编制日期：　　年　　月

表二的填写方法：

(1) 第Ⅲ栏根据《信息通信建设工程费用定额》相关规定，填写第Ⅱ栏各项费用的计算依据和方法。

(2) 第Ⅳ栏填写第Ⅱ栏各项费用的计算结果。

4）建筑安装工程量概预算表（表三）甲

本表供编制工程量并计算技工和普工总工日数量使用。

表三甲的具体构成如下：

建筑安装工程量____算表（表三）甲

工程名称：　　　　建设单位名称：　　　　表格编号：　　　　第　页

序号	定额编号	项目名称	单位	数量	单位定额值（工日）		合计值（工日）	
					技工	普工	技工	普工
Ⅰ	Ⅱ	Ⅲ	Ⅳ	Ⅴ	Ⅵ	Ⅶ	Ⅷ	Ⅸ

设计负责人：　　　审核：　　　编制：　　　　编制日期：　　年　　月

表三甲的填写方法如下：

(1) 第Ⅱ栏根据《信息通信建设工程预算定额》，填写所套用预算定额子目的编号。若需临时估列工作内容子目，在本栏中标注“估列”两字；“估列”条目达到两项，应编写“估列”序号。

(2) 第Ⅲ、Ⅳ栏根据《信息通信建设工程预算定额》分别填写所套用定额子目的名称、单位。

(3) 第Ⅴ栏填写对应该子目的工程量数值。

(4) 第Ⅵ、Ⅶ栏填写所套用定额子目的单位工日定额值。

(5) 第Ⅷ栏为第Ⅴ栏与第Ⅵ栏的乘积。

(6) 第Ⅸ栏为第Ⅴ栏与第Ⅶ栏的乘积。

5）建筑安装工程施工机械使用费概预算表（表三）乙

本表供计算机械使用费使用。

表三乙的具体构成如下：

建筑安装工程机械使用费____算表（表三）乙

工程名称：　　　　建设单位名称：　　　表格编号：　　　　第　页

序号	定额编号	项目名称	单位	数量	机械名称	单位定额值		合计值	
						消耗量（台班）	单价（元）	消耗量（台班）	合价（元）
Ⅰ	Ⅱ	Ⅲ	Ⅳ	Ⅴ	Ⅵ	Ⅶ	Ⅷ	Ⅸ	Ⅹ

设计负责人：　　　审核：　　　编制：　　　　编制日期：　　年　　月

表三乙的填写方法如下：

(1) 第Ⅱ、Ⅲ、Ⅳ和Ⅴ栏分别填写所套用定额子目的编号、名称、单位以及对应该子目的工程量数值。

(2) 第Ⅵ、Ⅶ栏分别填写定额子目所涉及的机械名称及此机械台班的单位定额值。

(3) 第Ⅷ栏填写根据《信息通信建设工程施工机械、仪表台班单价》查找到的相应机械台班单价值。

(4) 第Ⅸ栏填写第Ⅶ栏与第Ⅴ栏的乘积。

(5) 第Ⅹ栏填写第Ⅷ栏与第Ⅸ栏的乘积。

6) 建筑安装工程仪器仪表使用费概预算表(表三)丙

本表供计算仪表使用费使用。

表三丙的具体构成如下:

建筑安装工程仪器仪表使用费____算表(表三)丙

工程名称: 建设单位名称: 表格编号: 第 页

序号	定额编号	项目名称	单位	数量	仪表名称	单位定额值		合计值	
						消耗量(台班)	单价(元)	消耗量(台班)	合价(元)
Ⅰ	Ⅱ	Ⅲ	Ⅳ	Ⅴ	Ⅵ	Ⅶ	Ⅷ	Ⅸ	Ⅹ

设计负责人: 审核: 编制: 编制日期: 年 月

表三丙的填写方法如下:

(1) 第Ⅱ、Ⅲ、Ⅳ和Ⅴ栏分别填写所套用定额子目的编号、名称、单位以及对应该子目的工程量数值。

(2) 第Ⅵ、Ⅶ栏分别填写定额子目所涉及的仪表名称及此仪表台班的单位定额值。

(3) 第Ⅷ栏填写根据《信息通信建设工程施工机械、仪表台班单价》查找到的相应仪表台班单价值。

(4) 第Ⅸ栏填写第Ⅶ栏与第Ⅴ栏的乘积。

(5) 第Ⅹ栏填写第Ⅷ栏与第Ⅸ栏的乘积。

7) 国内器材概预算表(表四)甲

本表供编制本工程的主要材料、设备和工器具费使用。

表四甲的具体构成如下:

国内器材____算表(表四)甲

( )表

工程名称: 建设单位名称: 表格编号: 第 页

序号	名称	规格程式	单位	数量	单价(元)	合计(元)			备注
					除税价	除税价	增值税	含税价	
Ⅰ	Ⅱ	Ⅲ	Ⅳ	Ⅴ	Ⅵ	Ⅶ	Ⅷ	Ⅸ	Ⅹ

设计负责人: 审核: 编制: 编制日期: 年 月

表四甲的填写方法如下：

(1) 本表可根据需要拆分成主要材料表，需要安装的设备表和不需要安装的设备、仪表、工器具表。表格标题下面括号内根据需要填写“主要材料”、“需要安装的设备”、“不需要安装的设备、仪表、工器具”字样。

(2) 第Ⅱ、Ⅲ、Ⅳ、Ⅴ、Ⅵ栏分别填写名称、规格程式、单位、数量、单价。第Ⅵ栏为不含税单价。

(3) 第Ⅶ栏填写第Ⅳ栏与第Ⅴ栏的乘积。第Ⅷ、Ⅸ栏分别填写合计的增值税及含税价。

(4) 第Ⅹ栏填写需要说明的有关问题。

(5) 依次填写上述信息后，还需计取下列费用：小计、运杂费、运输保险费、采购及保管费、采购代理服务费以及合计。

(6) 用于主要材料表时，应将主要材料分类后按第(5)点计取相关费用，然后进行总计。

8) 进口器材概预算表(表四)乙

本表供编制进口的主要材料、设备和工器具费使用。

表四乙的具体构成如下：

进口器材____算表(表四)乙

(　　　　)表

工程名称：　　　　建设单位名称：　　　表格编号：　　　　　第　　页

序号	中文名称	外文名称	单位	数量	单价		合价			
					外币( )	折合人民币(元)	外币( )	折合人民币(元)		
						除税价		除税价	增值税	含税价
Ⅰ	Ⅱ	Ⅲ	Ⅳ	Ⅴ	Ⅵ	Ⅶ	Ⅷ	Ⅸ	Ⅹ	Ⅺ

设计负责人：　　　审核：　　　编制：　　　　　编制日期：　　年　　月

表四乙的填写方法如下：

(1) 本表可根据需要拆分成主要材料表，需要安装的设备表和不需要安装的设备、仪表、工器具表。表格标题下面括号内根据需要填写“主要材料”、“需要安装的设备”、“不需要安装的设备、仪表、工器具”字样。

(2) 第Ⅵ、Ⅶ、Ⅷ、Ⅸ、Ⅹ、Ⅺ栏分别填写对应的外币金额及折算人民币的金额，并按引进工程的有关规定填写相应费用。其他填写方法与表四甲基本相同。

9) 工程建设其他费概预算表(表五)甲

本表供编制国内工程计列的工程建设其他费使用。

表五甲的具体构成如下：

工程建设其他费____算表(表五)甲

工程名称：　　　　建设单位名称：　　　　表格编号：　　　　第　　页

序号	费用名称	计算依据及方法	金额(元)			备注
			除税价	增值税	含税价	
Ⅰ	Ⅱ	Ⅲ	Ⅳ	Ⅴ	Ⅵ	Ⅶ
1	建设用地及综合赔补费					
2	项目建设管理费					
3	可行性研究费					
4	研究试验费					
5	勘察设计费					
6	环境影响评价费					
7	建设工程监理费					
8	安全生产费					
9	引进技术及进口设备其他费					
10	工程保险费					
11	工程招标代理费					
12	专利及专用技术使用费					
13	其他费用					
	总计					
14	生产准备及开办费(运营费)					

设计负责人：　　　审核：　　　编制：　　　　编制日期：　　年　　月

表五甲的填写方法如下：

(1) 第Ⅲ栏根据《信息通信建设工程费用定额》相关费用的计算规则填写。

(2) 第Ⅶ栏填写需要补充说明的内容事项。

10) 引进设备工程建设其他费概预算表(表五)乙

本表供编制进口设备工程所需计列的工程建设其他费使用。

表五乙的具体构成如下：

进口设备工程建设其他费____算表(表五)乙

工程名称：　　　　建设单位名称：　　　　表格编号：　　　　第　　页

序号	费用名称	计算依据及方法	金额				备注
			外币( )	折合人民币(元)			
				除税价	增值税	含税价	
Ⅰ	Ⅱ	Ⅲ	Ⅳ	Ⅴ	Ⅵ	Ⅶ	Ⅷ

续表

序号	费用名称	计算依据及方法	金额				备注
			外币（ ）	折合人民币(元)			
				除税价	增值税	含税价	
Ⅰ	Ⅱ	Ⅲ	Ⅳ	Ⅴ	Ⅵ	Ⅶ	Ⅷ

设计负责人：　　　　审核：　　　　编制：　　　　编制日期：　　　　年　　　月

表五乙的填写方法如下：

(1) 第Ⅲ栏根据国家及主管部门的相关规定填写。

(2) 第Ⅳ、Ⅴ、Ⅵ、Ⅶ栏分别填写各项费用的外币与人民币数值。

(3) 第Ⅷ栏填写需要补充说明的内容事项。

5.3 信息通信建设工程概预算编制规程

《信息通信建设工程概预算编制规程》部分内容引用如下：

第一章 总 则

1.0.1 本规程适用于信息通信建设项目新建和扩建工程的概算、预算的编制，改建工程可参照使用。

信息通信建设项目涉及土建工程时(铁塔基础施工工程除外)，应按各地区有关部门编制的土建工程的相关标准编制概算、预算。

1.0.2 信息通信建设工程概算、预算应包括从筹建到竣工验收所需的全部费用，其具体内容、计算方法、计算规则应依据现行信息通信建设工程定额及其他有关计价依据进行编制。

1.0.3 概算、预算的编制和审核以及从事信息通信工程造价相关工作的人员必须熟练掌握《信息通信建设工程预算定额》等文件。通信主管部门应通过信息化手段加强对从事概算、预算编制及工程造价从业人员的监督管理。

第二章 设计概算、施工图预算的编制

2.0.1 信息通信建设工程概算、预算的编制，应按相应的设计阶段进行。当建设项目采用两阶段设计时，初步设计阶段编制设计概算，施工图设计阶段编制施工图预算。采用一阶段设计时，应编制施工图预算，并计列预备费、建设期利息等费用。建设项目按三阶段设计时，在技术设计阶段编制修正概算。

信息通信建设工程概算、预算应按单项工程编制。单项工程项目划分见表 1-1 所示。

2.0.2 设计概算是初步设计文件的重要组成部分。编制设计概算应在投资估算的范围内进行。

施工图预算是施工图设计文件的重要组成部分。编制施工图预算应在批准的设计概算范围内进行。对于一阶段设计，编制施工图预算应在投资估算的范围内进行。

2.0.3 设计概算的编制依据。

1. 批准的可行性研究报告；

2. 初步设计图纸及有关资料；

3. 国家相关管理部门发布的有关法律、法规、标准规范；

4.《信息通信建设工程预算定额》(目前信息通信工程用预算定额代替概算定额编制概算)、《信息通信建设工程费用定额》及其有关文件；

5. 建设项目所在地政府发布的土地征用和赔补费等有关规定；

6. 有关合同、协议等。

2.0.4 施工图预算的编制依据。

1. 批准的初步设计概算或可行性研究报告及有关文件；

2. 施工图、标准图、通用图及其编制说明；

3. 国家相关管理部门发布的有关法律、法规、标准规范；

4.《信息通信建设工程预算定额》、《信息通信建设工程费用定额》及其有关文件；

5. 建设项目所在地政府发布的土地征用和赔补费用等有关规定；

6. 有关合同、协议等。

2.0.5 设计概算由编制说明和概算表组成。

1. 编制说明包括的内容：

(1) 工程概况、概算总价值；

(2) 编制依据及采用的取费标准和计算方法的说明；

(3) 工程技术经济指标分析：主要分析各项投资的比例和费用构成，分析投资情况，说明设计的经济合理性及编制中存在的问题；

(4) 其他需要说明的问题。

2. 概算表(见 5.1.2 节)。

2.0.6 施工图预算由编制说明和预算表组成。

1. 编制说明包括的内容：

(1) 工程概况、预算总价值；

(2) 编制依据及采用的取费标准和计算方法的说明；

(3) 工程技术经济指标分析；

(4) 其他需要说明的问题。

2. 预算表 (见 5.1.2 节)。

2.0.7 设计概算、施工图预算的编制应按下列程序进行：

1. 收集资料，熟悉图纸；

2. 计算工程量；

3. 套用定额，选用价格；

4. 计算各项费用；

5. 审核；

6. 写编制说明；

7. 审核出版。

2.0.8 进口设备工程的概算、预算除应包括本规程和费用定额规定的费用外，还应包括关税等国家规定应计取的其他费用，其计取标准应参照相关部门的规定。外币表现形式可用美元或进口国货币。编制表格应包括：《进口器材概算、预算表》(表四乙)、《进口设备工程建设其他费概算、预算表》(表五乙)。

5.4 信息通信建设工程概预算编制流程

通信建设工程概预算编制时，首先要收集工程相关资料，熟悉图纸，进行工程量的统计，其次要套用预算定额确定主材使用量、选用设备材料价格，依据费用定额进行各项费用费率的计取；再次进行复核检查，无误后撰写预算编制说明；最后经主管领导审核、签字后，进行印刷出版。其流程图如图5-1所示。

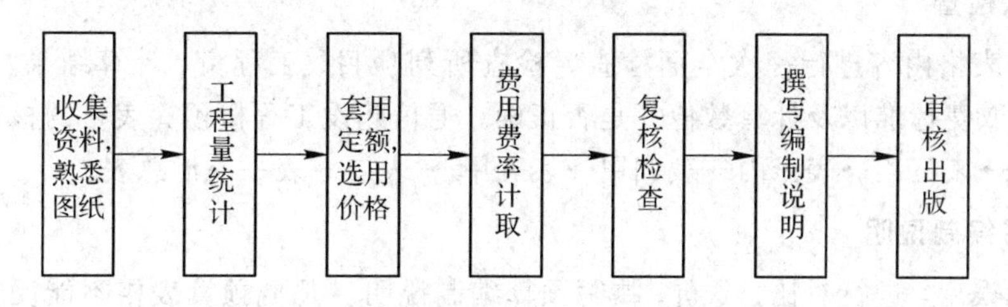

图5-1 通信建设工程概预算编制流程

1. 收集资料、熟悉图纸

在编制概预算文件前，针对本工程的具体情况和所编概预算内容，进行相关资料的收集。具体来说，包括通信建设工程概预算定额、费用定额以及材料、设备价格等。

对施工图进行一次全面的检查。检查所给图纸是否完整，尤其是与概预算文件编制紧密相关的信息；检查各部分尺寸是否清楚标注，是否标注有误；检查是否有工程施工说明，重点要明确施工意图；检查有无本次工程的主要工程量列表。

2. 工程量统计

工程量是编制概预算的基本数据，计算的准确与否直接影响到工程造价的准确度。工程量统计时要注意以下几点：

(1) 要先熟悉工程图纸的内容和相互关系，注意有关标注和说明；

(2) 工程量的计量单位必须要与编制概预算时依据的概预算定额单位保持一致；

(3) 工程量统计可依照施工图顺序由上而下、由内而外、由左而右依次进行，也可以依据工程图纸从左上角开始逐一统计，还可以按照概预算定额目录顺序进行统计；

(4) 要防止工程量的误算、漏算和重复计算，最后将同类项加以合并，并编制工程量汇总表。

3. 套用定额，选用价格

工程量经复核无误方可套用定额。套用定额时，应核对工程内容与定额内容是否一致，以防误套。即实际工程的工作内容与概预算定额所规定的工作内容是否一致；另外要特别注意概预算定额的总说明、册说明、章节说明以及定额项目表下方的注释内容，特殊情况进行相应地调整计取。

正确套用定额后，紧接着就是选用价格，包括机械、仪表台班单价和设备、材料价格两部分。对于工程所涉及的机械、仪表，其单价可以依据《通信建设工程施工机械、仪表台班定额》进行查找；设备、材料价格是由定额编制管理部门所给定的，但要注意概预算编制所需要的设备、材料价格是指预算价格，如果给定的是原价，要记住计取其运杂费、运输保险费、采购及保管费和采购代理服务费。

4. 费用费率计取

根据工信部通信[2016]451号文下发的费用定额所规定的计算规则、标准分别计算各项费用，并按通信建设工程概预算表格的填写要求填写表二、表五和表一，在费用填写过程中，要特别注意不同工程类型、不同条件下相关费用费率的计取原则。

5. 复核检查

对上述表格内容进行一次全面检查。检查所列项目、工程量、计算结果、套用定额、选用单价、取费标准以及计算数值等是否正确。通信建设工程概预算表格的核查顺序一般为：表三甲→表三乙→表三丙→表四甲→表五甲→ 表二→表一→汇总表。

6. 撰写编制说明

复核无误后，进行对比、分析，撰写预算编制说明。凡概预算表格不能反映的一些事项以及编制中必须说明的问题，都应用文字表达出来，以供审批单位审查。

7. 审核出版

概预算文件审核的主要目的是核实工程概预算的造价。在审核过程中，要严格按照国家有关工程项目建设的方针、政策和规定对费用实事求是地逐项核实，经主管领导审核、签字后，进行印刷出版。

5.5 概预算表格与费用的对应关系

预算表格表二的主要内容对应于工程费中的建筑安装工程费，表四甲、表四乙主要内容对应于工程费中的设备、工器具购置费，表五甲、表五乙主要内容对应于单项工程费用中的工程建设其他费。整个单项工程总费用直接反映在预算表(表一)中，示意图如图5-2所示。

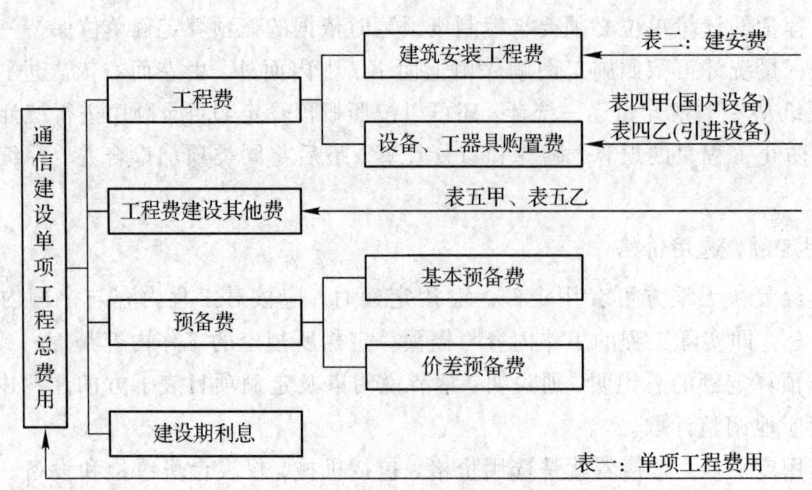

图5-2 概预算表格与费用的对应关系(一)

预算表格表三甲对应于直接工程费中的人工费，由表三甲可得技工总工日和普工总工日，依据人工工日标准，计算出人工费；表四甲国内主材、表四乙引进主材对应于材料费，材料费由主要材料费和辅助材料费组成；机械使用费、仪表使用费分别反映在预算表格表三乙、表三丙中；措施项目费多数以人工费为计取基础，示意图如图 5-3 所示。

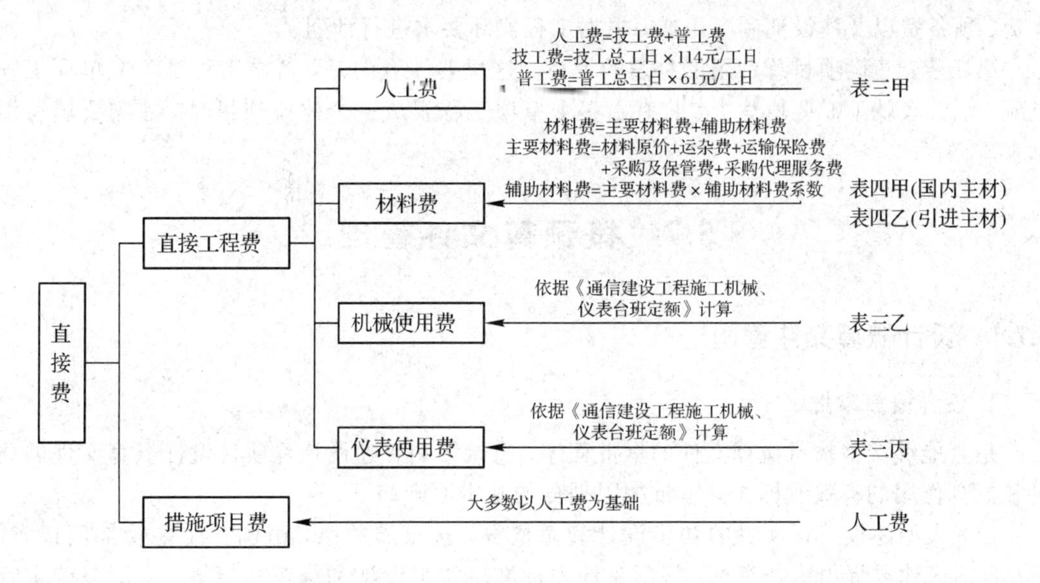

图 5-3　概预算表格与费用的对应关系(二)

5.6　概预算表格的填写顺序

为了保证概预算文件编制的正确性和高效性，以上 10 张概预算表格的填写一般要遵循一定的顺序，如图 5-4 所示。

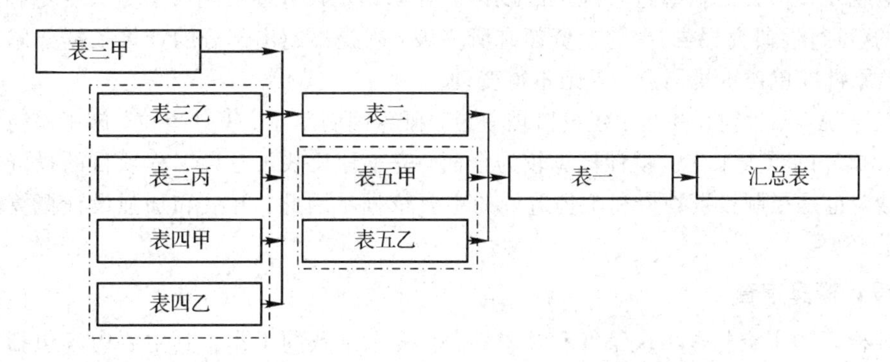

图 5-4　通信建设工程概预算表格填写顺序

第一步：根据统计出来的工程量汇总表，套用定额，填写工程量统计表(表三甲)；同时，根据预算定额手册定额项目表中所反映的主材及规定用量、机械台班量、仪表台班量，一是依据《通信建设工程施工机械、仪表台班定额》，查找机械、仪表台班单价，填写表三乙和表三丙；二是依据定额管理部门所规定的设备、材料的预算价格，完成表四甲和表四乙。如果本次工程不是引进工程项目，表四乙无需填写。

第二步：根据工程实际情况和相关条件，填写建筑安装工程费用概预算表(表二)、工程建设其他费概预算表(表五甲)和引进设备工程建设其他费概预算表(表五乙)，完成工程费用费率的计取。如果本次工程不是引进工程项目，表五乙无需填写。

第三步：完成单项工程总费用表(表一)的填写。单项工程费用由工程费、工程建设其他费、预备费以及建设期利息组成，根据工程实际要求进行计列。

第四步：建设项目总费用汇总表的填写。这里要注意的是，若本工程是单个单项工程组成，汇总表就不需要填写了，只有由多个单项工程组成一个建设项目时，才需要填写汇总表。

5.7 概预算文件管理

5.7.1 设计概算文件管理

1. 设计概算审批

是否能够严格执行概算文件的审批程序，直接影响着建设工程项目设计概算文件的质量和概算作用的有效发挥。其审批权限划分的基本原则如下：

(1) 大型建设工程项目的初步设计和总概算，按隶属关系，由国务院主管部门或省、市、自治区建委提出审查意见，报国家计委批准。技术设计和修正总概算，由国务院主管部门或省、市、自治区审查批准。

(2) 中型建设项目的初步设计和总概算，按隶属关系，由国务院主管部门或省、市、自治区审批，批准文件抄送国家计委备案。

(3) 小型建设项目的设计内容和审批权限，由各部门和省、市、自治区自行规定。

初步设计和总概算经批准后，建设单位要及时分送给各设计单位。设计单位必须严格按批准的初步设计和总概算进行施工图设计。若原初步设计主要内容有重大变更和总概算较批准的《可行性研究报告》中的投资额有所突破，须提出超出部分的计算依据并阐述详细原因，经原批准单位审批同意，否则不得变动。

一般来说，工程建设单位、建设监理单位、概算编制单位、审计单位、施工单位等均应参与设计概算的审查工作。设计概算较为全面、完整地反映了建设工程项目的投资额及其投资构成，也是控制投资规模和工程造价的主要依据。因此，开展和加强设计概算的审批管理十分必要。

2. 设计概算审查

设计概算的审查是一项政策性和技术性强、复杂细致的工作。其主要内容包括以下几个方面。

1) 编制依据的审查

审查设计概算的编制是否符合初步设计规定的技术、经济条件及相关说明，是否遵守国家规定的有关定额、指标、价格、取费标准及其他有关规定等，同时应注意审查编制依据的适用范围和时效性。

2) 工程量的审查

工程量是计算直接工程费的重要依据，直接工程费在概算造价中起着十分重要的作用。审查工程量，纠正其差错，对提高工程概算编制的质量，节约工程项目的建设资金非常必要。审查主要依据初步设计图纸、概算定额以及工程量计算规则等。总之，在工程量审查时，要注意到统计时是否出现漏算、重算和错算，定额和单价的套用是否正确；计算工程量所采用的工程相关数据，是否与工程设计图纸上所标注出的数据和相关说明相一致；工程量的计算方法及所采用公式是否符合相应的计算规则和预算定额规定。

3）相关费用费率计取的审查

(1) 定额套用是否正确。

(2) 按照预算定额相关要求，工程项目内容是否可以换算，且换算过程是否正确。

(3) 临时定额是否正确、合理、符合现行定额的编制依据和原则。

(4) 材料预算价格的审查。主要审查材料原价和运输费用，并根据设计文件确定的材料耗用量，重点审查耗用量较大的主要材料。

(5) 间接费的审查。审查间接费时应注意：间接费的计算基础、费率计取是否符合要求，是否套错；间接费中的项目应以工程实际情况为准，没有发生的部分务必不计。

(6) 其他费用的审查。主要看审查费用的计算基础、计取费率以及计算数值是否正确。

(7) 设备及安装工程概算的审查。根据设备清单审查设备价格、运杂费和安装费用的计算。标准设备的价格以各级规定的统一价格为准；非标准设备的价格应审查其估价依据和估价方法等；设备运杂费率应按主管部门或地方规定的标准执行；进口设备的费用应按设备费用各组成部分及我国设备进口公司、外汇管理局、海关等有关部门的规定执行。对设备安装工程概算，应审查其编制依据和编制方法等。另外，还应该审查计算安装费的设备数量及种类是否符合设计要求。

(8) 项目总概算的审查。审查总概算文件的组成是否完整，是否包括了全部设计内容，概算反映的建设规模、建筑标准、投资总额等是否符合设计文件的要求，概算投资是否包括了项目从筹建至竣工投产所需的全部费用，是否把设计以外的项目挤入概算内多列投资，定额的使用是否符合规定，各项技术经济指标的计算方法和数值是否正确，概算文件中的单位造价与类似工程的造价是否相符或接近，如不符且差异过大时，应审查初步设计与采用的概算定额是否相符。

5.7.2 施工图预算文件管理

1. 施工图预算审批

(1) 施工图预算应由建设单位进行审批。

(2) 施工图预算需要修改的，应由设计单位修改，超过原概算的应由建设单位上报主管部门审批。

2. 施工图预算审查步骤

(1) 备齐有关资料，熟悉图纸。审查施工图预算，首先要做好预算编制所依据的有关资料的审查准备工作。比如，准备好工程施工图纸、有关标准、各类预算定额、费用标准、图纸会审记录等，同时要熟悉工程施工图纸，因为施工图纸是审查施工图预算各项数量的主要依据。

(2) 熟悉工程施工现场情况。审查施工图预算的人员在进行审查前，应亲临工程施工现场了解现场的三通一平、场地运输、材料堆放等条件。

(3) 熟悉预算所包括的范围。依据施工图预算编制说明，了解预算包括哪些工程项目及工程内容(如配套设施、室外管线、道路及图纸会审后的设计变更等)，是否与施工合同所规定的内容范围相一致。

(4) 了解预算所采用的定额标准。因为任何预算定额都有其一定的适用范围，都与工程性质相联系，所以要了解编制本预算采用的是什么预算定额，是否与工程性质相符合。

(5) 选定审查方法对预算进行审查。由于工程规模大小、繁简程度不同，编制施工图预算的单位情况也不一样，所以工程预算的繁简程度和编制质量水平也不同，因而需根据预算编制的实际情况，来选定合适的审核方法进行审核。

(6) 预算审查结果的处理与定案。审查工程预算应建立完整的审查档案，做好预算审查的原始记录，整理出完备的工程量计算文档。对审查中发现的差错，应与预算编制单位协商，做相应的增加或核减处理，统一意见后，对施工图预算进行相应的调整，并编制施工图预算调整表，并将调整结果逐一填入作为审核定案。

3. 施工图预算审查

审查施工图预算时，应重点对工程量、定额套用、定额换算、补充单价及各项计取费用等进行审查。

(1) 工程量的审查。工程量的审查应检查预算工程量的计算是否遵守计算规则和预算定额的分项工程项目的划分，是否有重算、漏算和错算等。

(2) 套用预算定额的审查。审查预算定额套用的正确性，是施工图预算审查的主要内容之一。一旦套用错误，就会影响施工图预算的准确性，审查时应注意到审核预算中所列预算分项工程的名称、规格、计量单位与预算定额所列的项目内容是否一致，定额的套用是否正确，有否套错；审查预算定额中，已包括的项目是否又另列而进行了重复计算。

(3) 临时定额和定额换算的审查。对临时定额应审核其是否符合编制原则，编制所用人工单价标准、材料价格是否正确，人工工日、机械台班的计算是否合理；对定额工日数量和单价的换算应审查换算的分项工程是否是定额中允许换算的，其换算依据是否正确。

(4) 各项计取费用的审查。费率标准与工程性质、承包方式、施工企业级别和工程类别是否相符，计取基础是否符合规定。计划利润和税金应注意审查计取基础和费率计取是否符合现行规定。

自我测试

一、填空题

1. 概预算文件由________和________组成。

2.《信息通信建设工程概预算编制规程》适用于通信建设项目新建和________工程的概算、预算的编制，________工程可参照使用。

3. 设计概算的审查包括编制依据的审查、________和相关费用费率计取的审查。

4. 表征某工程项目工程量统计情况的概预算表格是________，反映引进工程其他建设费用的预算表格是________。

5. 表二主要对应于单项工程费用中的________。

6. 施工图预算应由________进行审批。

7. 审查施工图预算时，应重点对工程量、________、________、补充单价及各项计取费用等进行审查。

8.（表二）甲和（表四）甲需要安装设备表的表格编码分别为________和________。

9. 预算表格________用于计算仪表使用费，预算表格________用于计算国内工程计列的工程建设其他费。

10. 当建设项目采用两阶段设计时，初步设计阶段编制设计概算，施工图设计阶段编制________。建设项目按三阶段设计时，在技术设计阶段编制________。

二、判断题

1. 工信部通信[2016]451 号文件所颁布的《信息通信建设工程概预算编制规程》适用于新建、扩建、改建工程。（　　）

2. 通信项目建设中土建工程应另行编制概预算，且费用不计入项目建设总费用。（　　）

3. 引进设备安装工程的概算、预算应用两种货币表现形式，其外币表现形式可用美元或引进国货币。（　　）

4. 通信建设工程概算、预算是指从工程开工建设到竣工验收所需的全部费用。（　　）

5. 通信建设工程概算、预算编制应由法人承担，而审核时由自然人完成。（　　）

6. 当工程项目采用两阶段设计时，编制施工图预算必须计取预备费。（　　）

7. 预算的组成一般应包括工程费和工程建设其他费。若为一阶段设计，除工程费和工程建设其他费之外，另外列预备费。（　　）

8. 建设项目的投资估算一定比初步设计概算小。（　　）

9. 编制施工图预算不能突破已批准的初步设计概算。（　　）

10. 设计概算的组成是根据建设规模的大小而确定的，一般由建设项目总概算、单项工程概算组成。（　　）

11. 建设项目的费用在预算表格汇总表中反映。（　　）

12. 建设项目在初步设计阶段可不编制概算。（　　）

13. 概算是施工图设计文件的重要组成部分。在编制概算时，应严格按照批准的可行性研究报告和其他有关文件进行。　　（　　）

14. 预算是初步设计文件的重要组成部分。编制预算时，应在批准的初步设计文件概算范围内进行。（　　）

15. 填写概预算表格时，表三和表四可同步进行。　　（　　）

三、问答题

1. 概预算表有哪几种表？共几张表格？写出每个表的具体名称。

2. 简述通信建设工程概预算表格填写顺序。

3. 简述通信建设工程概预算表格与费用的对应关系。

4. 简述通信建设工程概预算编制流程。

5. 简述概预算编制说明包括哪些部分。

6. 简述表三甲(工程量统计表)的填写方法。

7. 施工图预算的编制依据主要有哪些?

8. 简述施工图预算的审查步骤。

9. 简述施工图预算审查的主要内容。

第 6 章

信息通信建设工程概预算实务

【学习目标】

1. 掌握信息通信工程图纸的识读。
2. 熟练掌握信息通信建设工程定额的使用。
3. 理解和掌握信息通信建设工程工程量的计算。
4. 掌握信息通信建设工程费用定额的套用方法及要求。
5. 能正确进行信息通信建设工程项目的概预算文件编制。

6.1 ××架空光缆线路工程施工图预算编制

6.1.1 案例描述

本设计为××平原地区架空光缆线路单项工程一阶段设计，其工程施工图如图 6－1 所示。土质为综合土，新建 8 m 水泥杆 P1～P8 和 P1－1，P1～P8 之间敷设 24 芯单模光缆，吊线程式为 7/2.2，在 P3 与 P4 之间有河流穿过，需架设辅助吊线，并需要进行中继段测试。

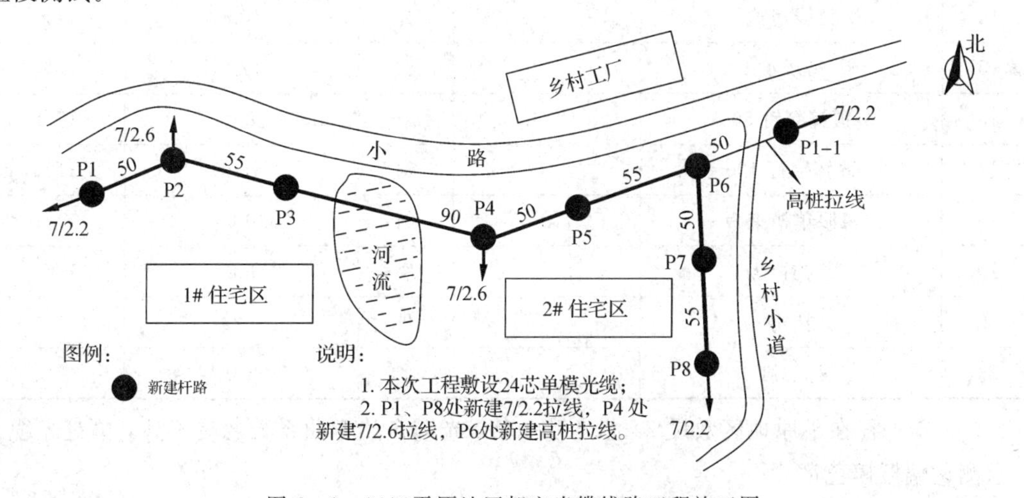

图 6－1　××平原地区架空光缆线路工程施工图

(1) 本工程施工企业驻地距施工现场120 km，工程所在地为江苏省非特殊地区。

(2) 本工程勘察设计费(除税价)为1500元，监理费(除税价)为1000元。

(3) 本工程预算内施工用水、电、蒸汽费按300元计取，不计列建设用地及综合赔补费、工程干扰费、工程排污费、已完工程及设备保护费、运土费、项目建设管理费、可行性研究费、环境影响评价费、工程保险费、工程招标代理费、其他费用、生产准备及开办费、建设期利息。

(4) 国内配套主材的运距都为200 km，本工程主材均由建筑服务方提供，具体主材单价如表6-1所示。

表6-1 主材单价表

序号	名 称	规格程式	单位	主材单价/元(除税)	增值税税率
1	光缆	24芯	m	3.50	17%
2	保护软管		m	9.8	17%
3	水泥电杆(梢径13～17 cm)		根	230	17%
4	水泥	C32.5	kg	0.33	17%
5	水泥拉线盘		套	45	17%
6	镀锌钢绞线	7/2.2	kg	9.8	17%
7	镀锌钢绞线	7/2.6	kg	9.9	17%
8	镀锌铁线	Φ1.5	kg	6.8	17%
9	镀锌铁线	Φ3.0	kg	7.73	17%
10	镀锌铁线	Φ4.0	kg	7.75	17%
11	地锚铁柄		套	22	17%
12	三眼双槽夹板		块	11	17%
13	拉线衬环		个	1.2	17%
14	拉线抱箍		套	10.8	17%
15	吊线箍		副	17.0	17%
16	镀锌穿钉50		副	8.0	17%
17	镀锌穿钉100		副	15.0	17%
18	三眼单槽夹板		副	9.0	17%
19	茶托拉板		块	9.8	17%
20	挂钩		只	0.29	17%
21	标志牌		个	1.0	17%

(5) 本工程在平原地区敷设24芯光缆一条，光缆自然弯曲系数忽略不计，单盘光缆不要求测试偏振模色散。

(6) 要求编制一阶段设计预算，计算结果要求精确到小数点后两位。

6.1.2 案例分析

1. 工程量的统计

详见 3.4.1 节例 3－1。

2. 预算表的填写

1）表三甲、表三乙、表二丙和表四甲的填写

根据统计出的工程量，查《通信线路工程》预算定额手册完成表三甲、表三乙、表三丙的填写，分别如表 6－2～表 6－4 所示。

表 6－2 建筑安装工程量 预 算表(表三)甲

工程名称：××平原地区架空光缆线路工程　　建设单位名称：××移动通信公司　　表格编号：TXL－3 甲　第全页

序号	定额编号	项目名称	单位	数量	单位定额值(工日)		合计值(工日)	
					技工	普工	技工	普工
Ⅰ	Ⅱ	Ⅲ	Ⅳ	Ⅴ	Ⅵ	Ⅶ	Ⅷ	Ⅸ
1	TXL1－002	架空光(电)缆线路工程施工测量	100 m	4.55	0.46	0.12	2.09	0.55
2	TXL1－006	光缆单盘检验	芯盘	24	0.02	0	0.48	0.00
3	TXL3－001	立 8 米水泥杆(综合土)	根	9	0.52	0.56	4.68	5.04
4	TXL3－051	夹板法装 7/2.2 单股拉线(综合土)	条	3	0.78	0.6	2.34	1.80
5	TXL3－054	夹板法装 7/2.6 单股拉线(综合土)	条	2	0.84	0.6	1.68	1.20
6	TXL3－168	平原地区水泥杆架设 7/2.2 吊线	千米条	0.455	3	3.25	1.37	1.48
7	TXL3－180	架设 100 米以内辅助吊线	条档	1	1	1	1.00	1.00
8	TXL3－187	平原地区挂钩法架设 24 芯架空光缆	千米条	0.405	6.31	5.13	2.56	2.08
9	TXL6－073	40 km 以下光缆中继段测试	中继段	1	2.58	0	2.58	0.00
10	小计						18.77	13.14
	系数调整后合计(小计×1.15)						21.59	15.11

设计负责人：×××　　审核：×××　　编制：×××　　　　编制日期：××××年××月

表6-3 建筑安装工程机械使用费 预 算表(表三)乙

工程名称：××平原地区架空光缆线路工程　建设单位名称：××移动通信公司　表格编号：TXL-3乙　第全页

序号	定额编号	项目名称	单位	数量	机械名称	单位定额值		合计值	
						消耗量（台班）	单价（元）	消耗量（台班）	合价（元）
Ⅰ	Ⅱ	Ⅲ	Ⅳ	Ⅴ	Ⅵ	Ⅶ	Ⅷ	Ⅸ	Ⅹ
1	TXL3-001	立8米水泥杆(综合土)	根	9	汽车式起重机(5 t)	0.04	516	0.36	185.76
2	合计								185.76

设计负责人：×××　审核：×××　编制：×××　编制日期：××××年××月

表6-4 建筑安装工程仪表使用费 预 算表(表三)丙

工程名称：××平原地区架空光缆线路工程　建设单位名称：××移动通信公司　表格编号：TXL-3丙　第全页

序号	定额编号	项目名称	单位	数量	仪表名称	单位定额值		合计值	
						消耗量（台班）	单价（元）	消耗量（台班）	合价（元）
Ⅰ	Ⅱ	Ⅲ	Ⅳ	Ⅴ	Ⅵ	Ⅶ	Ⅷ	Ⅸ	Ⅹ
1	TXL1-002	架空光(电)缆线路工程施工测量	100 m	4.55	激光测距仪	0.05	119	0.2275	27.07
2	TXL1-006	光缆单盘检验	芯盘	24	光时域反射仪	0.05	153	1.2	183.60
3	TXL6-073	40 km以下光缆中继段测试	中继段	1	光时域反射仪	0.42	153	0.42	64.26
4	TXL6-073	40 km以下光缆中继段测试	中继段	1	稳定光源	0.42	117	0.42	49.14
5	TXL6-073	40 km以下光缆中继段测试	中继段	1	光功率计	0.42	116	0.42	48.72
6	合计								372.79

设计负责人：×××　审核：×××　编制：×××　编制日期：××××年××月

在填写表四甲主材表时，应根据费用定额对材料进行分类(包括光缆、电缆、塑料及塑料制品、木材及木制品、水泥及水泥构件以及其他)，分开罗列，以便计算其运杂费，有关材料单价可以在表6-1中查找。

依据以上统计的工程量列表，将其对应材料进行统计，如表6-5所示。

表6-5 工程主材用量统计表

序号	定额编号	项目名称	工程量	主材名称	规格型号	单位	定额量	使用量
1	TXL3-001	立8米水泥杆（综合土）	9	水泥电杆（梢径13～17 cm）		根	1.01	9.09
2	TXL3-001	立8米水泥杆（综合土）	9	水泥	32.5	kg	0.2	1.80
3	TXL3-051	夹板法装7/2.2单股拉线(综合土)	3	镀锌钢绞线	7/2.2	kg	3.02	9.06
4	TXL3-051	夹板法装7/2.2单股拉线(综合土)	3	镀锌铁线	Φ1.5	kg	0.02	0.06
5	TXL3-051	夹板法装7/2.2单股拉线(综合土)	3	镀锌铁线	Φ3.0	kg	0.3	0.90
6	TXL3-051	夹板法装7/2.2单股拉线(综合土)	3	镀锌铁线	Φ4.0	kg	0.22	0.66
7	TXL3-051	夹板法装7/2.2单股拉线(综合土)	3	地锚铁柄		套	1.01	3.03
8	TXL3-051	夹板法装7/2.2单股拉线(综合土)	3	水泥拉线盘		套	1.01	3.03
9	TXL3-051	夹板法装7/2.2单股拉线(综合土)	3	三眼双槽夹板		块	2.02	6.06
10	TXL3-051	夹板法装7/2.2单股拉线(综合土)	3	拉线衬环		个	2.02	6.06
11	TXL3-051	夹板法装7/2.2单股拉线(综合土)	3	拉线抱箍		套	1.01	3.03
12	TXL3-054	夹板法装7/2.6单股拉线(综合土)	2	镀锌钢绞线	7/2.6	kg	3.8	7.60
13	TXL3-054	夹板法装7/2.6单股拉线(综合土)	2	镀锌铁线	Φ1.5	kg	0.04	0.08
14	TXL3-054	夹板法装7/2.6单股拉线(综合土)	2	镀锌铁线	Φ3.0	kg	0.55	1.10
15	TXL3-054	夹板法装7/2.6单股拉线(综合土)	2	镀锌铁线	Φ4.0	kg	0.22	0.44
16	TXL3-054	夹板法装7/2.6单股拉线(综合土)	2	地锚铁柄		套	1.01	2.02

续表一

序号	定额编号	项目名称	工程量	主材名称	规格型号	单位	定额量	使用量
17	TXL3－054	夹板法装 7/2.6 单股拉线(综合土)	2	水泥拉线盘		套	1.01	2.02
18	TXL3－054	夹板法装 7/2.6 单股拉线(综合土)	2	三眼双槽夹板		块	2.02	4.04
19	TXL3－054	夹板法装 7/2.6 单股拉线(综合土)	2	拉线衬环		个	2.02	4.04
20	TXL3－054	夹板法装 7/2.6 单股拉线(综合土)	2	拉线抱箍		套	1.01	2.02
21	TXL3－168	平原地区水泥杆架设 7/2.2 吊线	0.455	镀锌钢绞线	7/2.2	kg	221.27	100.68
22	TXL3－168	平原地区水泥杆架设 7/2.2 吊线	0.455	镀锌穿钉	50	副	22.22	10.11
23	TXL3－168	平原地区水泥杆架设 7/2.2 吊线	0.455	镀锌穿钉	100	副	1.01	0.46
24	TXL3－168	平原地区水泥杆架设 7/2.2 吊线	0.455	吊线箍		套	22.22	10.11
25	TXL3－168	平原地区水泥杆架设 7/2.2 吊线	0.455	三眼单槽夹板		副	22.22	10.11
26	TXL3－168	平原地区水泥杆架设 7/2.2 吊线	0.455	镀锌铁线	Φ4.0	kg	2	0.91
27	TXL3－168	平原地区水泥杆架设 7/2.2 吊线	0.455	镀锌铁线	Φ3.0	kg	1	0.46
28	TXL3－168	平原地区水泥杆架设 7/2.2 吊线	0.455	镀锌铁线	Φ1.5	kg	0.1	0.05
29	TXL3－168	平原地区水泥杆架设 7/2.2 吊线	0.455	拉线抱箍		副	4.04	1.84
30	TXL3－168	平原地区水泥杆架设 7/2.2 吊线	0.455	拉线衬环		个	8.08	3.68
31	TXL3－180	架设 100 米以内辅助吊线	1	镀锌钢绞线	7/2.2	kg	22.127	22.13
32	TXL3－180	架设 100 米以内辅助吊线	1	镀锌穿钉	50	副	4.04	4.04

续表二

序号	定额编号	项目名称	工程量	主材名称	规格型号	单位	定额量	使用量
33	TXL3－180	架设 100 米以内辅助吊线	1	吊线箍		套	2.02	2.02
34	TXL3－180	架设 100 米以内辅助吊线	1	三眼单槽夹板		副	2	2.00
35	TXL3－180	架设 100 米以内辅助吊线	1	镀锌铁线	Φ3.0	kg	0.6	0.60
36	TXL3－180	架设 100 米以内辅助吊线	1	镀锌铁线	Φ1.5	kg	0.03	0.03
37	TXL3－180	架设 100 米以内辅助吊线	1	拉线衬环		个	2.02	2.02
38	TXL3－180	架设 100 米以内辅助吊线	1	茶托拉板		块	2	2.00
39	TXL3－187	平原地区架设 24 芯架空光缆	0.405	光缆		m	1007	407.84
40	TXL3－187	平原地区架设 24 芯架空光缆	0.405	挂钩		只	2060	834.30
41	TXL3－187	平原地区架设 24 芯架空光缆	0.405	保护软管		m	25	10.13
42	TXL3－187	平原地区架设 24 芯架空光缆	0.405	镀锌铁线	Φ1.5	kg	1.02	0.41
43	TXL3－187	平原地区架设 24 芯架空光缆	0.405	标志牌		个	10	4.05

根据费用定额有关主材的分类原则，将表 6－5 中的同类项合并后就得到了如表 6－6 所示的主材用量分类汇总表。

表 6－6　主材用量分类汇总表

序号	类　别	名　称	规格	单位	使用量
1	光缆	光缆	24 芯	m	407.84
2	塑料及塑料制品	保护软管		m	10.13
3	水泥及水泥构件	水泥电杆(梢径 13～17 cm)		根	9.09
4		水泥	C32.5	kg	1.80
5		水泥拉线盘		套	5.05

续表

序号	类 别	名 称	规格	单位	使用量
6	其他	镀锌钢绞线	7/2.2	kg	131.86
7		镀锌钢绞线	7/2.6	kg	7.60
8		镀锌铁线	Φ1.5	kg	0.63
9		镀锌铁线	Φ3.0	kg	3.06
10		镀锌铁线	Φ4.0	kg	2.01
11		地锚铁柄		套	5.05
12		三眼双槽夹板		块	10.10
13		拉线衬环		个	15.80
14		拉线抱箍		套	6.89
15		吊线箍		副	12.13
16		镀锌穿钉	50	副	14.15
17		镀锌穿钉	100	副	0.46
18		三眼单槽夹板		副	12.11
19		茶托拉板		块	2.00
20		挂钩		只	834.30
21		标志牌		个	4.05

将表 6-6 主材用量填入预算表格表四甲中，并根据国内配套主材的运距都为200 km查找各类材料的运杂费的费率，完成国内器材预算表，如表 6-7 所示。

表 6-7 国内器材 预 算表(表四)甲

(主要材料)表

工程名称：×× 平原地区架空光缆线路工程 建设单位名称：××移动通信公司 表格编号：TXL-4 甲 A 第全页

序号	名 称	规格程式	单位	数量	单价(元)	合计(元)			备注
					除税价	除税价	增值税	含税价	
Ⅰ	Ⅱ	Ⅲ	Ⅳ	Ⅴ	Ⅵ	Ⅶ	Ⅷ	Ⅸ	Ⅹ
1	光缆	24	m	407.84	3.50	1427.42	242.66	1670.08	光缆
	光缆类小计 1					1427.42	242.66	1670.08	
	运杂费(小计 1×1.5%)					21.41	3.64	25.05	
	运输保险费(小计 1×0.1%)					1.43	0.24	1.67	
	采购保管费(小计 1×1.1%)					15.70	2.67	18.37	
	光缆类合计 1				1465.96	249.21	1715.17		
2	保护软管		m	10.13	9.80	99.23	16.87	116.10	塑料及塑料制品
	塑料类小计 2					99.23	16.87	116.10	

续表

序号	名　称	规格程式	单位	数量	单价(元)	合计(元)			备注
					除税价	除税价	增值税	含税价	
Ⅰ	Ⅱ	Ⅲ	Ⅳ	Ⅴ	Ⅵ	Ⅶ	Ⅷ	Ⅸ	Ⅹ
	运杂费(小计 2×4.8%)					4.76	0.81	5.57	塑料及塑料制品
	运输保险费(小计 2×0.1%)					0.10	0.02	0.12	
	采购保管费(小计 2×1.1%)					1.09	0.19	1.28	
	塑料类合计 2					105.18	17.88	123.06	
3	水泥电杆(梢径 13~17 cm)根	9.09	230.00	2090.70	355.42	2446.12			水泥及水泥构件类
4	水泥	C32.5	kg	1.80	0.33	0.59	0.10	0.69	
5	水泥拉线盘		套	5.05	45.00	227.25	38.63	265.88	
	水泥及水泥构件类小计 3					2318.54	394.15	2712.69	
	运杂费(小计 3×20%)					463.71	78.83	542.54	
	运输保险费(小计 3×0.1%)					2.32	0.39	2.71	
	采购保管费(小计 3×1.1%)					25.50	4.34	29.84	
	水泥及水泥构件类合计 3					2810.08	477.74	3287.79	
6	镀锌钢绞线	7/2.2	kg	131.86	9.80	1292.28	219.69	1511.97	其他
7	镀锌钢绞线	7/2.6	kg	7.60	9.90	75.24	12.79	88.03	
8	镀锌铁线	$\Phi1.5$	kg	0.63	6.80	4.27	0.73	5.00	
9	镀锌铁线	$\Phi3.0$	kg	3.06	7.73	23.62	4.02	27.64	
10	镀锌铁线	$\Phi4.0$	kg	2.01	7.75	15.58	2.65	18.23	
11	地锚铁柄		套	5.05	22.00	111.10	18.89	129.99	
12	三眼双槽夹板		块	10.10	11.00	111.10	18.89	129.99	
13	拉线衬环		个	15.80	1.20	18.96	3.22	22.18	
14	拉线抱箍		套	6.89	10.80	74.39	12.65	87.04	
15	吊线箍		副	12.13	17.00	206.21	35.06	241.27	
16	镀锌穿钉 50		副	14.15	8.00	113.20	19.24	132.44	
17	镀锌穿钉 100		副	0.46	15.00	6.89	1.17	8.06	
18	三眼单槽夹板		副	12.11	9.00	108.99	18.53	127.52	
19	茶托拉板		块	2.00	9.80	19.60	3.33	22.93	
20	挂钩		只	834.30	0.29	241.95	41.13	283.08	
21	标志牌		个	4.05	1.00	4.05	0.69	4.74	
	其他类小计 4					2427.42	412.66	2840.08	

续表

序号	名　称	规格程式	单位	数量	单价(元)	合计(元)			备注
					除税价	除税价	增值税	含税价	
Ⅰ	Ⅱ	Ⅲ	Ⅳ	Ⅴ	Ⅵ	Ⅶ	Ⅷ	Ⅸ	Ⅹ
	运杂费(小计4×4%)					97.10	16.51	113.61	
	运输保险费(小计4×0.1%)					2.43	0.41	2.84	
	采购保管费(小计4×1.1%)					26.70	4.54	31.24	
	其他类合计4					2553.65	434.12	2987.77	
	总计(合计1+合计2+合计3+合计4)					6934.87	1178.93	8113.80	

设计负责人：×××　　审核：×××　　编制：×××　　　　编制日期：××××年××月

要注意的是，在进行主材统计时，若定额子目表主要材料栏中材料定额量是带有括号的和以分数表示的，表示供系统设计选用，即可选可不选，应根据工程技术要求或工艺流程来决定；而以“*”号表示的是由设计确定其用量，即设计中要根据工程技术要求或工艺流程来决定其用量。

2) 表二和表五甲的填写

(1) 填写预算表格表二。

填写预算表格表二时，应严格按照题中给定的各项工程建设条件，确定每项费用的费率及计费基础。和使用预算定额一样，必须时刻注意费用定额中的有关特殊情况的注解和说明，同时填写在表二的“依据和计算方法”一栏中。

① 因施工企业与工程所在地距离为120 km，所以临时设施费费率为5%。

② 本工程所在地为江苏省非特殊地区，所以特殊地区施工增加费为0元。

③ 本工程为平原地区，非城区，所以工程干扰费不计取。

④ 本工程预算内施工用水、电、蒸汽费按300元计取，不计列工程排污费、已完工程及设备保护费、运土费。

⑤ 从表三乙可以看出，本工程无大型施工机械，所以无“大型施工机械调遣费”。

⑥ 因本工程为建筑方提供主材，所以无甲供材料，销项税额＝建安工程费(除税价)×11%。

⑦ 建安工程费(含税价)＝建安工程费(除税价)＋销项税额。

由此完成的建筑安装工程费用预算表如表6-8所示。

表6-8　建筑安装工程费用　预　算表(表二)

工程名称：××平原地区架空光缆线路工程　　建设单位名称：××移动通信公司　　编号：TXL-2　第全页

序号	费用名称	依据和计算方法	合计(元)	序号	费用名称	依据和计算方法	合计(元)
Ⅰ	Ⅱ	Ⅲ	Ⅳ	Ⅰ	Ⅱ	Ⅲ	Ⅳ
	建安工程费(含税价)	一＋二＋三＋四	18 212.64	(2)	普工费	普工工日×61元/工日	921.71

续表

序号	费用名称	依据和计算方法	合计(元)	序号	费用名称	依据和计算方法	合计(元)
Ⅰ	Ⅱ	Ⅲ	Ⅳ	Ⅰ	Ⅱ	Ⅲ	Ⅳ
	建安工程费(除税价)	一+二+三	16 407.78	2	材料费	(1)+(2)	6955.67
	直接费	(一)+(二)	13 664.53	(1)	主要材料费	主要材料表	6934.87
(一)	直接工程费	1+2+3+4	10 897.19	(2)	辅助材料费	主要材料费×0.3%	20.80
1	人工费	(1)+(2)	3382.97	3	机械使用费	表三乙	185.76
(1)	技工费	技工工日×114元/工日	2461.26	4	仪表使用费	表三丙	372.79
(二)	措施项目费	1+2+3+…+15	2767.34	13	运土费	不计	0.00
1	文明施工费	人工费×1.5%	50.74	14	施工队伍调遣费	单程调遣定额×调遣人数×2	1740.00
2	工地器材搬运费	人工费×3.4%	115.02	15	大型施工机械调遣费	不计	0.00
3	工程干扰费	不计	0.00	二	间接费	(一)+(二)	2066.66
4	工程点交、场地清理费	人工费×3.3%	111.64	(一)	规费	1+2+3+4	1139.72
5	临时设施费	人工费×5%	169.15	1	工程排污费	不计	0.00
6	工程车辆使用费	人工费×5%	169.15	2	社会保障费	人工费×28.5%	964.15
7	夜间施工增加费	不计	0.00	3	住房公积金	人工费×4.19%	141.75
8	冬雨季施工增加费	人工费×1.8%	60.89	4	危险作业意外伤害保险费	人工费×1%	33.83
9	生产工具用具使用费	人工费×1.5%	50.74	(二)	企业管理费	人工费×27.4%	926.93
10	施工用水、电、蒸汽费	按实计列	300.00	三	利润	人工费×20%	676.59
11	特殊地区施工增加费	不计	0.00	四	销项税额	建安工程费(除税价)×适用税率	1804.86
12	已完工程及设备保护费	不计	0.00				

设计负责人：××× 审核：××× 编制：××× 编制日期：××××年××月

(2) 填写预算表格表五甲。

① 由已知条件可知，安全生产费以建筑安装工程费为计费基础，相应费率为1.5%。即

安全生产费(除税价)＝建筑安装工程费×1.5%＝16 407.78×1.5%≈246.12 元；

安全生产费的增值税＝246.12×11%≈27.07 元；

安全生产费(含税价)＝安全生产费(除税价)＋安全生产费的增值税

＝246.12＋27.07＝273.19 元。

② 本工程勘察设计费(除税价)为 1500 元；

勘察设计费的增值税＝1500×6%＝90.00 元；

勘察设计费(含税价)＝1500＋90＝1590.00 元。

③ 本工程监理费(除税价)为 1000 元；

监理费的增值税＝1000×6%＝60.00 元；

监理费(含税价)＝1000＋60.00＝1060.00 元。

由此完成的工程建设其他费预算表如表 6－9 所示。

表 6－9　工程建设其他费 预 算表(表五)甲

工程名称：××平原地区架空光缆线路工程　　建设单位名称：××移动通信公司　表格编号：TXL－5 甲　第全页

序号	费用名称	计算依据及方法	金额(元)			备注
			除税价	增值税	含税价	
Ⅰ	Ⅱ	Ⅲ	Ⅳ	Ⅴ	Ⅵ	Ⅶ
1	建设用地及综合赔补费	不计			0.00	
2	项目建设管理费	不计			0.00	
3	可行性研究费	不计			0.00	
4	研究试验费	不计			0.00	
5	勘察设计费	已知条件	1500.00	90.00	1590.00	
6	环境影响评价费	不计			0.00	
7	建设工程监理费	已知条件	1000.00	60.00	1060.00	
8	安全生产费	建筑安装工程费(除税价)×1.5%	246.12	27.07	273.19	
9	引进技术及进口设备其他费	不计			0.00	
10	工程保险费	不计			0.00	
11	工程招标代理费	不计			0.00	
12	专利及专用技术使用费	不计			0.00	
13	其他费用	不计			0.00	
	总计		2746.12	177.07	2923.19	
14	生产准备及开办费(运营费)	不计				

设计负责人：×××　审核：×××　编制：×××　编制日期：××××年××月

3）表一的填写

本工程因是一阶段设计，所以计取预备费，且基本预备费费率为 4%。其中建安费的增值税来自于表二的销项税额，工程建设其他费的增值税来自于表五的增值税列，预备费的增值税＝预备费除税价×17%＝766.16×17%＝130.25 元。填写后的工程预算总表如表 6－10 所示。

表 6－10　工程　预　算总表（表一）

建设项目名称：××平原地区架空光缆线路工程

项目名称：××平原地区架空光缆线路工程　建设单位名称：××移动通信公司　表格编号：TXL－1　第全页

序号	表格编号	费用名称	小型建筑工程费	需要安装的设备费	不需要安装的设备、工器具费	建筑安装工程费	其他费用	预备费	总价值			
			（元）						除税价	增值税	含税价	其中外币
Ⅰ	Ⅱ	Ⅲ	Ⅳ	Ⅴ	Ⅵ	Ⅶ	Ⅷ	Ⅸ	Ⅹ	Ⅺ	Ⅻ	ⅩⅢ
1	TXL－2	建筑安装工程费				16 407.78			16 407.78	1804.86	18 212.64	
2	TXL－5 甲	工程建设其他费					2746.12		2746.12	177.07	2923.19	
3		合计							19 153.9	1981.93	21 135.83	
4		预备费						766.16	766.16	130.25	896.41	
5		建设期利息							0	0	0	
6		总计							19 920.06	2112.18	22 032.24	
		其中回收费用							0	0	0	

设计负责人：×××　　审核：×××　　编制：×××　　编制日期：××××年××月

3. 撰写预算编制说明

1）工程概况

本设计为××平原地区架空光缆线路单项工程一阶段设计，架空路由长度 405 米，预算总价值为 22 032.24 元。

2）编制依据及有关费用费率的计取

（1）工信部通信[2016]451 号《关于印发信息通信建设工程预算定额、工程费用定额及工程概预算编制规程的通知》。

（2）《信息通信建设工程预算定额》手册第四册《通信线路工程》。

（3）建筑方提供的材料报价。

（4）本工程勘察设计费（除税价）为 1500 元，监理费（除税价）为 1000 元。预算内施工用水、电、蒸汽费按 300 元计取，不计列建设用地及综合赔补费、工程干扰费、工程排污费、已完工程及设备保护费、运土费、项目建设管理费、可行性研究费、环境影响评价费、工程保险费、工程招标代理费、其他费用、生产准备及开办费、建设期利息。

3）工程技术经济指标分析

本工程总投资为22 032.24元，其中建筑安装工程费为18 212.64元，工程建设其他费为2923.19元，预备费为896.41元。各部分费用所占比例如表6-11所示。

表6-11 工程技术经济指标分析表

工程项目名称：××平原地区架空光缆线路工程				
序号	项 目	单位	经济指标分析	
			数量	指标(%)
1	工程总投资(预算)	元	22 032.24	100
2	其中：需要安装的设备费用	元	0	0
3	建筑安装工程费	元	18 212.64	82.66
4	预备费	元	896.41	4.07
5	工程建设其他费	元	2923.19	13.27
6	光缆总皮长	公里	0.405	
7	折合纤芯公里	纤芯公里	9.72	
8	皮长造价	元/公里	54 400.59	
9	单位工程造价	元/纤芯公里	2266.69	

6.2 ××直埋光缆线路工程施工图预算编制

6.2.1 案例描述

图6-2所示为××直埋光缆线路单项工程。施工地形为山区，其中硬土区长为835 m，其余为沙砾土。挖、填光缆沟硬土区采用“挖、夯填”方式，沟长为800 m，沙砾土则采用“挖、松填”方式。

(1) 本工程采用36芯单模光缆，光缆单盘长度2 km，在山区施工。

(2) 光缆沟下底宽0.3 m、上底宽0.6 m、光缆埋深1.5 m。

(3) 光缆自然弯曲系数忽略不计，单盘光缆测试按双窗口取定，要求测试偏振模色散。

(4) 不考虑“安装对地绝缘监测标石”、“安装对地绝缘装置”、“对地绝缘检查及处理”。

(5) 中继段光缆测试按单窗口取定，要求测试偏振模色散。

(6) 本工程施工企业驻地距施工现场400 km，工程所在地为陕西省非特殊地区。

(7) 本工程勘察设计费(除税价)为2000元，监理费(除税价)为1500元。

(8) 本工程预算内不计列施工用水、电、蒸汽费，运土费，工程排污费，建设用地及综合赔补费，项目建设管理费，可行性研究费，研究试验费，环境影响评价费，工程保险费，工程招标代理费，其他费用，生产准备及开办费，建设期利息。

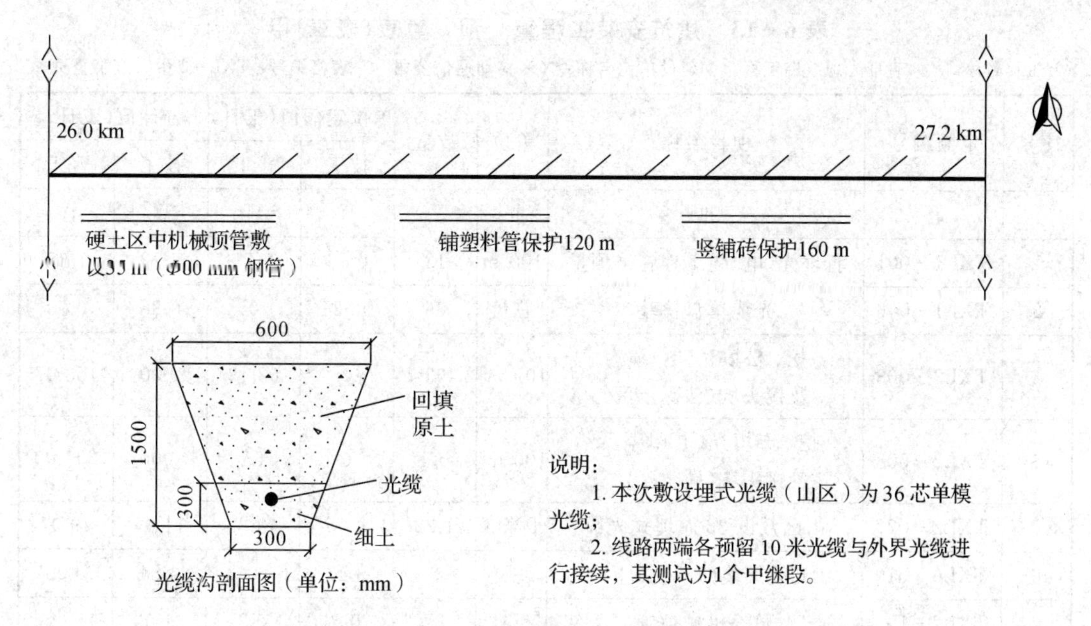

图 6－2　××直埋光缆线路工程施工图

(9) 主材运距：光缆为 300 km，水泥及水泥制品为 80 km，其余为 150 km。本工程主材均由建筑服务方提供。具体主材单价如表 6－12 所示。

表 6－12　主材单价表

序号	名　称	规格程式	单位	主材单价(除税)	增值税税率
1	光缆	36 芯	米	5.00	17%
2	光缆接续器材		套	150.00	17%
3	镀锌无缝钢管(Φ50～Φ100)	Φ80	米	46.00	17%
4	管箍		个	8.00	17%
5	塑料管(Φ80～Φ100)	Φ90	米	6.00	17%
6	机制砖		块	1.50	17%

(10) 要求按照两阶段设计编制该工程的施工图预算，计算结果精确到小数点后两位。

6.2.2　案例分析

1. 工程量统计

详见 3.4.1 节例 3－2。

2. 预算表的填写

1) 表三甲、表三乙、表三丙和表四甲的填写

将统计出的工程量填入预算表格表三甲，并将对应的机械、仪表信息填入表三乙、表三丙中，分别如表 6－13 至表 6－15 所示。

表 6－13　建筑安装工程量__预__算表(表三)甲

工程名称：××直埋光缆线路工程　　建设单位名称：××移动通信公司　　表格编号：TXL－3甲　　第全页

序号	定额编号	项目名称	单位	数量	单位定额值(工日)		合计值(工日)	
					技工	普工	技工	普工
Ⅰ	Ⅱ	Ⅲ	Ⅳ	Ⅴ	Ⅵ	Ⅶ	Ⅷ	Ⅸ
1	TXL1－001	直埋光(电)缆工程施工测量	100 m	12	0.56	0.14	6.72	1.68
2	TXL1－006	光缆单盘检验	芯盘	36	0.024	0	0.86	0.00
3	TXL2－003	挖、松填光(电)缆沟及接头坑(沙砾土区)	100 m^3	2.463 75	0	62.13	0.00	153.07
4	TXL2－008	挖、夯填光(电)缆沟及接头坑(硬土区)	100 m^3	5.4	0	55	0.00	297.00
5	TXL2－027	山区敷设36芯埋式光缆	千米条	1.22	9.05	40.22	11.04	49.07
6	TXL6－010	光缆接续(36芯以下)	头	2	3.42	0	6.84	0.00
7	TXL2－108	敷设机械顶管	m	35	0.6	0.2	21.00	7.00
8	TXL2－110	铺设塑料管保护	m	120	0.01	0.1	1.20	12.00
9	TXL2－113	铺设竖砖保护	km	0.16	2	10	0.32	1.60
10	TXL6－074	40 km以下光缆中继段测试	中继段	1	3.66	0	3.66	0.00
11		合计					51.65	521.42

设计负责人：×××　　审核：×××　　编制：×××　　编制日期：××××年××月

表 6－14　建筑安装工程机械使用费__预__算表(表三)乙

工程名称：××直埋光缆线路工程　　建设单位名称：××移动通信公司　　表格编号：TXL－3乙　　第全页

序号	定额编号	项目名称	单位	数量	机械名称	单位定额值		合计值	
						消耗量(台班)	单　价(元)	消耗量(台班)	合　价(元)
Ⅰ	Ⅱ	Ⅲ	Ⅳ	Ⅴ	Ⅵ	Ⅶ	Ⅷ	Ⅸ	Ⅹ
1	TXL2－008	挖、夯填光(电)缆沟及接头坑(硬土区)	100 m^3	5.4	夯实机	0.75	117	4.05	473.85
2	TXL6－010	光缆接续(36芯以下)	头	2	汽油发电机(10 kW)	0.25	202	0.5	101
3	TXL6－010	光缆接续(36芯以下)	头	2	光纤熔接机	0.45	144	0.9	129.6
4	TXL2－108	敷设机械顶管	m	35	液压顶管机	0.15	444	5.25	2331
5		合计							3035.45

设计负责人：×××　　审核：×××　　编制：×××　　编制日期：××××年××月

在填写表三丙时光缆单盘检验是双窗口测试，仪表台班量要乘以系数1.8，且要进行偏振模色散测试。40 km以下光缆中继段测试是单窗口测试，台班量为定额值。

表6-15 建筑安装工程仪表使用费 预 算表(表三)丙

工程名称：××直埋光缆线路工程　建设单位名称：××移动通信公司　表格编号：TXL-3丙　第全页

序号	定额编号	项目名称	单位	数量	仪表名称	单位定额值		合计值	
						消耗量（台班）	单价（元）	消耗量（台班）	合价（元）
Ⅰ	Ⅱ	Ⅲ	Ⅳ	Ⅴ	Ⅵ	Ⅶ	Ⅷ	Ⅸ	Ⅹ
1	TXL1-001	直埋光(电)缆工程施工测量	100 m	12	地下管线探测仪	0.05	157	0.6	94.20
2	TXL1-001	直埋光(电)缆工程施工测量	100 m	12	激光测距仪	0.04	119	0.48	57.12
3	TXL1-006	光缆单盘检验	芯盘	36	光时域反射仪	0.09	153	3.24	495.72
4	TXL1-006	光缆单盘检验	芯盘	36	偏振模色散测试仪	0.09	455	3.24	1474.20
5	TXL6-010	光缆接续(36芯以下)	头	2	光时域反射仪	0.95	153	1.9	290.70
6	TXL6-074	40 km以下光缆中继段测试	中继段	1	光时域反射仪	0.57	153	0.57	87.21
7	TXL6-074	40 km以下光缆中继段测试	中继段	1	稳定光源	0.57	117	0.57	66.69
8	TXL6-074	40 km以下光缆中继段测试	中继段	1	光功率计	0.57	116	0.57	66.12
9	TXL6-074	40 km以下光缆中继段测试	中继段	1	偏振模色散测试仪	0.57	455	0.57	259.35
10	合计								2891.31

设计负责人：×××　审核：××　编制：×××　编制日期：××××年××月

在填写表四甲主材表时，应根据费用定额对材料进行分类(包括光缆、电缆、塑料及塑料制品、木材及木制品、水泥及水泥构件以及其他)，分开罗列，以便计算其运杂费。有关材料单价可以在表6-12中查找。

依据以上统计的工程量列表，将其对应材料进行使用量统计，如表6-16所示。

表 6-16 工程主材用量统计表

序号	定额编号	项目名称	工程量	主材名称	规格型号	单位	定额量	使用量
1	TXL2-027	山区敷设 36 芯埋式光缆	1.22	光缆	36 芯	m	1005	1226.10
2	TXL6-010	光缆接续(36 芯以下)	2	光缆接续器材		套	1.01	2.02
3	TXL2-108	敷设机械顶管	35	镀锌无缝钢管($\Phi50$～$\Phi100$)		m	1.01	35.35
4	TXL2-108	敷设机械顶管	35	管箍		个	0.17	5.95
5	TXL2-110	铺设塑料管保护	120	塑料管($\Phi80$～$\Phi100$)		m	1.01	121.20
6	TXL2-113	铺设竖砖保护	0.16	机制砖		块	4080	652.80

根据费用定额有关主材的分类原则，将表 6-16 中的同类项合并后就得到如表 6-17 所示的主材用量分类汇总表。

表 6-17 主材用量分类汇总表

序号	类　别	名　称	规格	单位	使用量
1	光缆	光缆	36 芯	m	1226.10
2	塑料及塑料制品	塑料管($\Phi80$～$\Phi100$)		m	121.20
3	水泥及水泥构件	机制砖		块	652.80
4	其他	光缆接续器材		套	2.02
5		镀锌无缝钢管($\Phi50$～$\Phi100$)		m	35.35
6		管箍		个	5.95

将表 6-17 主材用量分类填入预算表格(表四)甲中，并根据国内配套主材运距(光缆为 300 km，水泥及水泥制品为 80 km，其余为 150 km)查找不同运距各类材料的运杂费的费率，完成国内器材预算表，如表 6-18 所示，其中增值税＝除税价×17%，含税价＝除税价＋增值税。

表 6-18 国内器材 预 算表(表四)甲

(主要材料)表

工程名称：××直埋光缆线路工程建设　　单位名称：××移动通信公司　　表格编号：TXL-4 甲 A　　第全页

序号	名　称	规格程式	单位	数量	单价(元)	合计(元)			备 注
					除税价	除税价	增值税	含税价	
Ⅰ	Ⅱ	Ⅲ	Ⅳ	Ⅴ	Ⅵ	Ⅶ	Ⅷ	Ⅸ	Ⅹ
1	光缆	36	m	1226.10	5.00	6130.50	1042.19	7172.69	光缆
	光缆类小计 1				6130.50	1042.19	7172.69		
	运杂费(小计 1×1.7%)				104.22	17.72	121.94		

续表

序号	名　称	规格程式	单位	数量	单价(元)	合计(元)			备 注
					除税价	除税价	增值税	含税价	
Ⅰ	Ⅱ	Ⅲ	Ⅳ	Ⅴ	Ⅵ	Ⅶ	Ⅷ	Ⅸ	Ⅹ
	运输保险费(小计 1×0.1%)				6.13	1.04	7.17		光缆
	采购保管费(小计 1×1.1%)				67.44	11.46	78.90		
	光缆类合计 1				6308.28	1072.41	7380.69		
2	塑料管 (Φ80～Φ100)		m	121.20	6.00	727.20	123.62	850.82	塑料及塑料制品
	塑料类小计 2				727.20	123.62	850.82		
	运杂费(小计 2×4.8%)				34.91	5.93	40.84		
	运输保险费(小计 2×0.1%)				0.73	0.12	0.85		
	采购保管费(小计 2×1.1%)				8.00	1.36	9.36		
	塑料类合计 2				770.83	131.04	901.87		
3	机制砖		块	652.80	1.50	979.20	166.46	1145.66	水泥及水泥构件
	水泥及水泥构件类小计 3				979.20	166.46	1145.66		
	运杂费(小计 3×18%)				176.26	29.96	206.22		
	运输保险费(小计 3×0.1%)				0.98	0.17	1.15		
	采购保管费(小计 3×1.1%)				10.77	1.83	12.60		
	水泥及水泥构件类合计 3				1167.21	198.43	1365.63		
4	光缆接续器材		套	2.02	150.00	303.00	51.51	354.51	其他
5	镀锌无缝钢管 (Φ50～Φ100)		m	35.35	46.00	1626.10	276.44	1902.54	
6	管箍		个	5.95	8.00	47.60	8.09	55.69	
	其他类小计 4				1976.70	336.04	2312.74		
	运杂费(小计 4×4%)				79.07	13.44	92.51		
	运输保险费(小计 4×0.1%)				1.98	0.34	2.31		
	采购保管费(小计 4×1.1%)				21.74	3.70	25.44		
	其他类合计 4				2079.49	353.51	2433.00		
	总计(合计 1＋合计 2＋合计 3＋合计 4)				10325.81	1755.39	12 081.20		

设计负责人：××× 审核：××× 编制：××× 编制日期：××××年××月

2) 表二和表五甲的填写

(1) 填写预算表格表二。

填写预算表格表二时，应严格按照题中给定的各项工程建设条件，确定每项费用的费率及计费基础。和使用预算定额一样，必须时刻注意费用定额中的有关特殊情况的注解和说明，同时填写在表二的“依据和计算方法”一栏中。

① 工程施工企业驻地距施工现场 400 km，所以临时设施费费率为 5%。

② 工程所在地为陕西省非特殊地区，所以特殊地区施工增加费为 0 元；冬雨季施工增加费费率为 2.5%。

③ 本工程为山区，非城区，所以工程干扰费不计取，夜间施工增加费不计取。

④ 本工程预算内不计列施工用水、电、蒸汽费，运土费，工程排污费。

⑤ 从表三乙可以看出，本工程有大型施工机械液压顶管机，所以大型施工机械调遣费＝7.2×400×2＝5760 元。

⑥ 因本工程为建筑方提供主材，所以无甲供材料，销项税额＝建安工程费(除税价)×11%＝101 827.04×11%≈11 200.97 元。

⑦ 建安工程费(含税价)＝建安工程费(除税价)＋销项税额＝101 827.04＋11 200.97＝113 028.01 元。

由此完成的建筑安装工程费用预算表如表 6－19 所示。

表 6－19　建筑安装工程费用　预　算表(表二)

工程名称：××直埋光缆线路工程　　建设单位名称：××移动通信公司　　编号：TXL－2　　第 全 页

序号	费用名称	依据和计算方法	合计(元)	序号	费用名称	依据和计算方法	合计(元)
Ⅰ	Ⅱ	Ⅲ	Ⅳ	Ⅰ	Ⅱ	Ⅲ	Ⅳ
	建安工程费(含税价)	一＋二＋三＋四	113 028.01	(2)	辅助材料费	主要材料费×0.3%	30.98
	建安工程费(除税价)	一＋二＋三	101 827.04	3	机械使用费	表三乙	3035.45
一	直接费	(一)＋(二)	71 260.39	4	仪表使用费	表三丙	2891.31
(一)	直接工程费	1＋2＋3＋4	53 978.27	(二)	措施项目费	1＋2＋3＋…＋15	17 282.12
1	人工费	(1)＋(2)	37 694.72	1	文明施工费	人工费×1.5%	565.42
(1)	技工费	技工工日×114 元/工日	5888.10	2	工地器材搬运费	人工费×3.4%	1281.62
(2)	普工费	普工工日×61 元/工日	31 806.62	3	工程干扰费	不计	0.00
2	材料费	(1)＋(2)	10 356.79	4	工程点交、场地清理费	人工费×3.3%	1243.93
(1)	主要材料费	主要材料表	10 325.81	5	临时设施费	人工费×5%	1884.74

续表

序号	费用名称	依据和计算方法	合计(元)	序号	费用名称	依据和计算方法	合计(元)
Ⅰ	Ⅱ	Ⅲ	Ⅳ	Ⅰ	Ⅱ	Ⅲ	Ⅳ
6	工程车辆使用费	人工费×5%	1884.74	二	间接费	(一)+(二)	23 027.70
7	夜间施工增加费	不计	0.00	(一)	规费	1+2+3+4	12 699.35
8	冬雨季施工增加费	人工费×2.5%	942.37	1	工程排污费	不计	0.00
9	生产工具用具使用费	人工费×1.5%	565.42	2	社会保障费	人工费×28.5%	10 743.00
10	施工用水、电、蒸汽费	不计	0.00	3	住房公积金	人工费×4.19%	1579.41
11	特殊地区施工增加费	不计	0.00	4	危险作业意外伤害保险费	人工费×1%	376.95
12	已完工程及设备保护费	人工费×2%	753.89	(二)	企业管理费	人工费×27.4%	10 328.35
13	运土费	不计	0.00	三	利润	人工费×20%	7538.94
14	施工队伍调遣费	单程调遣定额×调遣人数×2	2400.00	四	销项税额	建安工程费(除税价)×适用税率	11 200.97
15	大型施工机械调遣费	调遣车运价×调遣运距×2	5760.00				

设计负责人：××× 审核：××× 编制：××× 编制日期：××××年××月

(2) 填写预算表格表五甲。

① 由已知条件可知，安全生产费以建筑安装工程费为计费基础，相应费率为1.5%。即

安全生产费(除税价)=建筑安装工程费×1.5%=101 827.04×1.5%≈1527.41元；

安全生产费的增值税=1527.41×11%≈168.02元；

安全生产费(含税价)=安全生产费(除税价)+安全生产费的增值税

=1527.41+168.02=1659.43元

② 本工程勘察设计费(除税价)为2000元；

勘察设计费的增值税=2000×6%=120.00元；

勘察设计费(含税价)＝2000＋120＝2120.00 元。

③ 本工程监理费(除税价)为 1500 元；

监理费的增值税＝1500×6%＝90 元；

监理费(含税价)＝1500＋90.00＝1590.00 元。

④ 本工程不计取建设用地及综合赔补费、项目建设管理费、可行性研究费、研究试验费、环境影响评价费、引进技术及进口设备其他费、工程保险费、工程招标代理费、专利及专用技术使用费、其他费用、生产准备及开办费。

由此完成的工程建设其他费预算表如表 6－20 所示。

表 6－20　工程建设其他费　预　算表(表五)甲

工程名称：××直埋光缆线路工　　建设单位名称：××移动通信公司　　表格编号：TXL－5 甲　　第 全 页

序号	费用名称	计算依据及方法	金额(元)			备注
			除税价	增值税	含税价	
Ⅰ	Ⅱ	Ⅲ	Ⅳ	Ⅴ	Ⅵ	Ⅶ
1	建设用地及综合赔补费	不计	0.00		0.00	
2	项目建设管理费	不计	0.00		0.00	
3	可行性研究费	不计	0.00		0.00	
4	研究试验费	不计	0.00		0.00	
5	勘察设计费	已知条件	2000.00	120.00	2120.00	
6	环境影响评价费	不计	0.00		0.00	
7	建设工程监理费	已知条件	1500.00	90.00	1590.00	
8	安全生产费	建筑安装工程费(除税价)×1.5%	1527.41	168.02	1695.43	
9	引进技术及进口设备其他费	不计	0.00		0.00	
10	工程保险费	不计	0.00		0.00	
11	工程招标代理费	不计	0.00		0.00	
12	专利及专用技术使用费	不计	0.00		0.00	
13	其他费用	不计	0.00		0.00	
	总计		5027.41	378.02	5405.43	
14	生产准备及开办费(运营费)	不计	0.00			

设计负责人：×××　　审核：×××　　编制：×××　　编制日期：××××年×× 月

3) 表一的填写

本工程要求编制的是两阶段设计的施工图预算，所以不计取预备费。填写后的工程预算总表如表 6－21 所示。

表 6－21　工程预算总表(表一)

建设项目名称：××直埋光缆线路工程

项目名称：××直埋光缆线路工程　　建设单位名称：××移动通信公司　　表格编号：TXL－1　　第 全 页

序号	表格编号	费用名称	小型建筑工程费	需要安装的设备费	不需要安装的设备、工器具费	建筑安装工程费	其他费用	预备费	总价值			
			(元)						除税价	增值税	含税价	其中外币
Ⅰ	Ⅱ	Ⅲ	Ⅳ	Ⅴ	Ⅵ	Ⅶ	Ⅷ	Ⅸ	Ⅹ	Ⅺ	Ⅻ	ⅩⅢ
1	TXL－2	建筑安装工程费				101 827.04			101 827.04	11 200.97	113 028.01	
2	TXL－5 甲	工程建设其他费					5027.41		5027.41	378.02	5405.43	
3		合计							106 854.45	11 578.99	118 433.44	
4		预备费							0.00	0.00	0.00	
5		建设期利息							0.00	0.00	0.00	
6		总计							106 854.45	11 578.99	118 433.44	
		其中回收费用										

设计负责人：×××　　审核：×××　　编制：×××　　编制日期：××××年×× 月

3. 撰写预算编制说明

1) 工程概况

本设计为××直埋光缆线路单项工程两阶段设计的施工图设计，直埋线路路由长度 1.2 km，预算总价值为 118 433.44 元。

2) 编制依据及有关费用费率的计取

(1) 工信部通信[2016]451 号《关于印发信息通信建设工程预算定额、工程费用定额及工程概预算编制规程的通知》。

(2)《信息通信建设工程预算定额》手册第四册《通信线路工程》。

(3) 建筑方提供的材料报价。

(4) 工程勘察设计费(除税价)为 2000 元，监理费(除税价)为 1500 元。

(5) 工程预算内不计列施工用水、电、蒸汽费，运土费，工程排污费，建设用地及综合赔补费，项目建设管理费，可行性研究费，研究试验费，环境影响评价费，工程保险费，工程招标代理费，其他费用，生产准备及开办费，建设期利息。

3）工程技术经济指标分析

本工程总投资为118 433.44元，其中建筑安装工程费为113 028.01元，工程建设其他费为5405.43元。各部分费用所占比例如表6-22所示。

表6-22　工程技术经济指标分析表

工程项目名称：××直埋光缆线路单项工程				
序号	项　目	单位	经济指标分析	
			数量	指标(%)
1	工程总投资(预算)	元	118 433.44	100
2	其中：需要安装的设备费用	元	0	0
3	建筑安装工程费	元	113 028.01	95.44
4	预备费	元	0	0
5	工程建设其他费	元	5405.43	4.56
6	光缆总皮长	公里	1.2	
7	折合纤芯公里	纤芯公里	43.2	
8	皮长造价	元/公里	98 694.53	
9	单位工程造价	元/纤芯公里	2741.51	

6.3　××管道光缆线路工程施工图预算编制

6.3.1　案例描述

图6-3所示为××管道光缆线路单项工程一阶段设计施工图。本工程从1＃人孔至9＃人孔为利旧管道光缆敷设(人工敷设5孔子管，敷设24芯单模光缆)，从9＃人孔沿城南ABC写字楼墙(1)处钢管(Φ50)引上光缆6 m，然后经墙壁(钉固式)敷设方式至城南A基站中继光缆进口，机房内为20 m的槽道敷设。

(1) 本工程施工企业驻地距施工现场25 km，工程所在地为上海市城区，为非特殊地区。

(2) 本工程勘察设计费(除税价)为1600元，监理费(除税价)为1000元。

(3) 光缆自然弯曲系数忽略不计，单盘光缆测试按单窗口取定，不要求测试偏振模色散。

(4) 不考虑“浇筑交接箱基座”、“砌筑交接箱基座”、“砂浆抹面”、“交接箱地线保护”。

(5) 本工程预算内不计列施工用水、电、蒸汽费，运土费，工程排污费，建设用地及综合赔补费，项目建设管理费，可行性研究费，研究试验费，环境影响评价费，工程保险费，工程招标代理费，其他费用，生产准备及开办费，建设期利息。

(6) 本工程主材运距均为350 km。主材均由建筑服务方提供，具体主材单价如表6-23所示。

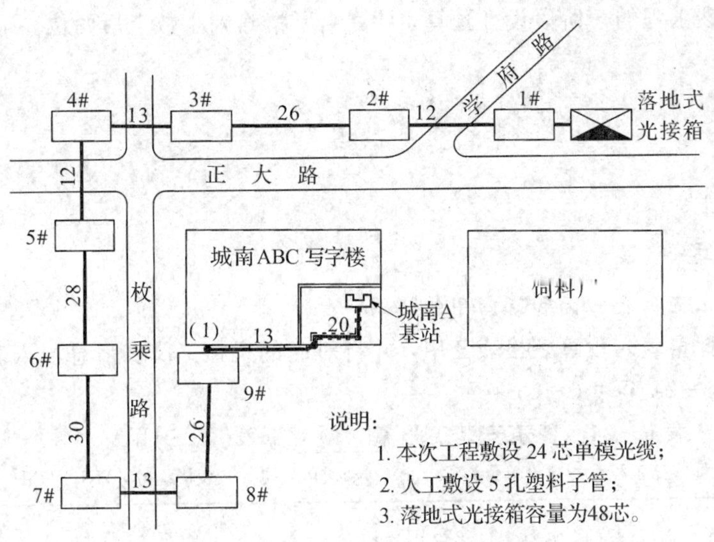

图6-3 ××管道光缆线路工程施工图

表6-23 主材单价表

序 号	名 称	规格程式	单位	主材单价(除税)	增值税税率
1	光缆	24芯	m	3.5	17%
2	聚乙烯塑料管		m	30	17%
3	固定堵头		个	34	17%
4	塞子		个	25	17%
5	聚乙烯波纹管		m	3.3	17%
6	胶带(PVC)		盘	1.43	17%
7	托板垫		块	6.8	17%
8	水泥	32.5	kg	0.33	17%
9	中粗砂		kg	0.05	17%
10	镀锌铁线	Φ1.5	kg	6.8	17%
11	管材(直)		根	5.05	17%
12	管材(弯)		根	5.05	17%
13	钢管卡子		副	4.5	17%
14	光缆托板		块	6.5	17%
15	余缆架		套	52	17%
16	标志牌		个	1	17%
17	电缆卡子(含钉)		套	3.0	17%
18	光缆交接箱		台	2000	17%
19	软铜绞线	7/1.33	kg	7.75	17%
20	铜线鼻子		个	0.5	17%

(7) 要求编制该工程的一阶段设计预算，计算结果精确到小数点后两位。

6.3.2 案例分析

1. 工程量统计

详见 3.4.1 节例 3-3。

2. 预算表的填写

1) 表三甲、表三乙、表三丙和表四甲的填写

将统计出的工程量填入预算表格表三甲，并将对应的机械、仪表信息填入表三乙、表三丙中，分别如表 6-24 至表 6-25 所示。

表 6-24 建筑安装工程量 预 算表(表三)甲

工程名称：××管道光缆线路工程　建设单位名称：××移动通信公司　表格编号：TXL-3甲　第 全 页

序号	定额编号	项目名称	单位	数量	单位定额值（工日）		合计值（工日）	
					技工	普工	技工	普工
Ⅰ	Ⅱ	Ⅲ	Ⅳ	Ⅴ	Ⅵ	Ⅶ	Ⅷ	Ⅸ
1	TXL1-003	管道光(电)缆工程施工测量	100m	1.99	0.35	0.09	0.70	0.18
2	TXL1-006	光缆单盘检验	芯盘	24	0.02	0	0.48	0.00
3	TXL4-008	人工敷设塑料子管(5孔子管)	km	0.16	8.1	15.37	1.30	2.46
4	TXL4-044	安装引上钢管（墙上）(Φ50 以下)	根	1	0.25	0.25	0.25	0.25
5	TXL4-050	穿放引上光缆	条	1	0.52	0.52	0.52	0.52
6	TXL4-012	敷设管道光缆(24 芯以下)	千米条	0.16	6.83	13.08	1.09	2.09
7	TXL4-054	布放钉固式墙壁光缆	百米条	0.13	1.76	1.76	0.23	0.23
8	TXL5-044	布放室内槽道光缆	百米条	0.2	0.5	0.5	0.10	0.10
9	TXL7-042	安装光缆落地交接箱(108 芯以下)	个	1	0.67	0.67	0.67	0.67
10	TXL4-037	打穿楼墙洞(砖墙)	个	1	0.07	0.06	0.07	0.06
11	TXL4-033	打人(手)孔墙洞(砖砌人孔，3孔管以下)	处	1	0.36	0.36	0.36	0.36
12		小计					5.76	6.92
13		合计(小计×1.15)					6.63	7.96

设计负责人：×××　审核：×××　编制：×××　编制日期：××××年××月

在表三甲填写过程中注意总工日小于 100 工日时要乘以系数 1.15。

查找定额手册发现，本工程无机械，因此不需要填写表三乙。

在填写表三丙时光缆单盘检验是单窗口测试，仪表台班量为定额值，且不进行偏振模色散测试。

表6-25　建筑安装工程仪表使用费 预 算表(表三)丙

工程名称：××管道光缆线路工程　　建设单位名称：××移动通信公司　　表格编号：TXL-3丙　　第 全 页

序号	定额编号	项目名称	单位	数量	仪表名称	单位定额值		合计值	
						消耗量(台班)	单价(元)	消耗量(台班)	合价(元)
Ⅰ	Ⅱ	Ⅲ	Ⅳ	Ⅴ	Ⅵ	Ⅶ	Ⅷ	Ⅸ	Ⅹ
1	TXL1-003	管道光(电)缆工程施工测量	100 m	1.99	激光测距仪	0.04	119	0.0796	9.47
2	TXL1-006	光缆单盘检验	芯盘	24	光时域反射仪	0.05	153	1.2	183.60
3	TXL4-008	人工敷设塑料子管(5孔子管)	km	0.16	有毒有害气体检测	0.6	117	0.096	11.23
4	TXL4-008	人工敷设塑料子管(5孔子管)	km	0.16	可燃气体检测	0.6	117	0.096	11.23
5	TXL4-012	敷设管道光缆(24芯以下)	千米条	0.16	有毒有害气体检测仪	0.3	117	0.048	5.62
6	TXL4-012	敷设管道光缆(24芯以下)	千米条	0.16	可燃气体检测仪	0.3	117	0.048	5.62
7	合计								226.77

设计负责人：×××　　审核：×××　　编制：×××　　编制日期：××××年××月

在填写表四甲主材表时，应根据费用定额对材料进行分类(包括光缆、电缆、塑料及塑料制品、木材及木制品、水泥及水泥构件以及其他)，分开罗列，以便计算其运杂费。有关材料单价可以在表6-23中查找。

依据以上统计的工程量列表，将其对应材料进行使用量统计，如表6-26所示。

表6-26　工程主材用量统计表

序号	定额编号	项目名称	工程量	主材名称	规格型号	单位	定额量	使用量
1	TXL4-008	人工敷设塑料子管(5孔子管)	0.16	聚乙烯塑料管		m	5100	816.00
2	TXL4-008	人工敷设塑料子管(5孔子管)	0.16	固定堵头		个	24.3	3.89
3	TXL4-008	人工敷设塑料子管(5孔子管)	0.16	塞子		个	122.5	19.60
4	TXL4-008	人工敷设塑料子管(5孔子管)	0.16	镀锌铁线	Φ1.5	kg	3.05	0.49
5	TXL4-044	安装引上钢管(墙上)(Φ50以下)	1	管材(直)		根	1.01	1.01
6	TXL4-044	安装引上钢管(墙上)(Φ50以下)	1	管材(弯)		根	1.01	1.01

续表

序号	定额编号	项目名称	工程量	主材名称	规格型号	单位	定额量	使用量
7	TXL4-044	安装引上钢管（墙上）(Φ50 以下)	1	钢管卡子		副	2.02	2.02
8	TXL4-050	穿放引上光缆	1	光缆		m	6	6.00
9	TXL4-050	穿放引上光缆	1	镀锌铁线	Φ1.5	kg	0.1	0.10
10	TXL4-050	穿放引上光缆	1	聚乙烯塑料管		m	6	6.00
11	TXL4-012	敷设管道光缆（24 芯以下）	0.16	聚乙烯波纹管		m	26.7	4.27
12	TXL4-012	敷设管道光缆（24 芯以下）	0.16	胶带(PVC)		盘	52	8.32
13	TXL4-012	敷设管道光缆（24 芯以下）	0.16	镀锌铁线	Φ1.5	kg	3.05	0.49
14	TXL4-012	敷设管道光缆（24 芯以下）	0.16	光缆		m	1015	162.40
15	TXL4-012	敷设管道光缆（24 芯以下）	0.16	光缆托板		块	48.5	7.76
16	TXL4-012	敷设管道光缆（24 芯以下）	0.16	托板垫		块	48.5	7.76
17	TXL4-012	敷设管道光缆（24 芯以下）	0.16	余缆架		套	1	0.16
18	TXL4-012	敷设管道光缆（24 芯以下）	0.16	标志牌		个	10	1.60
19	TXL4-054	布放钉固式墙壁光缆	0.13	光缆		m	100.7	13.09
20	TXL4-054	布放钉固式墙壁光缆	0.13	电缆卡子（含钉）		套	206	26.78
21	TXL5-044	布放室内槽道光缆	0.2	光缆		m	102	20.40
22	TXL7-042	安装光缆落地交接箱(108 芯以下)	1	光缆交接箱		台	1	1.00
23	TXL7-042	安装光缆落地交接箱(108 芯以下)	1	软铜绞线	7/1.33	kg	0.2	0.20
24	TXL7-042	安装光缆落地交接箱(108 芯以下)	1	铜线鼻子		个	2.02	2.02
25	TXL4-037	打穿楼墙洞(砖墙)	1	水泥 32.5		kg	1	1.00
26	TXL4-037	打穿楼墙洞(砖墙)	1	中粗砂		kg	2	2.00
27	TXL4-033	打人(手)孔墙洞(砖砌人孔，3 孔管以下)	1	水泥 32.5		kg	5	5.00
28	TXL4-033	打人(手)孔墙洞(砖砌人孔，3 孔管以下)	1	中粗砂		kg	10	10.00

要注意的是，在进行主材统计时，若定额子目表主要材料栏中材料定额量是带有括号的和以分数表示的，则表示供系统设计选用，即可选可不选，应根据工程技术要求或工艺流程来决定；而以“*”号表示的是由设计确定其用量，即设计中要根据工程技术要求或工艺流程来决定其用量。

再根据费用定额有关主材的分类原则，将表6-26中的同类项合并后就得到如表6-27所示的主材用量分类汇总表。

表6-27　主材用量分类汇总表

序号	类　别	名　称	规格	单位	使用量
1	光缆	光缆	24芯	m	201.89
2	塑料及塑料制品	聚乙烯塑料管		m	822.00
3		固定堵头		个	3.89
4		塞子		个	19.60
5		聚乙烯波纹管		m	4.27
6		胶带(PVC)		盘	8.32
7		托板垫		块	7.76
8	水泥及水泥构件	水泥32.5		kg	6.00
9		中粗砂		kg	12.00
10	其他	镀锌铁线	Φ1.5	kg	1.08
11		管材(直)		根	1.01
12		管材(弯)		根	1.01
13		钢管卡子		副	2.02
14		光缆托板		块	7.76
15		余缆架		套	0.16
16		标志牌		个	1.60
17		电缆卡子(含钉)		套	26.78
18		光缆交接箱		台	1.00
19		软铜绞线	7/1.33	kg	0.20
20		铜线鼻子		个	2.02

每种材料的分类统计可用SUMIF函数，例如光缆的统计量函数窗口如图6-4所示。

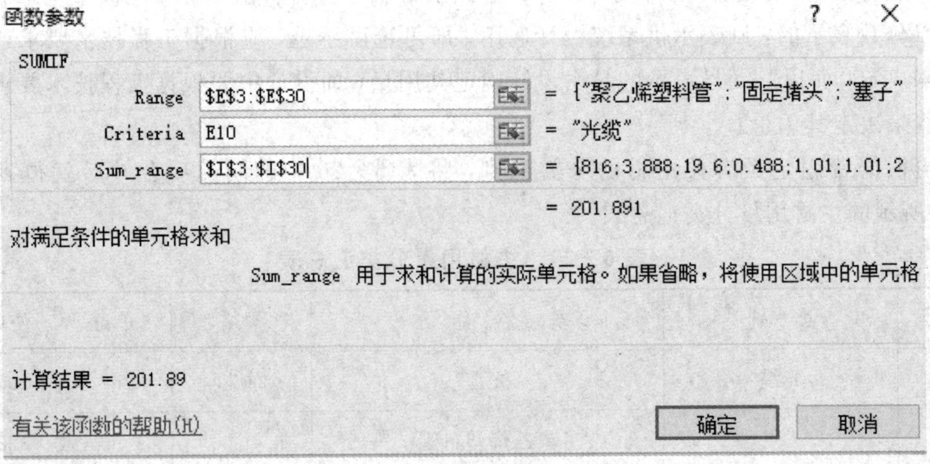

函数参数 ? ×

SUMIF

Range $E$3:$E$30 = {"聚乙烯塑料管";"固定堵头";"塞子"

Criteria E10 = "光缆"

Sum_range $I$3:$I$30 = {816;3.888;19.6;0.488;1.01;1.01;2

= 201.891

对满足条件的单元格求和

Sum_range 用于求和计算的实际单元格。如果省略，将使用区域中的单元格

计算结果 = 201.89

有关该函数的帮助(H) 确定 取消

图 6-4 SUMIF 函数参数设置

其他材料只要把窗口中的 Criteria 的条件改一下即可。

将表 6-27 主材用量分类填入预算表格表四甲中，并根据国内配套主材运距均为 350 km，查找各类材料的运杂费的费率，完成国内器材预算表，如表 6-28 所示，其中增值税=除税价×17%，含税价=除税价+增值税。

表 6-28 国内器材__预__算表(表四)甲

(主要材料)表

工程名称：××管道光缆线路工程建设 单位名称：××移动通信公司 表格编号：TXL-4 甲 A 第全页

序号	名 称	规格程式	单位	数量	单价(元)	合计(元)			备 注
					除税价	除税价	增值税	含税价	
Ⅰ	Ⅱ	Ⅲ	Ⅳ	Ⅴ	Ⅵ	Ⅶ	Ⅷ	Ⅸ	Ⅹ
1	光缆		m	201.89	3.50	706.62	120.125 145	826.74	光缆
	光缆类小计 1					706.62	120.125 145	826.74	
	运杂费(小计 1×1.8%)					12.72	2.162 252 61	14.88	
	运输保险费(小计 1×0.1%)					0.71	0.120 125 145	0.83	
	采购保管费(小计 1×1.1%)					7.77	1.321 376 595	9.09	
	光缆类合计 1					727.82	123.728 899 4	851.55	
2	聚乙烯塑料管		m	822.00	30.00	24 660.00	4192.2	28 852.20	塑料及塑料制品
3	固定堵头		个	3.89	34.00	132.19	22.47264	154.66	
4	塞子		个	19.60	25.00	490.00	83.3	573.30	
5	聚乙烯波纹管		m	4.27	3.30	14.10	2.396 592	16.49	
6	胶带(PVC)		盘	8.32	1.43	11.90	2.022 592	13.92	
7	托板垫		块	7.76	6.80	52.77	8.970 56	61.74	
	塑料类小计 2					25 360.96	4311.362 384	29 672.32	

续表一

序号	名称	规格程式	单位	数量	单价(元)	合计(元)			备注
					除税价	除税价	增值税	含税价	
Ⅰ	Ⅱ	Ⅲ	Ⅳ	Ⅴ	Ⅵ	Ⅶ	Ⅷ	Ⅸ	Ⅹ
	运杂费(小计 2×5.8%)					1470.94	250.059 018 3	1720.99	塑料及塑料制品
	运输保险费(小计 2×0.1%)					25.36	4.311 362 384	29.67	
	采购保管费(小计 2×1.1%)					278.97	47.424 986 22	326.40	
	塑料类合计 2					27 136.22	4 613.157 751	31 749.38	
8	水泥 32.5		kg	6.00	0.33	1.98	0.3366	2.32	水泥及水泥构件
9	中粗砂		kg	12.00	0.05	0.60	0.102	0.70	
	水泥及水泥构件类小计 3					2.58	0.4386	3.02	
	运杂费(小计 3×24.5%)					0.63	0.107 457	0.74	
	运输保险费(小计 3×0.1%)					0.002 58	0.000 438 6	0.003 018 6	
	采购保管费(小计 3×1.1%)					0.03	0.004 824 6	0.03	
	水泥及水泥构件类合计 3					3.24	0.551 320 2	3.79	
10	镀锌铁线	Φ1.5	kg	1.08	6.80	7.32	1.243 856	8.56	其他
11	管材(直)		根	1.01	5.05	5.10	0.867 085	5.97	
12	管材(弯)		根	1.01	5.05	5.10	0.867 085	5.97	
13	钢管卡子		副	2.02	4.50	9.09	1.5453	10.64	
14	光缆托板		块	7.76	6.50	50.44	8.5748	59.01	
15	余缆架		套	0.16	52.00	8.32	1.4144	9.73	
16	标志牌		个	1.60	1.00	1.60	0.272	1.87	
17	电缆卡子(含钉)		套	26.78	3.00	80.34	13.6578	94.00	
18	光缆交接箱		台	1.00	2000.00	2000.00	340	2340.00	
19	软铜绞线	7/1.33	kg	0.20	7.75	1.55	0.2635	1.81	
20	铜线鼻子		个	2.02	0.50	1.01	0.1717	1.18	
	其他类小计 4					2169.87	368.877 526	2538.75	
	运杂费(小计 4×4.8%)					104.15	17.706 121 25	121.86	
	运输保险费(小计 4×0.1%)					2.17	0.368 877 526	2.54	
	采购保管费(小计 4×1.1%)					23.87	4.057 652 786	27.93	
	其他类合计 4					2300.06	391.010 177 6	2691.07	
	总计(合计 1+合计 2+合计 3+合计 4)					30 167.34	5128.448 148	35 295.79	

设计负责人：××× 审核：××× 编制：××× 编制日期：××××年××月

2) 表二和表五甲的填写

(1) 填写预算表格(表二)。

填写预算表格表二时，应严格按照题中给定的各项工程建设条件确定每项费用的费率及计费基础。和使用预算定额一样，必须时刻注意费用定额中的有关特殊情况的注解和说明，同时填写在表二的"依据和计算方法"一栏中。

① 工程施工企业驻地距施工现场 25 km，所以临时设施费费率为 2.6%，施工队伍调遣费用不计取。

② 工程所在地为上海非特殊地区，所以特殊地区施工增加费为 0 元，冬雨季施工增加费费率为 1.8%。

③ 工程为城区，所以应该计取工程干扰费及夜间施工增加费。

④ 本工程预算内不计列施工用水、电、蒸汽费，运土费，工程排污费。

⑤ 因本工程为建筑方提供主材，所以无甲供材料，销项税额＝建安工程费(除税价)×11%＝33 130.52 ×11%＝3644.36 元。

⑥ 建安工程费(含税价)＝建安工程费(除税价)＋销项税额＝33 130.52＋3644.36＝36 774.88元。

由此完成的建筑安装工程费用预算表如表 6－29 所示。

表 6－29　建筑安装工程费用　预　算表(表二)

工程名称：××管道光缆线路工程　　建设单位名称：××移动通信公司　　表格编号：TXL－2　　第 全 页

序号	费用名称	依据和计算方法	合计(元)	序号	费用名称	依据和计算方法	合计(元)
Ⅰ	Ⅱ	Ⅲ	Ⅳ	Ⅰ	Ⅱ	Ⅲ	Ⅳ
	建安工程费(含税价)	一＋二＋三＋四	36 774.88	3	机械使用费	表三乙	0.00
	建安工程费(除税价)	一＋二＋三	33 130.52	4	仪表使用费	表三丙	226.77
一	直接费	(一)＋(二)	32 124.11	(二)	措施项目费	1＋2＋3＋…＋15	398.39
(一)	直接工程费	1＋2＋3＋4	31 725.72	1	文明施工费	人工费×1.5%	18.62
1	人工费	(1)＋(2)	1241.10	2	工地器材搬运费	人工费×3.4%	42.20
(1)	技工费	技工工日×114 元/工日	755.67	3	工程干扰费	人工费×6%	74.47
(2)	普工费	普工工日×61 元/工日	485.43	4	工程点交、场地清理费	人工费×3.3%	40.96
2	材料费	(1)＋(2)	30 257.84	5	临时设施费	人工费×2.6%	32.27
(1)	主要材料费	主要材料表	30 167.34	6	工程车辆使用费	人工费×5%	62.06
(2)	辅助材料费	主要材料费×0.3%	90.50	7	夜间施工增加费	人工费×5.0%	62.06

续表

序号	费用名称	依据和计算方法	合计(元)	序号	费用名称	依据和计算方法	合计(元)
Ⅰ	Ⅱ	Ⅲ	Ⅳ	Ⅰ	Ⅱ	Ⅲ	Ⅳ
8	冬雨季施工增加费	人工费×1.8%	22.34	(一)	规费	1+2+3+4	418.13
9	生产工具用具使用费	人工费×1.5%	18.62	1	工程排污费	不计	0.00
10	施工用水、电、蒸汽费	不计	0.00	2	社会保障费	人工费×28.5%	353.71
11	特殊地区施工增加费	不计	0.00	3	住房公积金	人工费×4.19%	52.00
12	已完工程及设备保护费	人工费×2%	24.82	4	危险作业意外伤害保险费	人工费×1%	12.41
13	运土费	不计	0.00	(二)	企业管理费	人工费×27.4%	340.06
14	施工队伍调遣费	单程调遣定额×调遣人数×2	0.00	三	利润	人工费×20%	248.22
15	大型施工机械调遣费	调遣车运价×调遣运距×2	0.00	四	销项税额	建安工程费(除税价)×适用税率	3644.36
二	间接费	(一)+(二)	758.19				

设计负责人：××× 审核：××× 编制：××× 编制日期：××××年××月

(2) 填写预算表格表五甲。

① 由已知条件可知，安全生产费以建筑安装工程费为计费基础，相应费率为1.5%。即

安全生产费(除税价)＝建筑安装工程费×1.5%＝33 130.52×1.5%≈496.96元；

安全生产费的增值税＝496.96×11%≈54.67元；

安全生产费(含税价)＝安全生产费(除税价)＋安全生产费的增值税

＝496.96＋54.67＝551.63元。

② 本工程勘察设计费(除税价)为1600元；

勘察设计费的增值税＝1600×6%＝96.00元；

勘察设计费(含税价)＝1600＋96＝1696元。

③ 本工程监理费(除税价)为1000元；

监理费的增值税＝1000×6%＝60元；

监理费(含税价)＝1000＋60.00＝1060.00元。

④ 本工程不计取建设用地及综合赔补费、项目建设管理费、可行性研究费、研究试验费、环境影响评价费、引进技术及进口设备其他费、工程保险费、工程招标代理费、专利及专利技术使用费、其他费用、生产准备及开办费。

由此完成的工程建设其他费预算表如表 6-30 所示。

表 6-30 工程建设其他费 预 算表(表五)甲

工程名称：××管道光缆线路工程 建设单位名称：××移动通信公司 表格编号：TXL-5甲 第 全 页

序号	费用名称	计算依据及方法	金额（元）			备注
			除税价	增值税	含税价	
Ⅰ	Ⅱ	Ⅲ	Ⅳ	Ⅴ	Ⅵ	Ⅶ
1	建设用地及综合赔补费	不计			0.00	
2	项目建设管理费	不计			0.00	
3	可行性研究费	不计			0.00	
4	研究试验费	不计			0.00	
5	勘察设计费	已知条件	1600.00	96.00	1696.00	
6	环境影响评价费	不计			0.00	
7	建设工程监理费	已知条件	1000.00	60.00	1060.00	
8	安全生产费	建筑安装工程费(除税价)×1.5%	496.96	54.67	551.63	
9	引进技术及进口设备其他费	不计			0.00	
10	工程保险费	不计			0.00	
11	工程招标代理费	不计			0.00	
12	专利及专用技术使用费	不计			0.00	
13	其他费用	不计			0.00	
	总计		3096.96	210.67	3307.63	
14	生产准备及开办费（运营费）	不计			0.00	

设计负责人：××× 审核：××× 编制：××× 编制日期：××××年××月

3) 表一的填写

本工程要求编制一阶段设计的施工图预算，所以计取预备费，且基本预备费费率为4%。其中建安费的增值税来自于表二的销项税额，工程建设其他费的增值税来自于表五的增值税列，预备费的增值税＝预备费(除税价)×17%＝1449.10×17%＝655.36 元。填写后的工程预算总表如表 6-31 所示。

表6-31 工程 预 算总表(表一)

建设项目名称：××管道光缆线路工程

项目名称：××管道光缆线路工程　　建设单位名称：××移动通信公司　　表格编号：TXL-1　　第 全 页

序号	表格编号	费用名称	小型建筑工程费	需要安装的设备费	不需要安装的设备、工器具费	建筑安装工程费	其他费用	预备费	总价值			
			(元)						除税价	增值税	含税价	其中外币
Ⅰ	Ⅱ	Ⅲ	Ⅳ	Ⅴ	Ⅵ	Ⅶ	Ⅷ	Ⅸ	Ⅹ	Ⅺ	Ⅻ	XIII
1	TXL-2	建筑安装工程费				33 130.52			33 130.52	3644.36	36 774.88	
2	TXL-5甲	工程建设其他费					3096.96		3096.96	210.67	3307.63	
3		合计							36 227.48	3855.03	40 082.51	
4		预备费						1449.10	1449.10	655.360	2104.46	
5		建设期利息							0	0	0	
6		总计							37 676.58	4510.39	42 186.97	
		其中回收费用							0	0	0	

设计负责人：×××　　审核：×××　　编制：×××　　编制日期：××××年××月

3. 撰写预算编制说明

1）工程概况

本设计为××管道光缆线路单项工程一阶段设计，管道线路路由长度199 m，预算总价值为42 186.97元。

2）编制依据及有关费用费率的计取

(1) 工信部通信[2016]451号《关于印发信息通信建设工程预算定额、工程费用定额及工程概预算编制规程的通知》。

(2)《信息通信建设工程预算定额》手册第四册《通信线路工程》。

(3) 建筑方提供的材料报价。

(4) 工程勘察设计费(除税价)为1600元，监理费(除税价)为1000元。

(5) 工程预算内不计列施工用水、电、蒸汽费，运土费，工程排污费，建设用地及综合赔补费，项目建设管理费，可行性研究费，研究试验费，环境影响评价费，工程保险费，工程招标代理费，其他费用，生产准备及开办费，建设期利息。

3）工程技术经济指标分析

本工程总投资为42 186.97元，其中建筑安装工程费为36 774.88元，工程建设其他费为3307.63元。各部分费用所占比例如表6-32所示。

表6-32　工程技术经济指标分析表

工程项目名称：××管道光缆线路工程				
序号	项　目	单位	经济指标分析	
			数量	指标(%)
1	工程总投资(预算)	元	42 186.97	100
2	其中：需要安装的设备费用	元	0	0
3	建筑安装工程费	元	36 774.88	87.17
4	预备费	元	2104.46	4.99
5	工程建设其他费	元	3307.63	7.84
6	光缆总皮长	公里	0.199	
7	折合纤芯公里	纤芯公里	4.776	
8	皮长造价	元/公里	211 994.82	
9	单位工程造价	元/纤芯公里	8833.12	

6.4　××线路优化工程施工图预算编制

6.4.1　案例描述

图6-5所示为江苏平原地区苗荡村—大元村线路优化工程施工图。本次工程将P01到P10之间的架空线路拆除，拆除吊线程式为7/2.2，拆除电杆为8米水泥杆，将其杆上24芯光缆优化迁移到P01引下直埋8米到金郑路南侧的1＃、2＃人孔中，再直埋4米到P10电杆引上。其中引上光缆为6米，直埋部分采用挖、夯填方式(普通土)，沟深和沟宽分别为0.8米和0.3米，需塑料管保护。1＃到2＃人孔为利旧管道，敷设光缆前需人工敷设4孔塑料子管。拉线采用夹板法安装，拆除工程材料需清理入库。

(1) 本工程施工企业驻地距施工现场120 km；工程所在地为江苏省平原郊区地区，为非特殊地区。

(2) 本工程勘察设计费(除税价)为2000元，监理费(除税价)为1500元。

(3) 光缆自然弯曲系数忽略不计，单盘光缆测试按单窗口取定，不要求测试偏振模色散，中继段测试时需要进行偏振模色散测试，拆除的材料需清理入库。

(4) 本工程预算内不计列施工用水、电、蒸汽费，运土费，工程排污费，建设用地及综合赔补费，项目建设管理费，可行性研究费，研究试验费，环境影响评价费，工程保险费，工程招标代理费，其他费用，生产准备，开办费，建设期利息。

(5) 本工程主材运距均为200 km，本工程主材均由建筑服务方提供，具体主材单价如表6-33所示。

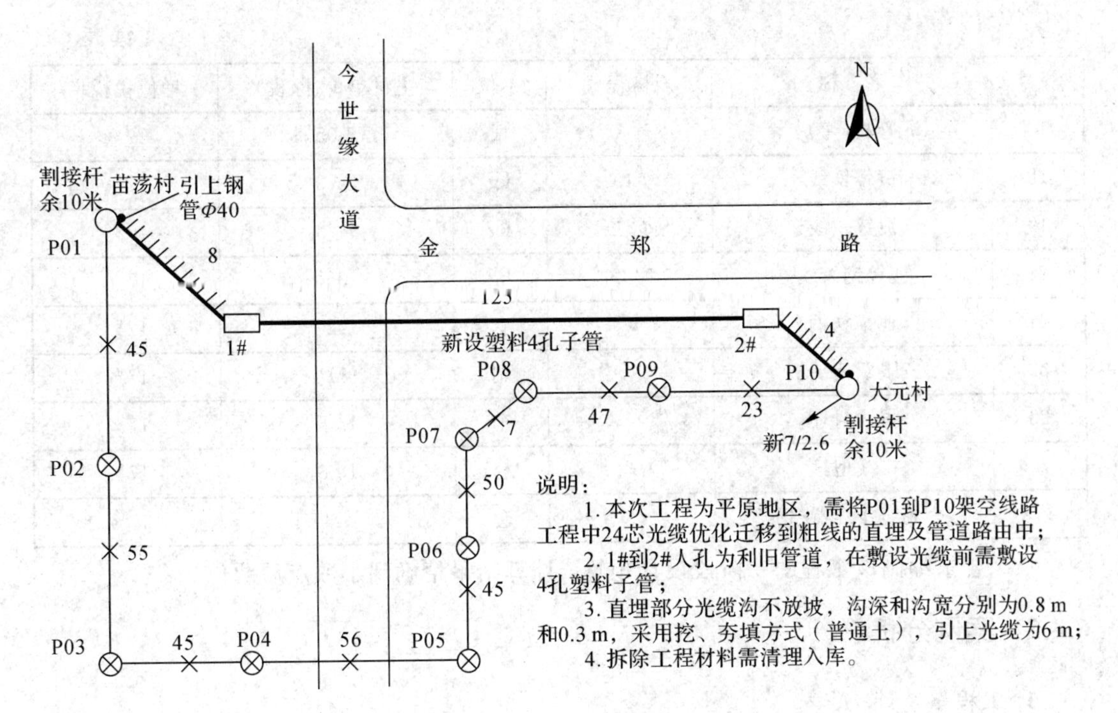

图 6-5　苗荡村一大元村线路优化工程施工图

表 6-33　主材单价表

序号	名　称	规格程式	单位	主材单价(除税)	增值税税率
1	光缆	24芯	m	3.5	17%
2	塑料管	Φ80～Φ100	m	20	17%
3	聚乙烯塑料管		m	30.00	17%
4	固定堵头		个	34.00	17%
5	塞子		个	25.00	17%
6	聚乙烯波纹管		m	3.3	17%
7	胶带(PVC)		盘	1.43	17%
8	托板垫		块	6.8	17%
9	水泥 32.5		kg	0.33	17%
10	中粗砂		kg	0.05	17%
11	水泥拉线盘		套	45	17%
12	镀锌铁线	Φ1.5	kg	6.8	17%
13	光缆托板		块	6.5	17%
14	余缆架		套	52	17%
15	标志牌		个	1	17%
16	管材(直)		根	5.05	17%

续表

序号	名　称	规格程式	单位	主材单价(除税)	增值税税率
17	管材(弯)		根	5.05	17%
18	镀锌铁线	Φ4.0	kg	7.73	17%
19	镀锌铁线	Φ3.0	kg	7.73	17%
20	镀锌钢绞线	7/2.6	kg	35	17%
21	地锚铁柄		套	22	17%
22	三眼双槽夹板		副	11	17%
23	拉线衬环		个	1.56	17%
24	拉线抱箍		套	10.8	17%
25	光缆接续器材		套	4.3	17%

(6) 要求编制该工程的一阶段设计预算，计算结果精确到小数点后两位。

6.4.2 案例分析

1. 工程量统计

详见 3.4.1 节例 3－4。

2. 预算表的填写

1) 表三甲、表三乙、表三丙和表四甲的填写

将上述统计出的工程量填入预算表格表三甲，如表 6－34 所示。注意拆除光缆清理入库人工工日要乘以系数 0.7；线路工程各种设备及除光缆外的其他材料清理入库人工工日及机械台班都要乘以系数 0.6。

将对应的机械、仪表信息填入表三乙、表三丙中，分别如表 6－35 至 6－36 所示。

表 6－34　建筑安装工程量 预 算表(表三)甲

工程名称：××线路优化工程　　建设单位名称：××移动通信公司　　表格编号：TXL－3 甲　　第全页

序号	定额编号	项目名称	单位	数量	单位定额值(工日)		合计值(工日)	
					技工	普工	技工	普工
Ⅰ	Ⅱ	Ⅲ	Ⅳ	Ⅴ	Ⅵ	Ⅶ	Ⅷ	Ⅸ
1	TXL1－001	直埋光缆工程施工测量	百米	0.24	0.56	0.14	0.13	0.03
2	TXL1－006	光缆单盘检验	芯盘	24	0.02	0	0.48	0.00
3	TXL2－007	挖、夯填光(电)缆沟及接头坑(普通土)	百立方米	0.0288	0	40.88	0.00	1.18
4	TXL2－015	平原地区敷设埋式 24 芯光缆	千米条	0.032	5.88	26.88	0.19	0.86
5	TXL2－110	直埋部分塑料管保护	m	12	0.01	0.1	0.12	1.20
6	TXL1－003	管道光缆工程施工测量	百米	1.25	0.35	0.09	0.44	0.11

续表

序号	定额编号	项目名称	单位	数量	单位定额值(工日)		合计值(工日)	
					技工	普工	技工	普工
Ⅰ	Ⅱ	Ⅲ	Ⅳ	Ⅴ	Ⅵ	Ⅶ	Ⅷ	Ⅸ
7	TXL4-007	人工敷设塑料子管(4 孔)	km	0.125	7.13	12.96	0.89	1.62
8	TXL4-012	敷设管道光缆(24 芯以下)	千米条	0.125	6.83	13.08	0.85	1.64
9	TXL4-033	打人孔墙洞(砖砌人孔，3 孔管以下)	处	2	0.36	0.36	0.72	0.72
10	TXL4-043	安装引上钢管 Φ50 以下(杆上)	套	2	0.2	0.2	0.40	0.40
11	TXL4-050	穿放引上光缆	条	2	0.52	0.52	1.04	1.04
12	TXL3-054	夹板法安装 7/2.6 拉线	条	1	0.84	0.6	0.84	0.60
13	TXL6-009	光缆接续 24 芯	头	2	2.49	0	4.98	0.00
14	TXL6-073	40 km 以下 24 芯光缆中继段测试	中继段	1	2.58	0	2.58	0.00
15	TXL3-187	入库拆除挂钩法架设架空 24 芯光缆	千米条	0.373	4.417	3.591	1.65	1.34
16	TXL3-168	入库拆除平原地区水泥杆架设 7/2.2 吊线	千米条	0.373	1.8	1.95	0.67	0.73
17	TXL3-001	入库拆除 9 米以下水泥杆(综合土)	根	8	0.312	0.336	2.50	2.69
18	小计						18.48	14.15
19	合计(小计×1.15)						21.25	16.28

设计负责人：××× 审核：××× 编制：××× 编制日期：××××年××月

在表三甲填写过程中注意总工日小于 100 工日时要乘以系数 1.15。

表 6-35 建筑安装工程机械使用费 预 算表(表三)乙

工程名称：××线路优化工程 建设单位名称：××移动通信公司 表格编号：TXL-3 乙 第 全 页

序号	定额编号	项目名称	单位	数量	机械名称	单位定额值		合计值	
						消耗量(台班)	单 价(元)	消耗量(台班)	合 价(元)
Ⅰ	Ⅱ	Ⅲ	Ⅳ	Ⅴ	Ⅵ	Ⅶ	Ⅷ	Ⅸ	Ⅹ
1	TXL2-007	挖、夯填光(电)缆沟及接头坑(普通土)	百立方米	0.0288	夯实机	0.75	117	0.0216	2.53

续表

序号	定额编号	项目名称	单位	数量	机械名称	单位定额值		合计值	
						消耗量（台班）	单　价（元）	消耗量（台班）	合　价（元）
Ⅰ	Ⅱ	Ⅲ	Ⅳ	Ⅴ	Ⅵ	Ⅶ	Ⅷ	Ⅸ	Ⅹ
2	TXL6-009	光缆接续24芯	头	2	汽油发电机（10 kW）	0.15	202	0.3	60.60
3	TXL6-009	光缆接续24芯	头	2	光纤熔接机	0.3	144	0.6	86.40
4	TXL3-001	入库拆除9 m以下水泥杆（综合土）	根	8	汽车式起重机(5 t)	0.024	515	0.192	98.88
5		合计							248.41

设计负责人：××× 　审核：××× 　编制：××× 　编制日期：××××年××月

在表三乙填写过程中拆除工程机械台班定额要乘以系数0.6。

在填写表三丙时光缆单盘检验是单窗口测试，仪表台班量为定额值，且不进行偏振模色散测试，中继段测试需要进行偏振模色散测试。

表6-36　建筑安装工程仪表使用费_预_算表(表三)丙

工程名称：××线路优化工程　建设单位名称：××移动通信公司　表格编号：TXL-3丙　第 全 页

序号	定额编号	项目名称	单位	数量	仪表名称	单位定额值		合计值	
						消耗量（台班）	单价（元）	消耗量（台班）	合价（元）
Ⅰ	Ⅱ	Ⅲ	Ⅳ	Ⅴ	Ⅵ	Ⅶ	Ⅷ	Ⅸ	Ⅹ
1	TXL1-001	直埋光缆工程施工测量	百米	0.24	地下管线探测仪	0.05	157	0.01	1.88
2	TXL1-001	直埋光缆工程施工测量	百米	0.24	激光测距仪	0.04	119	0.01	1.14
3	TXL1-006	光缆单盘检验	芯盘	24	光时域反射仪	0.05	153	1.20	183.60
4	TXL1-003	管道光缆工程施工测量	百米	1.25	激光测距仪	0.04	119	0.05	5.95
5	TXL4-007	人工敷设塑料子管(4孔)	km	0.125	有毒有害气体检测仪	0.5	117	0.06	7.31

续表

序号	定额编号	项目名称	单位	数量	仪表名称	单位定额值		合计值	
						消耗量（台班）	单价（元）	消耗量（台班）	合价（元）
Ⅰ	Ⅱ	Ⅲ	Ⅳ	Ⅴ	Ⅵ	Ⅶ	Ⅷ	Ⅸ	Ⅹ
6	TXL4－007	人工敷设塑料子管(5 孔)	km	0.125	可燃气体检测仪	0.5	117	0.06	7.31
7	TXL4－012	敷设管道光缆（24 芯以下）	千米条	0.125	有毒有害气体检测仪	0.3	117	0.04	4.39
8	TXL4－012	敷设管道光缆（24 芯以下）	千米条	0.125	可燃气体检测仪	0.3	117	0.04	4.39
9	TXL6－009	光缆接续 24 芯	头	2	光时域反射仪	0.8	153	1.60	244.80
10	TXL6－073	40 km 以下 24 芯光缆中继段测试	中继段	1	光时域反射仪	0.42	153	0.42	64.26
11	TXL6－073	40 km 以下 24 芯光缆中继段测试	中继段	1	稳定光源	0.42	117	0.42	49.14
12	TXL6－073	40 km 以下 24 芯光缆中继段测试	中继段	1	光功率计	0.42	116	0.42	48.72
13	TXL6－073	40 km 以下 24 芯光缆中继段测试	中继段	1	偏振模色散测试仪	0.42	455	0.42	191.10
14	合计								814.00

设计负责人：××× 审核：××× 编制：××× 编制日期：××××年××月

在填写表四甲主材表时，应根据费用定额对材料进行分类(包括光缆、电缆、塑料及塑料制品、木材及木制品、水泥及水泥构件以及其他)，分开罗列，以便计算其运杂费。有关材料单价可以从表 6－33 查找。

依据以上统计的工程量列表，将其对应材料进行使用量统计，如表 6－37 所示。

表 6－37 工程主材用量统计表

序号	定额编号	项目名称	工程量	主材名称	规格型号	单位	定额量	使用量
1	TXL2－015	平原地区敷设埋式 24 芯光缆	0.032	光缆	24 芯	m	1005	32.16
2	TXL2－110	直埋部分塑料管保护	12	塑料管	Φ80～Φ100	m	1.01	12.12

续表一

序号	定额编号	项目名称	工程量	主材名称	规格型号	单位	定额量	使用量
3	TXL4－007	人工敷设 塑料子管(4孔)	0.125	聚乙烯塑料管		m	4080	510.00
4	TXL4－007	人工敷设 塑料子管(4孔)	0.125	固定堵头		个	24.3	3.04
5	TXL4－007	人工敷设 塑料子管(4孔)	0.125	塞子		个	98	12.25
6	TXL4－007	人工敷设 塑料子管(4孔)	0.125	镀锌铁线	Φ1.5	kg	3.05	0.38
7	TXL4－012	敷设管道光缆 (24芯以下)	0.125	聚乙烯 波纹管		m	26.7	3.34
8	TXL4－012	敷设管道光缆 (24芯以下)	0.125	胶带(PVC)		盘	52	6.50
9	TXL4－012	敷设管道光缆 (24芯以下)	0.125	镀锌铁线	Φ1.5	kg	3.05	0.38
10	TXL4－012	敷设管道光缆 (24芯以下)	0.125	光缆		m	1015	126.88
11	TXL4－012	敷设管道光缆 (24芯以下)	0.125	光缆托板		块	48.5	6.06
12	TXL4－012	敷设管道光缆 (24芯以下)	0.125	托板垫		块	48.5	6.06
13	TXL4－012	敷设管道光缆 (24芯以下)	0.125	余缆架		套	1	0.13
14	TXL4－012	敷设管道光缆 (24芯以下)	0.125	标志牌		个	10	1.25
15	TXL4－033	打人孔墙洞(砖砌 人孔，3孔管以下)	2	水泥 32.5		kg	5	10.00
16	TXL4－033	打人孔墙洞(砖砌 孔，3孔管以下)	2	中粗砂		kg	10	20.00
17	TXL4－043	安装引上钢管 Φ50以下(杆上)	2	管材(直)		根	1.01	2.02
18	TXL4－043	安装引上钢管 Φ50以下(杆上)	2	管材(弯)		根	1.01	2.02

续表二

序号	定额编号	项目名称	工程量	主材名称	规格型号	单位	定额量	使用量
19	TXL4-043	安装引上钢管 Φ50 以下(杆上)	2	镀锌铁线	Φ4.0	kg	1.2	2.40
20	TXL4-050	穿放引上光缆	2	光缆		m	6	12.00
21	TXL4-050	穿放引上光缆	2	镀锌铁线	Φ1.5	kg	0.1	0.20
22	TXL4-050	穿放引上光缆	2	聚乙烯塑料管		m	6	12.00
23	TXL3-054	夹板法安装 7/2.6 拉线	1	镀锌钢绞线	7/2.6	kg	3.8	3.80
24	TXL3-054	夹板法安装 7/2.6 拉线	1	镀锌铁线	Φ1.5	kg	0.04	0.04
25	TXL3-054	夹板法安装 7/2.6 拉线	1	镀锌铁线	Φ3.0	kg	0.55	0.55
26	TXL3-054	夹板法安装 7/2.6 拉线	1	镀锌铁线	Φ4.0	kg	0.22	0.22
27	TXL3-054	夹板法安装 7/2.6 拉线	1	地锚铁柄		套	1.01	1.01
28	TXL3-054	夹板法安装 7/2.6 拉线	1	水泥拉线盘		套	1.01	1.01
29	TXL3-054	夹板法安装 7/2.6 拉线	1	三眼双槽夹板		副	2.02	2.02
30	TXL3-054	夹板法安装 7/2.6 拉线	1	拉线衬环		个	2.02	2.02
31	TXL3-054	夹板法安装 7/2.6 拉线	1	拉线抱箍		套	1.01	1.01
32	TXL6-009	光缆接续 24 芯	2	光缆接续器材		套	1.01	2.02

要注意的是，在进行主材统计时，若定额子目表主要材料栏中材料定额量是带有括号的和以分数表示的，表示供系统设计选用，即可选可不选，应根据工程技术要求或工艺流程来决定；而以“*”号表示的是由设计确定其用量，即设计中要根据工程技术要求或工艺流程来决定其用量。

再根据费用定额有关主材的分类原则，将上述表 6-37 的同类项合并后就得到了表 6-38 所示的主材用量分类汇总表。

表 6-38　主材用量分类汇总表

序号	类　别	名　称	规格	单位	使用量
1	光缆	光缆	24 芯	m	171.04
2	塑料及塑料制品	塑料管	$\Phi80 \sim \Phi100$	m	12.12
3		聚乙烯塑料管		m	522.00
4		固定堵头		个	3.04
5		塞子		个	12.25
6		聚乙烯波纹管		m	3.34
7		胶带(PVC)		盘	6.50
8		托板垫		块	6.06
9	水泥及水泥构件	水泥 32.5		kg	10.00
10		中粗砂		kg	20.00
11		水泥拉线盘		套	1.01
12	其他	镀锌铁线	$\Phi1.5$	kg	1.00
13		光缆托板		块	6.06
14		余缆架		套	0.13
15		标志牌		个	1.25
16		管材(直)		根	2.02
17		管材(弯)		根	2.02
18		镀锌铁线	$\Phi4.0$	kg	2.62
19		镀锌铁线	$\Phi3.0$	kg	0.55
20		镀锌钢绞线	7/2.6	kg	3.80
21		地锚铁柄		套	1.01
22		三眼双槽夹板		副	2.02
23		拉线衬环		个	2.02
24		拉线抱箍		套	1.01
25		光缆接续器材		套	2.02

每种材料的分类统计可用 SUMIF 函数。

将表 6-38 主材用量分类填入预算表格表四甲中，并根据国内配套主材运距均为 200 km，查找各类材料的运杂费的费率，完成国内器材预算表，如表 6-39 所示，其中增值税＝除税价×17%，含税价＝除税价＋增值税。

表6-39 国内器材 预 算表(表四)甲

(主要材料)表

工程名称：××线路优化工程　　建设单位名称：××移动通信公司　　表格编号：TXL-4甲A　　第 全 页

序号	名称	规格程式	单位	数量	单价(元)	合计(元)			备注
					除税价	除税价	增值税	含税价	
Ⅰ	Ⅱ	Ⅲ	Ⅳ	Ⅴ	Ⅵ	Ⅶ	Ⅷ	Ⅸ	Ⅹ
1	光缆	24芯	m	171.04	3.5	598.62	101.77	700.39	光缆
	光缆类小计1					598.62	101.77	700.39	
	运杂费(小计1×1.5%)					8.98	1.53	10.51	
	运输保险费(小计1×0.1%)					0.60	0.10	0.70	
	采购保管费(小计1×1.1%)					6.58	1.12	7.70	
	光缆类合计1					614.79	104.51	719.30	
2	塑料管	Φ80～Φ100	m	12.12	20	242.40	41.21	283.61	塑料及塑料制品
3	聚乙烯塑料管		m	522.00	30	15 660.00	2662.20	18 322.20	
4	固定堵头		个	3.04	34	103.28	17.56	120.83	
5	塞子		个	12.25	25	306.25	52.06	358.31	
6	聚乙烯波纹管		m	3.34	3.3	11.01	1.87	12.89	
7	胶带(PVC)		盘	6.50	1.43	9.30	1.58	10.88	
8	托板垫		块	6.06	6.8	41.23	7.01	48.23	
	塑料类小计2					16 373.46	2783.49	191 56.95	
	运杂费(小计2×4.8%)					785.93	133.61	919.53	
	运输保险费(小计2×0.1%)					16.37	2.78	19.16	
	采购保管费(小计2×1.1%)					180.11	30.62	210.73	
	塑料类合计2					17 355.87	2950.50	20 306.36	
9	水泥32.5		kg	10.00	0.33	3.30	0.56	3.86	水泥及水泥构件
10	中粗砂		kg	20.00	0.05	1.00	0.17	1.17	
11	水泥拉线盘		套	1.01	45	45.45	7.73	53.18	
	水泥及水泥构件类小计3					49.75	8.46	58.21	
	运杂费(小计3×20%)					9.95	1.69	11.64	
	运输保险费(小计3×0.1%)					0.05	0.01	0.06	
	采购保管费(小计3×1.1%)					0.55	0.09	0.64	
	水泥及水泥构件类合计3					60.30	10.25	70.55	
12	镀锌铁线	Φ1.5	kg	1.0025	6.8	6.82	1.16	7.98	其他
13	光缆托板		块	6.06	6.5	39.41	6.70	46.11	

续表

序号	名称	规格程式	单位	数量	单价(元)	合计(元)			备注
					除税价	除税价	增值税	含税价	
Ⅰ	Ⅱ	Ⅲ	Ⅳ	Ⅴ	Ⅵ	Ⅶ	Ⅷ	Ⅸ	Ⅹ
14	余缆架		套	0.13	52	6.50	1.11	7.61	
15	标志牌		个	1.25	1	1.25	0.21	1.46	
16	管材(直)		根	2.02	5.05	10.20	1.73	11.94	
17	管材(弯)		根	2.02	5.05	10.20	1.73	11.94	
18	镀锌铁线	Φ4.0	kg	2.62	7.73	20.25	3.44	23.70	
19	镀锌铁线	Φ3.0	kg	0.55	7.73	4.25	0.72	4.97	
20	镀锌钢绞线	7/2.6	kg	3.80	35	133.00	22.61	155.61	
21	地锚铁柄		套	1.01	22	22.22	3.78	26.00	
22	三眼双槽夹板		副	2.02	11	22.22	3.78	26.00	其他
23	拉线衬环		个	2.02	1.56	3.15	0.54	3.69	
24	拉线抱箍		套	1.01	10.8	10.91	1.85	12.76	
25	光缆接续器材		套	2.02	4.3	8.69	1.48	10.16	
	其他类小计 4					299.06	50.84	349.91	
	运杂费(小计 4×4.0%)					11.96	2.03	14.00	
	运输保险费(小计 4×0.1%)					0.30	0.05	0.35	
	采购保管费(小计 4×1.1%)					3.29	0.56	3.85	
	其他类合计 4					314.62	53.48	368.10	
	总计(合计 1+合计 2+合计 3+合计 4)					18 345.56	3118.75	21 464.31	

设计负责人：××× 审核：××× 编制：××× 编制日期：××××年××月

2）表二和表五甲的填写

(1) 填写预算表格表二。

填写预算表格表二时，应严格按照题中给定的各项工程建设条件，确定每项费用的费率及计费基础，和使用预算定额一样，必须时刻注意费用定额中的有关特殊情况的注解和说明，同时填写在表二中“依据和计算方法”一栏。

① 本工程施工企业驻地距施工现场 120 km，所以临时设施费费率为 5%，施工队伍调遣费定额为 174 元，不计取特殊地区施工增加费。

② 工程所在地为江苏省平原郊区地区，为非特殊地区，所以特殊地区施工增加费为 0 元；冬雨季施工增加费费率为 1.8%。

③ 工程地点位于郊区，所以不计取工程干扰费及夜间施工增加费。

④ 本工程预算内不计列施工用水、电、蒸汽费，运土费，工程排污费。

⑤ 因本工程为建筑方提供主材，所以无甲供材料，销项税额＝建安工程费(除税价)×11%＝27 279.49×11%＝3000.74 元。

⑥ 建安工程费含税价＝建安工程费除税价＋销项税额＝27 279.49＋3000.74＝30 280.23元。

由此完成的建筑安装工程费用预算表如表 6－40 所示。

表6-40 建筑安装工程费用 预 算表(表二)

工程名称：××线路优化工程　建设单位名称：××移动通信公司　编号：TXL-2　第 全 页

序号	费用名称	依据和计算方法	合计(元)	序号	费用名称	依据和计算方法	合计(元)
Ⅰ	Ⅱ	Ⅲ	Ⅳ	Ⅰ	Ⅱ	Ⅲ	Ⅳ
	建安工程费(含税价)	一+二+三+四	30 280.23	7	夜间施工增加费	不计	0.00
	建安工程费(除税价)	一+二+三	27 279.49	8	冬雨季施工增加费	人工费×1.8%	53.46
一	直接费	(一)+(二)	24 871.05	9	生产工具用具使用费	人工费×1.5%	44.55
(一)	直接工程费	1+2+3+4	22 433.08	10	施工用水、电、蒸汽费	不计	0.00
1	人工费	(1)+(2)	2970.08	11	特殊地区施工增加费	总工日×特殊地区补贴金额	0.00
(1)	技工费	技工工日×114元/工日	2106.72	12	已完工程及设备保护费	人工费×2%	59.40
(2)	普工费	普工工日×61元/工日	863.36	13	运土费	不计	0.00
2	材料费	(1)+(2)	18 400.60	14	施工队伍调遣费	单程调遣定额×调遣人数×2	1740.00
(1)	主要材料费	主要材料表	18 345.56	15	大型施工机械调遣费	调遣车运价×调遣运距×2	0.00
(2)	辅助材料费	主要材料费×0.3%	55.04	二	间接费	(一)+(二)	1814.42
3	机械使用费	表三乙	248.41	(一)	规费	1+2+3+4	1000.62
4	仪表使用费	表三丙	814.00	1	工程排污费	不计	0.00
(二)	措施项目费	1+2+3+…+15	2437.97	2	社会保障费	人工费×28.5%	846.47
1	文明施工费	人工费×1.5%	44.55	3	住房公积金	人工费×4.19%	124.45
2	工地器材搬运费	人工费×3.4%	100.98	4	危险作业意外伤害保险费	人工费×1%	29.70
3	工程干扰费	不计	0.00	(二)	企业管理费	人工费×27.4%	813.80
4	工程点交、场地清理费	人工费×3.3%	98.01	三	利润	人工费×20%	594.02
5	临时设施费	人工费×5%	148.50	四	销项税额	建安工程费(除税价)×适用税率	3000.74
6	工程车辆使用费	人工费×5%	148.50				

设计负责人：×××　审核：×××　编制：×××　编制日期：××××年××月

(2) 填写预算表格表五甲。

① 由已知条件可知，安全生产费以建筑安装工程费为计费基础，相应费率为1.5%。即

安全生产费(除税价)=建筑安装工程费×1.5%=27 279.49×1.5%≈409.19 元；

安全生产费(增值税)=409.19×11%≈45.01 元；

安全生产费(含税价)=安全生产费(除税价)+安全生产费(增值税)=409.19+45.01=454.20 元。

② 本工程勘察设计费(除税价)为 2000 元；

勘察设计费的增值税=2000×6%=120.00 元；

勘察设计费(含税价)=2000+120=2120 元。

③ 本工程监理费(除税价)为 1500 元；

监理费的增值税=1500×6%=90 元；

监理费(含税价)=1500+90.00=1590.00 元。

④ 本工程不计取建设用地及综合赔补费、项目建设管理费、可行性研究费、研究试验费、环境影响评价费、工程保险费、工程招标代理费、其他费用。

由此完成的工程建设其他费预算如表 6-41 所示。

表 6-41 工程建设其他费__预__算表(表五)甲

工程名称：××线路优化工程　　建设单位名称：××移动通信公司　　表格编号：TXL-5 甲　　第 全 页

序号	费用名称	计算依据及方法	金额(元)			备注
			除税价	增值税	含税价	
Ⅰ	Ⅱ	Ⅲ	Ⅳ	Ⅴ	Ⅵ	Ⅶ
1	建设用地及综合赔补费	不计	0.00	0.00	0.00	
2	项目建设管理费	不计	0.00	0.00	0.00	
3	可行性研究费	不计	0.00	0.00	0.00	
4	研究试验费	不计	0.00	0.00	0.00	
5	勘察设计费	已知条件	2000.00	120.00	2120.00	
6	环境影响评价费	不计	0.00	0.00	0.00	
7	建设工程监理费	已知条件	1500.00	90.00	1590.00	
8	安全生产费	建筑安装工程费(除税价)×1.5%	409.19	45.01	454.20	
9	引进技术及进口设备其他费	不计	0.00	0.00	0.00	
10	工程保险费	不计	0.00	0.00	0.00	
11	工程招标代理费	不计	0.00	0.00	0.00	
12	专利及专用技术使用费	不计	0.00	0.00	0.00	
13	其他费用	不计	0.00	0.00	0.00	
	总计		3909.19	255.01	4164.20	
14	生产准备及开办费(运营费)	不计	0.00	0.00	0.00	

设计负责人：×××　　审核：×××　　编制：×××　　编制日期：××××年××月

3）表一的填写

本工程要求编制一阶段设计的施工图预算，所以计取预备费，且基本预备费费率为4%。其中建安费的增值税来自于表二的销项税额，工程建设其他费的增值税来自于表五的增值税列，预备费的增值税＝预备费除税价×17%＝1247.55×17%＝212.08 元。填写后的工程预算总表如表 6－42 所示。

表 6－42　工程预算总表(表一)

建设项目名称：××线路优化工程

项目名称：××线路优化工程　　建设单位名称：××移动通信公司　　表格编号：TXL－1　　第全页

序号	表格编号	费用名称	小型建筑工程费	需要安装的设备费	不需要安装的设备、工器具费	建筑安装工程费	其他费用	预备费	总价值			
			（元）						除税价	增值税	含税价	其中外币
Ⅰ	Ⅱ	Ⅲ	Ⅳ	Ⅴ	Ⅵ	Ⅶ	Ⅷ	Ⅸ	Ⅹ	Ⅺ	Ⅻ	XIII
1	TXL－2	建筑安装工程费				27 279.49			2 7279.49	3000.74	30 280.23	
2	TXL－5 甲	工程建设其他费					3909.19		3909.19	255.01	4164.20	
3		合计				27 279.49	3909.19		31 188.68	3255.75	34 444.43	
4		预备费						1247.55	1247.55	212.08	1459.63	
5		建设期利息							0	0	0	
6		总计							32 436.23	3467.83	35 904.06	
		其中回收费用							0	0	0	

设计负责人：×××　　审核：×××　　编制：×××　　编制日期：××××年××月

3. 撰写预算编制说明

1）工程概况

本设计为××线路优化单项工程一阶段设计，其中优化后的直埋长度为 12 米，管道线路路由长度 125 米，拆除架空光缆线路 373 米，预算总价值为 35 904.06 元。

2）编制依据及有关费用费率的计取

① 工信部通信[2016]451 号《关于印发信息通信建设工程预算定额、工程费用定额及工程概预算编制规程的通知》。

②《信息通信建设工程预算定额》手册第四册《通信线路工程》。

③ 建筑方提供的材料报价。

④ 工程勘察设计费(除税价)为 2000 元，监理费(除税价)为 1500 元。

⑤ 工程预算内不计列施工用水、电、蒸汽费，运土费，工程排污费，建设用地及综合赔补费，项目建设管理费，可行性研究费，研究试验费，环境影响评价费，工程保险费，工程招标代理费，其他费用，生产准备及开办费，建设期利息。

3) 工程技术经济指标分析

本工程总投资为 35 904.06 元，其中建筑安装工程费为 30 280.23 元，工程建设其他费为 4164.20 元，预备费为 1459.63 元。各部分费用所占比例如表 6-43 所示。

表 6-43 工程技术经济指标分析表

工程项目名称：××线路优化工程				
序号	项 目	单位	经济指标分析	
			数量	指标(%)
1	工程总投资(预算)	元	35 904.06	100
2	其中：需要安装的设备费用	元	0	0
3	建筑安装工程费	元	30 280.23	84.34
4	预备费	元	1459.63	4.06
5	工程建设其他费	元	4164.20	11.60

6.5 ××GSM 移动基站设备安装工程施工图预算编制

6.5.1 案例描述

本工程是××GSM 移动基站设备安装工程，采用一阶段设计，平面布置示意图如图6-6 所示。该基站位于六楼，本次工程新建落地式 BTS、环境监控箱、防雷器、馈线窗等设施，从 BTS 布放射频同轴电缆至天线。

(1) 本工程建设单位为甘肃××市移动分公司，工地位于城区，施工环境正常。室外施工部分工程量占总工程的一半。

(2) 施工企业距离工程所在地约 100 km。

(3) 所有设备价格均为到达基站机房或天面的预算价格，国内配套主材运距为 200 km。

(4) 本工程的设备、材料价格如表 6-44、表 6-45 所示。

表 6-44 设备价格表

序号	名 称	规格型号	单位	除税价(元)	增值税(元)
1	基站设备	华为 BTS	架	60 000	10 200
2	环境监控箱		个	3000	510
3	防雷器		个	1600	272
4	馈线窗		个	1000	170
5	定向天线	18 dBi(65 度)	副	6000	1020

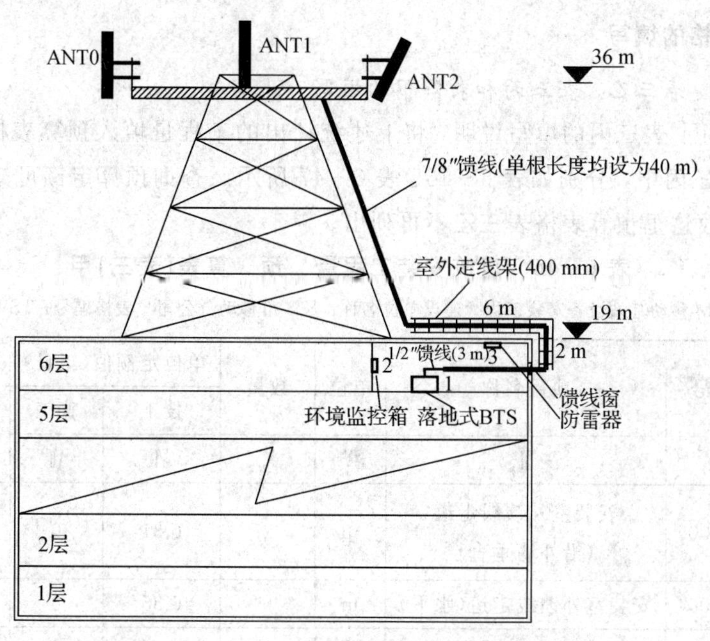

图 6－6　××GSM 移动基站平面布置示意图

表 6－45　主要材料价格表

序号	名　称	规格型号	单位	除税价(元)	增值税(元)
1	室外走线架	400 mm	米	280	47.6
2	馈线	1/2″(3 m)	条	18	3.06
3	馈线	7/8″	米	36	6.12
4	馈线卡子	7/8″	套	28	4.76
5	馈线卡子	1/2″	套	12	2.04
6	膨胀螺栓	M12×80	套	8	1.36
7	膨胀螺栓	M10×40	套	3	0.51
8	膨胀螺栓	M10×80	套	5	0.85
9	室外馈线走道固定件		套	10	1.7

(5) 本工程施工用水、电、蒸汽费为除税价 1000 元，不计取已完工程及设备保护费、建设用地及综合赔补费、项目建设管理费、可行性研究费、研究试验费、环境影响评价费、工程保险费、工程招标代理费、专利及专用技术使用费、其他费、生产准备及开办费等费用。

(6) 本工程勘察设计费除税价为 10 000 元，施工阶段委托监理公司监理，监理费按工程费的 2.5%计取。

(7) 要求手工编制施工图预算，并撰写编制说明。

6.5.2　案例分析

1. 工程量统计

详见 3.4.2 小节。

2. 预算表格的填写

1）表三甲、表三乙、表三丙和表四甲的填写

按照表三甲、表三丙的填写说明，将上述统计出的工程量填入预算表格表三甲中，仪表信息填入表三丙中，分别如表6-46、表6-47所示。查询预算定额可知该工程未涉及机械使用费，故这里预算表格表三乙不再列出。

表6-46 建筑安装工程量 预 算表(表三)甲

工程名称：××GSM移动基站设备安装工程 建设单位名称：××市移动分公司 表格编号：TSW-3甲 第 全 页

序号	定额编号	项目名称	单位	数量	单位定额值(工日)		合计值(工日)	
					技工	普工	技工	普工
Ⅰ	Ⅱ	Ⅲ	Ⅳ	Ⅴ	Ⅵ	Ⅶ	Ⅷ	Ⅸ
1	TSW1-005	安装室外馈线走道(沿外墙垂直)	m	2	0.31	0	0.62	0
2	TSW1-004	安装室外馈线走道(水平)	m	6	0.35	0	2.1	0
3	TSW2-050	安装基站主设备(室内落地式)	架	1	5.92	0	5.92	0
4	TSD4-012	安装壁挂式外围告警监控箱	个	1	1.5	0	1.5	0
5	TSW1-032	安装防雷器	个	1	0.25	0	0.25	0
6	TSW1-082	安装馈线密封窗	个	1	1.42	0	1.42	0
7	TSW2-074	GSM基站系统调测(6个载频以下)	站	1	12.64	0	12.64	0
8	TSW2-009	楼顶铁塔上安装定向天线(20 m以下)	副	3	5.7	0	17.1	0
9	TSW2-029	布放射频同轴电缆7/8″以下(布放10 m以下)	条	6	0.98	0	5.88	0
10	TSW2-030	布放射频同轴电缆7/8″以下(每增加1 m)	米条	180	0.06	0	10.8	0
11	TSW2-027	布放射频同轴电缆1/2″以下(4 m以下)	条	12	0.2	0	2.4	0
12	TSW2-045	基站天、馈线系统调测	条	6	1.1	0	6.6	0
13	TSW2-091	2G基站联网调测(定向天线站)	扇区	3	5.62	0	16.86	0
14		合计					84.09	0

设计负责人：××× 审核：××× 编制：××× 编制日期：××××年××月

表6－47　建筑安装工程仪表使用费 预 算表(表三)丙

工程名称：××GSM移动基站设备安装工程　建设单位名称：××市移动分公司　表格编号：TSW－3丙　第全页

序号	定额编号	项目名称	单位	数量	仪表名称	单位定额值		合计值	
						消耗量（台班）	单价（元）	消耗量（台班）	合价（元）
Ⅰ	Ⅱ	Ⅲ	Ⅳ	Ⅴ	Ⅵ	Ⅶ	Ⅷ	Ⅸ	Ⅹ
1	TSW2－074	GSM基站系统调测(6个载频以下)	站	1	误码测试仪	1.2	420	1.2	504
2	TSW2－074	GSM基站系统调测(6个载频以下)	站	1	操作测试终端(电脑)	1.2	125	1.2	150
3	TSW2－074	GSM基站系统调测(6个载频以下)	站	1	射频功率计	1.2	147	1.2	176.4
4	TSW2－074	GSM基站系统调测(6个载频以下)	站	1	微波频率计	1.2	140	1.2	168
5	TSW2－045	基站天、馈线，系统调测	条	6	操作测试终端(电脑)	0.14	125	0.84	105
6	TSW2－045	基站天、馈线系统调测	条	6	天、馈线测试仪	0.14	140	0.84	117.6
7	TSW2－045	基站天、馈线系统调测	条	6	互调测试仪	0.14	310	0.84	260.4
8	TSW2－091	GSM基站联网调测(定向天线站)	扇区	3	操作测试终端(电脑)	0.14	125	0.42	52.5
9	TSW2－091	GSM基站联网调测(定向天线站)	扇区	3	射频功率计	0.14	147	0.42	61.74
10	TSW2－091	GSM基站联网调测(定向天线站)	扇区	3	移动路测系统	0.14	428	0.42	179.76
11		合计							1775.4

设计负责人：×××　审核：×××　编制：×××　编制日期：××××年××月

在填写表四甲主材表时，应根据费用定额对材料进行分类(包括光缆、电缆、塑料及塑料制品、木材及木制品、水泥及水泥构件以及其他)，分开罗列，以便计算其运杂费。有关材料单价可以从表6－45中查找。

依据以上统计的工程量列表，将其对应材料进行统计，如表6－48所示。

表 6-48 工程主材用量统计表

序号	定额编号	项目名称	工程量	主材名称	规格型号	单位	定额量	使用量
1	TSW1-005	安装室外馈线走道(沿外墙垂直)	2	室外馈线走道		m	1.01	2.02
2	TSW1-005	安装室外馈线走道(沿外墙垂直)	2	室外馈线走道固定件		套	2	4
3	TSW1-004	安装室外馈线走道(水平)	6	室外馈线走道		m	1.01	6.06
4	TSW1-004	安装室外馈线走道(水平)	6	室外馈线走道固定件		套	2	12
5	TSW1-032	安装防雷器	1	螺栓	M10×40	套	4.04	4.04
6	TSW2-050	安装基站主设备(室内落地式)	1	膨胀螺栓	M12×80	套	4.04	4.04
7	TSD4-012	安装壁挂式外围告警监控箱	1	膨胀螺栓	M10×80	套	4.04	4.04
8	TSW1-082	安装馈线密封窗	1	螺栓	M10×40	套	6.06	6.06
9	TSW2-029	布放射频同轴电缆7/8″以下(布放10 m)	6	射频同轴电缆7/8″以下	7/8″	m	10	60
			6	7/8″以下馈线卡子	7/8″	套	9.6	57.6
10	TSW2-030	布放射频同轴电缆7/8″以下(每增加1 m)	180	射频同轴电缆7/8″以下	7/8″	m	1	180
			180	7/8″以下馈线卡子	7/8″	套	0.86	154.8
11	TSW2-027	布放射频同轴电缆1/2″以下(4 m以下)	12	射频同轴电缆1/2″以下	1/2″	m	3	36(实际用量)
				1/2″以下馈线卡子	1/2″	套	3	36(实际用量)

根据费用定额有关主材的分类原则，将上述表6-48的同类项合并后就得到了表6-49所示的主材用量分类汇总表。

表 6-49 主材用量分类汇总表

序号	类别	名 称	规格	单位	使用量
1	电缆	射频同轴电缆7/8″以下	7/8″	m	240(实际用量)
2		射频同轴电缆1/2″以下	1/2″	m	36(实际用量)

续表

序号	类别	名　称	规格	单位	使用量
3		室外馈线走道	400 mm	m	2.02＋6.06＝8.08
4		膨胀螺栓	M12×80	套	4.04
5		膨胀螺栓	M10×80	套	4.04
6	其他	螺栓	M10×40	套	6.06＋4.04＝10.1
7		7/8″以下馈线卡子	7/8″	套	57.6＋154.8＝212.4
8		1/2″以下馈线卡子	1/2″	套	36(实际用量)
9		室外馈线走道固定件		套	16

将表 6－49 所示的主材用量填入预算表格表四甲主材表中，并填写国内需要安装的设备表，分别如表 6－50 和表 6－51 所示。

表 6－50　国内器材<u>　预　</u>算表(表四)甲

(主要材料)表

工程名称：××GSM 移动基站设备安装工程　建设单位名称：××市移动分公司　表格编号：TSW－4 甲 A　第 全 页

序号	名　称	规格程式	单位	数量	单价(元)	合计(元)			备注
					除税价	除税价	增值税	含税价	
Ⅰ	Ⅱ	Ⅲ	Ⅳ	Ⅴ	Ⅵ	Ⅶ	Ⅷ	Ⅸ	Ⅹ
1	射频同轴电缆 7/8″以下	7/8″	m	240	36	8640	1468.80	10 108.80	
2	射频同轴电缆 1/2″以下	1/2″	3m	36	18	648	110.16	758.16	
(1) 小计 1						9288	1578.96	10 866.96	
(2) 运杂费：小计 1×1.1%						102.168	17.37	119.54	电缆
(3) 运输保险费：小计 1×0.1%						9.288	1.58	10.87	
(4) 采购保管费：小计 1×1%						92.88	15.79	108.67	
(5)合计 1					9492.34	1613.70	11 106.04		
3	室外馈线走道	400 mm	m	8.08	280	2262.4	384.61	2647.01	
4	膨胀螺栓	M12×80	套	4.04	8	32.32	5.49	37.81	
5	膨胀螺栓	M10×80	套	4.04	5	20.2	3.43	23.63	
6	螺栓	M10×40	套	10.1	3	30.3	5.15	35.45	
7	7/8″以下馈线卡子	7/8″	套	212.4	28	5947.2	1011.02	6958.22	其他
8	1/2″以下馈线卡子	1/2″	套	36	12	432	73.44	505.44	
9	室外馈线走道固定件		套	16	10	160	27.2	187.2	
(1) 小计 2						8884.42	1510.35	10 394.77	
(2) 运杂费：小计 2×4%						355.38	60.41	415.79	
(3) 运输保险费：小计 2×0.1%						8.88	1.51	10.39	

续表

序号	名　称	规格程式	单位	数量	单价(元)	合计(元)			备注
					除税价	除税价	增值税	含税价	
Ⅰ	Ⅱ	Ⅲ	Ⅳ	Ⅴ	Ⅵ	Ⅶ	Ⅷ	Ⅸ	Ⅹ
(4) 采购保管费：小计 2×1%						88.84	15.10	103.95	其他
(5) 合计 2						9337.53	1587.38	10 924.91	
总计：合计 1＋合计 2						18 829.87	3201.08	22 030.95	

设计负责人：×××　　审核：×××　　编制：×××　　　　编制日期：××××年××月

表 6－51　国内器材　预　算表(表四)甲

(需要安装的设备)表

工程名称：××GSM 移动基站设备安装工程　建设单位名称：××市移动分公司　表格编号：TSW－4 甲 B　第 全 页

序号	名　称	规格程式	单位	数量	单价(元)	合计(元)			备注
					除税价	除税价	增值税	含税价	
Ⅰ	Ⅱ	Ⅲ	Ⅳ	Ⅴ	Ⅵ	Ⅶ	Ⅷ	Ⅸ	Ⅹ
1	基站设备	华为 BTS	架	1	60 000	60 000	10 200	70 200	
2	定向天线	18 dBi(65 度)	副	3	6000	18 000	3060	21 060	
3	防雷器		个	1	1600	1600	272	1872	
4	馈线窗		个	1	1000	1000	170	1170	
5	环境监控箱		个	1	3000	3000	510	3510	
6	合计					83 600	14 212	97 812	

设计负责人：×××　　审核：×××　　编制：×××　　　　编制日期：××××年××月

2) 表二和表五甲的填写

(1) 填写预算表格表二。

填写预算表格表二时，应严格按照题中给定的各项工程建设条件，确定每项费用的费率及计费基础，和使用预算定额一样，必须时刻注意费用定额中的有关特殊情况的注解和说明，同时填写在表二中“依据和计算方法”一栏。

① 因施工企业距工程所在地距离为 100 km，所以临时设施费费率为 7.6%。

② 题中已知条件给定不计取工程干扰费、已完工程及设备保护费等费用。

③ 本工程无大型施工机械，所以无大型施工机械调遣费，同时工程施工地为城区，施工环境正常，所以无特殊地区施工增加费。

④ 施工用水、电、蒸汽费给定为除税价 1000 元，直接填入即可。

⑤ 本工程建设单位为甘肃××市移动分公司，室外施工部分约为总工程的一半，故计取冬雨季施工增加费时按Ⅰ类地区费率计算，且通信设备安装工程只计取室外部分。

填写完的建筑安装工程费用预算表如表 6－52 所示。

表 6－52　建筑安装工程费用　预　算表(表二)

工程名称：××GSM移动基站设备安装工程　　建设单位名称：××市移动分公司　　表格编号：TSW－2　第 全 页

序号	费用名称	依据和计算方法	合计(元)	序号	费用名称	依据和计算方法	合计(元)
Ⅰ	Ⅱ	Ⅲ	Ⅳ	Ⅰ	Ⅱ	Ⅲ	Ⅳ
	建安工程费(含税价)	一＋二＋三＋四	48 209.91	7	夜间施工增加费	人工费×2.1％	201.31
	建安工程费(除税价)	一＋二＋三	43 432.35	8	冬雨季施工增加费	人工费×3.6％×50％	172.55
一	直接费	(一)＋(二)	35 658.85	9	生产工具用具使用费	人工费×0.8％	76.69
(一)	直接工程费	1＋2＋3＋4	30 756.43	10	施工用水、电、蒸汽费	给定	1000.00
1	人工费	(1)＋(2)	9586.26	11	特殊地区施工增加费	不计	0.00
(1)	技工费	技工总工日×技工单价	9586.26	12	已完工程及设备保护费	不计	0.00
(2)	普工费	普工总工日×普工单价	0.00	13	运土费	不计	0.00
2	材料费	(1)＋(2)	19 394.77	14	施工队伍调遣费	141×5×2	1410.00
(1)	主要材料费	表四甲主材表	18 829.87	15	大型施工机械调遣费	不计	0.00
(2)	辅助材料费	主要材料费×3％	564.90	二	间接费	(一)＋(二)	5856.25
3	机械使用费	表三乙	0.00	(一)	规费	1＋2＋3＋4	3229.61
4	仪表使用费	表三丙	1775.4	1	工程排污费	不计	0.00
(二)	措施项目费	1＋2＋…＋15	4902.43	2	社会保障费	人工费×28.5％	2732.08
1	文明施工费	人工费×1.1％	105.45	3	住房公积金	人工费×4.19％	401.66
2	工地器材搬运费	人工费×1.1％	105.45	4	危险作业意外伤害保险费	人工费×1％	95.86
3	工程干扰费	人工费×4％	383.45	(二)	企业管理费	人工费×27.4％	2626.64
4	工程点交、场地清理费	人工费×2.5％	239.66	三	利润	人工费×20％	1917.25
5	临时设施费	人工费×7.6％	728.56	四	销项税额	建安费×11％	4777.56
6	工程车辆使用费	人工费×5％	479.31				

设计负责人：×××　　审核：×××　　编制：×××　　编制日期：××××年××月

(2) 填写预算表格表五甲。

① 由已知条件可知，表五中仅计取勘察设计费、建设工程监理费、安全生产费，其他费用不计取。

② 勘察设计费：已知勘察设计费给定为除税价 10 000 元，按规定增值税率为 6%，则

勘察设计费含税价＝勘察设计费除税价×(1＋6%)＝10 600 元

③ 建设工程监理费：

建设工程监理费除税价＝工程费除税价×2.5%＝3175.81 元

监理费含税价＝工程监理费除税价×(1＋6%)＝3366.36 元

④ 安全生产费：

安全生产费(除税价)＝建安费(除税价)×1.5%≈651.49 元

安全生产费(含税价)＝安全生产费(除税价)×(1＋11%)≈723.15 元

填写完的表五甲如表 6－53 所示。

表 6－53　工程建设其他费 预 算表(表五)甲

工程名称：××GSM 移动基站设备安装工程　建设单位名称：××市移动分公司　表格编号：TSW－5 甲　第 全 页

序号	费用名称	计算依据及方法	金额(元)			备　注
			除税价	增值税	含税价	
Ⅰ	Ⅱ	Ⅲ	Ⅳ	Ⅴ	Ⅵ	Ⅶ
1	建设用地及综合赔补费	不计	0.00	0.00	0	
2	项目建设管理费	不计	0.00	0.00	0	
3	可行性研究费	不计	0.00	0.00	0	
4	研究试验费	不计	0.00	0.00	0	
5	勘察设计费	给定	10 000.00	600.00	10 600.00	
6	环境影响评价费	不计	0.00	0.00	0.00	
7	建设工程监理费	工程费×2.5%	3175.81	190.55	3366.36	
8	安全生产费	建安费(除税价)×1.5%	651.49	71.66	723.15	
9	引进技术及进口设备其他费	不计	0.00	0.00	0.00	
10	工程保险费	不计	0.00	0.00	0.00	
11	工程招标代理费	不计	0.00	0.00	0.00	
12	专利及专用技术使用费	不计	0.00	0.00	0.00	
13	其他费用	不计	0.00	0.00	0.00	
	总计		13 827.3	862.21	14 689.51	
14	生产准备及开办费（运营费）	不计				

设计负责人：×××　审核：×××　编制：×××　编制日期：××××年××月

3）表一的填写

本工程为一阶段设计，故需计取预备费。由预备费费率表知通信设备安装工程预备费费率为 3%，因此预备费=（工程费+工程建设其他费）×3%，式中费用均为除税价。预备费增值税税率按 17%计算。

填写后的工程预算总表如表 6-54 所示。

表 6-54　工程　预　算总表(表一)

工程名称：××GSM 移动基站设备安装工程

工程名称：××GSM 移动基站设备安装工程　建设单位名称：××市移动分公司　表格编号：TSW-1　第 全 页

序号	表格编号	费用名称	小型建筑工程费	需要安装的设备费	不需要安装的设备、工器具费	建筑安装工程费	其他费用	预备费	总价值			
			(元)						除税价	增值税	含税价	其中外币
Ⅰ	Ⅱ	Ⅲ	Ⅳ	Ⅴ	Ⅵ	Ⅶ	Ⅷ	Ⅸ	Ⅹ	Ⅺ	Ⅻ	XIII
1	TSW-4甲B TSW-2	工程费		83 600		43 432.35			127 032.35	18 989.56	146 021.91	
2	TSW-5	工程建设其他费					13 827.29		13 827.3	862.21	14 689.51	
3		合计							140 859.65	19 851.77	160 711.42	
4		预备费						4225.79	4225.79	718.38	4944.17	
5		建设期利息							0	0	0	
6		总计							145 085.44	20 570.15	165 655.59	
		其中回收费用							0	0	0	

设计负责人：×××　　审核：×××　　编制：×××　　编制日期：××××年××月

3. 撰写预算编制说明

1）工程概况

本工程为××GSM 移动基站设备安装工程，主要工程量有安装落地式基站设备 1 架、安装壁挂式外围告警监控箱 1 个、安装馈线密封窗 1 个等。本工程主要用于 GSM 数字移动通信网×××基站覆盖。工程总投资为 165 655.59 元。

2）编制依据及有关费用费率的计取

(1) 工信部[2016]451 号《关于印发信息通信建设工程概预算定额、工程费用定额及工程概预算编制规程通知》。

(2)《通信建设工程预算定额》手册第一册《通信电源设备安装工程》和第三册《无线通信设备安装工程》。

(3) 中国移动××市分公司工程设计委托书以及提供的材料报价。

(4) 本工程施工用水、电、蒸汽费为除税价1000元，不计取工程干扰费、已完工程及设备保护费、建设用地及综合赔补费、项目建设管理费、可行性研究费、研究试验费、环境影响评价费、工程保险费、工程招标代理费、专利及专用技术使用费、其他费、生产准备及开办费等费用。

(5) 工程勘察设计费除税价为10 000元，施工阶段委托监理公司监理，监理费按工程费的2.5%计取。

3) 工程技术经济指标分析(按含税价分析)

本工程总投资为165 655.59元，其中建筑安装工程费为48 209.91元，设备购置费为97 812元，工程建设其他费为14 689.51元，预备费为4944.17元。各部分费用所占比例如表6-55所示。

表6-55 工程技术经济指标分析表

工程项目名称：××GSM移动基站设备安装工程				
序 号	项 目	单 位	经济指标分析	
			数 量	指标(%)
1	工程总投资(预算)	元	165 655.59	100
2	其中：需要安装的设备	元	97 812	59.05
3	建筑安装工程费	元	48 209.91	29.10
4	预备费	元	4944.17	2.98
5	工程建设其他费	元	14 689.51	8.87

6.6 ××室内分布系统工程施工图预算编制

6.6.1 案例描述

××广电学院教学楼三层需要进行室内深度覆盖，其系统框图如图6-7(a)所示。本工程的信源采用中兴光纤直放站，施主基站为广电学院基站，中兴直放站直接耦合该基站的X小区的信号，对教学楼三层(3F)进行全覆盖，且光纤直放站近端设备安装在广电学院基站机房内，远端设备安装在天线安装及线缆走线路由图中的接入点处，如图6-7(b)所示。

(1) 本工程建设单位为××市移动分公司，工程所在地为江苏省淮安市市区某高校。

(2) 工程施工企业距离工程所在地80 km，国内配套设备器件及主材运距均为80 km。

(3) 本工程只包括直放站设备的安装及天馈线系统的布放，不计取直放站近端设备至远端设备之间的光缆(6芯单模光缆)部分。

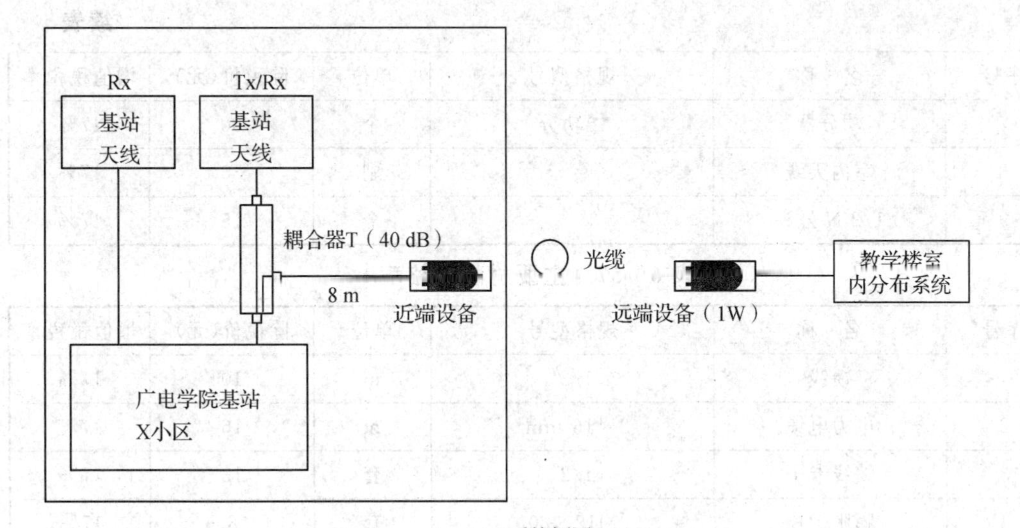

(a) 系统框图?

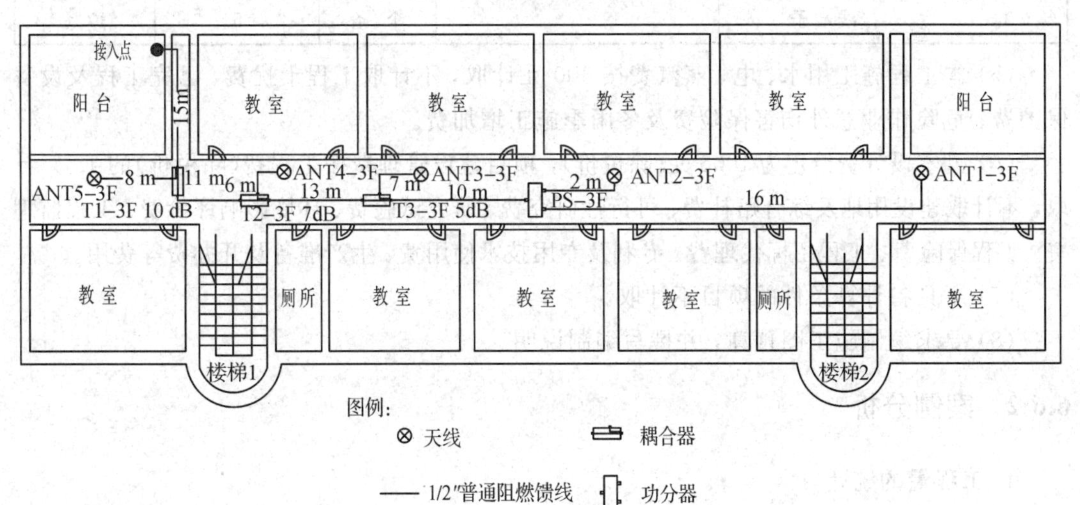

(b) 天线安装及线缆走线路由图

图 6－7　××广电学院室内分布系统工程施工图

(4) 本工程的设备、材料价格如表 6－56、表 6－57 所示。

表 6－56　设备及器件价格表

序号	名　称	规格型号	单位	除税价(元)	增值税税率
1	直放站近端	光纤宽频近端	台	4000	17%
2	直放站远端	宽频室内 1 W 远端	台	10 000	17%
3	耦合器	40 dB	个	100	17%
4	耦合器	10 dB	个	40	17%
5	耦合器	7 dB	个	30	17%
6	耦合器	5 dB	个	20	17%

续表

序号	名　称	规格型号	单位	除税价(元)	增值税税率
7	功分器	二功分	个	30	17%
8	室内天线		副	30	17%
9	1/2 N公头		个	15	17%

表 6－57　主要材料价格表

序号	名　称	规格型号	单位	除税价(元)	增值税税率
1	馈线	1/2″	m	10	17%
2	电力电缆	$2\times16\ mm^2$	m	16	17%
3	馈线卡子	1/2″	套	12	17%
4	膨胀螺栓	M12×80	套	8	17%
5	接线端子		个/条	5	17%

(5) 本工程施工用水、电、蒸汽费按 300 元计取，不计取工程干扰费、已完工程及设备保护费、危险作业意外伤害保险费及冬雨季施工增加费。

(6) 勘察设计费给定为1000元(除税价)，项目建设管理费按工程费(除税价)的1.5%计取，不计取建设用地及综合赔补费、可行性研究费、研究试验费、环境影响评价费、工程监理费、工程保险费、工程招标代理费、专利及专用技术使用费、生产准备及开办费等费用。

(7) 不具备计算条件的项目不计取。

(8) 要求编制施工图预算，并撰写编制说明。

6.6.2　案例分析

1. 工程量的统计

详见 3.4.3 小节。

2. 预算表格的填写

1) 表三甲、表三乙、表三丙和表四甲的填写

将上述统计出的工程量填入预算表格表三甲，并将对应仪表信息填入表三丙中，分别如表 6－58、表 6－59 所示。查询预算定额可知该工程未涉及机械使用费，故这里预算表格表三乙不再列出。

表 6－58　建筑安装工程量<u>　预　</u>算表(表三)甲

工程名称：××广电学院室分系统工程　　建设单位名称：××市移动分公司　　表格编号：TSW－3甲　　第 全 页

序号	定额编号	项目名称	单位	数量	单位定额值(工日)		合计值(工日)	
					技工	普工	技工	普工
Ⅰ	Ⅱ	Ⅲ	Ⅳ	Ⅴ	Ⅵ	Ⅶ	Ⅷ	Ⅸ
1	TSW2－070	安装调测直放站设备	站	1	6.42	0	6.42	0

续表

序号	定额编号	项目名称	单位	数量	单位定额值(工日)		合计值(工日)	
					技工	普工	技工	普工
Ⅰ	Ⅱ	Ⅲ	Ⅳ	Ⅴ	Ⅵ	Ⅶ	Ⅷ	Ⅸ
2	TSW2-039	安装调测室内天、馈线附属设备/分路器(功分器、耦合器)	个	5	0.34	0	1.7	0
3	TSW2-024	安装室内天线(高度6 m以下)	副	5	0.83	0	4.15	0
4	TSW2-027	布放射频同轴电缆1/2″以下(4 m以下)	条	10	0.2	0	2	0
5	TSW2-028	布放射频同轴电缆1/2″以下(每增加1 m)	米条	58	0.03	0	1.74	0
6	TSW1-060	室内布放电力电缆(双芯)16 mm^2 以下(近端)	10米条	1.5	0.165	0	0.2475	0
7	TSW1-060	室内布放电力电缆(双芯)16 mm^2 以下(远端)	10米条	1.5	0.165	0	0.2475	0
8	TSW2-046	分布式天、馈线系统调测	条	5	0.56	0	2.8	0
9		合计					19.305	0

设计负责人:××× 审核:××× 编制:××× 编制日期:××××年××月

表6-59 建筑安装工程仪表使用费 预 算表(表三)丙

工程名称:××广电学院室分系统工程 建设单位名称:××市移动分公司 表格编号:TSW-3丙 第 全 页

序号	定额编号	项目名称	单位	数量	仪表名称	单位定额值		合计值	
						消耗量(台班)	单 价(元)	消耗量(台班)	合 价(元)
Ⅰ	Ⅱ	Ⅲ	Ⅳ	Ⅴ	Ⅵ	Ⅶ	Ⅷ	Ⅸ	Ⅹ
1	TSW2-070	安装调测直放站设备	站	1	频谱分析仪	1	138	1	138
			站	1	操作测试终端(电脑)	1	125	1	125
			站	1	射频功率计	1	147	1	147
			站	1	数字传输分析仪	1	1181	1	1181
2	TSW2-039	安装调测室内天、馈线附属设备/分路器(功分器、耦合器)	个	5	微波信号发生器	0.12	140	0.6	84
			个	5	射频功率计	0.12	147	0.6	88.2

续表

序号	定额编号	项目名称	单位	数量	仪表名称	单位定额值		合计值	
						消耗量（台班）	单价（元）	消耗量（台班）	合价（元）
Ⅰ	Ⅱ	Ⅲ	Ⅳ	Ⅴ	Ⅵ	Ⅶ	Ⅷ	Ⅸ	Ⅹ
3	TSW2-046	分布式天、馈线系统调测	条	5	互调测试仪	0.07	310	0.35	108.5
			条	5	操作测试终端(电脑)	0.07	125	0.35	43.75
			条	5	天馈线测试仪	0.07	140	0.35	49
4		合计							1964.45

设计负责人：××× 审核：××× 编制：××× 编制日期：××××年××月

在填写表四甲主材表时，应根据费用定额对材料进行分类(包括光缆、电缆、塑料及塑料制品、木材及木制品、水泥及水泥构件以及其他)，分开罗列，以便计算其运杂费。有关材料单价可以从表6-57中查找。

依据以上统计的工程量列表，将其对应材料进行统计，如表6-60所示。

表6-60 工程主材用量统计表

定额编号	项目名称	工程量	主材名称	规格型号	单位	定额量	使用量
TSW2-070	安装调测直放站设备	1	膨胀螺栓	M12×80	套	4.04	4.04
TSW2-027	布放射频同轴电缆1/2″以下(4 m以下)	9	射频同轴电缆1/2″以下		m	4.08	36.72
TSW2-027	布放射频同轴电缆1/2″以下(4 m以下)	9	1/2″以下馈线卡子		套	4	36.00
TSW2-027	布放射频同轴电缆1/2″以下(4 m以下)	1	射频同轴电缆1/2″以下		m	2.04	2.04
TSW2-027	布放射频同轴电缆1/2″以下(4 m以下)	1	1/2″以下馈线卡子		套	2	2.00
TSW2-028	布放射频同轴电缆1/2″以下(每增加1 m)	58	射频同轴电缆1/2″以下		m	1.02	59.16
TSW2-028	布放射频同轴电缆1/2″以下(每增加1 m)	58	1/2″以下馈线卡子		套	0.86	49.88
TSW1-060	室内布放电力电缆(双芯) 16 mm² 以下(近端)	1.5	电力电缆		m	10.15	15.23
		1.5	接线端子		个/条	2.03	3.05
TSW1-060	室内布放电力电缆(双芯) 16 mm² 以下(远端)	1.5	电力电缆		m	10.15	15.23
		1.5	接线端子		个/条	2.03	3.05

根据费用定额有关主材的分类原则，将上述表6-60的同类项合并后就得到了表

6-61所示的主材用量分类汇总表。

表6-61 主材用量分类汇总表

序号	类别	名称	规格	单位	使用量
1	电缆	电力电缆	2×16 mm^2	m	30.45
		同轴电缆	1/2″以下	m	36.72+2.04+59.16=97.92
2	其他	膨胀螺栓	M12×80	套	4.04
		馈线卡子	1/2″以下	套	36+2+49.88=87.88
		接线端子		个/条	3.05+3.05=6.1

由已知国内配套设备器件及主材运距均为80 km，查找费用定额中相应的费率表，将表6-61主材用量填入预算表格表四甲主材表中，如表6-62所示。根据图纸等已知条件，填写国内需要安装的设备器件表，如表6-63所示。

表6-62 国内器材预算表(表四)甲

(主要材料)表

工程名称：××广电学院室分系统工程　建设单位名称：××市移动分公司　表格编号：TSW-4甲A　第 全 页

序号	名称	规格程式	单位	数量	单价(元)	合计(元)			备注
					除税价	除税价	增值税	含税价	
Ⅰ	Ⅱ	Ⅲ	Ⅳ	Ⅴ	Ⅵ	Ⅶ	Ⅷ	Ⅸ	Ⅹ
1	电力电缆	2×16 mm^2	m	30.45	16	487.2	82.82	570.02	电缆
2	射频同轴电缆 1/2″以下	1/2″	m	97.92	10	979.2	166.46	1145.66	
(1) 小计1						1466.40	249.29	1715.69	
(2) 运杂费：小计1×1%						14.66	2.49	17.16	
(3) 运输保险费：小计1×0.1%						1.47	0.25	1.72	
(4) 采购及保管费：小计1×1%						14.66	2.49	17.16	
(5) 合计1						1497.19	254.523	1751.72	
3	膨胀螺栓	M12×80	套	4.04	8	32.32	5.49	37.81	其他
4	1/2″以下馈线卡子	1/2″	套	87.88	12	1054.6	179.28	1233.84	
5	接线端子		个/条	6.1	5	30.5	5.19	35.69	
(1) 小计2						1117.38	189.95	1307.33	
(2) 运杂费：小计2×3.6%						40.23	6.84	47.06	
(3) 运输保险费：小计2×0.1%						1.12	0.19	1.31	
(4) 采购及保管费：小计2×1%						11.17	1.90	13.07	
(5) 合计2						1169.90	198.88	1368.77	
总计：合计1+合计2						2667.09	453.41	3120.50	

设计负责人：×××　审核：×××　编制：×××　编制日期：××××年×× 月

表 6-63　国内器材　预　算表(表四)甲

(需要安装的设备)表

工程名称：××广电学院室分系统工程　建设单位名称：××市移动分公司　表格编号：TSW-4 甲 B　第 全 页

序号	名称	规格程式	单位	数量	单价(元)	合计(元)			备注
					除税价	除税价	增值税	含税价	
Ⅰ	Ⅱ	Ⅲ	Ⅳ	Ⅴ	Ⅵ	Ⅶ	Ⅷ	Ⅸ	Ⅹ
1	直放站近端	光纤宽频近端	台	1	4000	4000.00	680.00	4680.00	
2	直放站远端	宽频室内 1W 远端	台	1	10000	10 000.00	1700.00	11 700.00	
3	耦合器	40 dB	个	1	100	100.00	17.00	117.00	
4	耦合器	10 dB	个	1	40	40.00	6.80	46.80	
5	耦合器	7 dB	个	1	30	30.00	5.10	35.10	
6	耦合器	5 dB	个	1	20	20.00	3.40	23.40	
7	功分器	二功分	个	1	30	30.00	5.10	35.10	
8	室内天线		副	5	30	150.00	25.50	175.50	
9	1/2 N 公头		个	22	15	330.00	56.10	386.10	
	(1) 小计					147 00.00	2499.00	17 199.00	
	(2) 运杂费(小计×0.8%)					117.60	19.99	137.59	
	(3) 运输保险费(小计×0.4%)					58.80	10.00	68.80	
	(4) 采购保管费(小计×0.82%)						120.54	20.49	141.03
10	合计					14 996.94	2549.48	17 546.42	

设计负责人：×××　　审核：×××　　编制：×××　　　　编制日期：××××年××月

2) *表二和表五甲的填写*

(1) 填写预算表格表二。

填写预算表格表二时，应严格按照题中给定的各项工程建设条件，确定每项费用的费率及计费基础，和使用预算定额一样，必须时刻注意费用定额中的有关特殊情况的注解和说明，同时填写在表二中“依据和计算方法”一栏。

① 因施工企业距工程所在地距离为 80 km，所以临时设施费费率为 7.6%。

② 题中已知条件给定不计取已完工程及设备保护费、危险作业意外伤害保险费、工程干扰费等费用。

③ 本工程无大型施工机械，所以无大型施工机械调遣费，工程施工地为江苏省淮安市市区某高校，所以无特殊地区施工增加费。

④ 施工用水、电、蒸汽费给定为除税价 300 元，直接填写即可。

⑤ 不具备计算条件的项目不计取。

填写完的建筑安装工程费用预算表如表 6-64 所示。

表6-64 建筑安装工程费用 预 算表(表二)

工程名称:××广电学院室分系统工程 建设单位名称:××市移动分公司 表格编号:TSW-2 第 全 页

序号	费用名称	依据和计算方法	合计(元)	序号	费用名称	依据和计算方法	合计(元)
Ⅰ	Ⅱ	Ⅲ	Ⅳ	Ⅰ	Ⅱ	Ⅲ	Ⅳ
	建安工程费(含税价)	一+二+三+四	12 020.72	7	夜间施工增加费	人工费×2.1%	46.22
	建安工程费(除税价)	一+二+三	10 829.48	8	冬雨季施工增加费	不计	0.00
一	直接费	(一)+(二)	9066.88	9	生产工具用具使用费	人工费×0.8%	17.61
(一)	直接工程费	1+2+3+4	6912.32	10	施工用水、电、蒸汽费	给定	300.00
1	人工费	(1)+(2)	2200.77	11	特殊地区施工增加费	不计	0.00
(1)	技工费	技工总工日×技工单价	2200.77	12	已完工程及设备保护费	不计	0.00
(2)	普工费	普工总工日×普工单价	0.00	13	运土费	不计	0.00
2	材料费	(1)+(2)	2747.10	14	施工队伍调遣费	单程调遣定额×调遣人数×2	1410.00
(1)	主要材料费	表四甲主材表	2667.09	15	大型施工机械调遣费	不计	0.00
(2)	辅助材料费	主要材料费×3%	80.01	二	间接费	(一)+(二)	1322.44
3	机械使用费	表三乙	0.00	(一)	规费	1+2+3+4	719.43
4	仪表使用费	表三丙	1964.45	1	工程排污费	不计	0.00
(二)	措施项目费	1+2+…+15	2154.56	2	社会保障费	人工费×28.5%	627.22
1	文明施工费	人工费×1.1%	24.21	3	住房公积金	人工费×4.19%	92.21
2	工地器材搬运费	人工费×1.1%	24.21	4	危险作业意外伤害保险费	不计	0.00
3	工程干扰费	不计	0.00	(二)	企业管理费	人工费×27.4%	603.01
4	工程点交、场地清理费	人工费×2.5%	55.02	三	利润	人工费×20%	440.15
5	临时设施费	人工费×7.6%	167.26	四	销项税额	建安费×11%	1191.24
6	工程车辆使用费	人工费×5%	110.04				

设计负责人:××× 审核:××× 编制:××× 编制日期:××××年××月

(2) 填写预算表格表五甲。

① 由已知条件可知，本工程不计取建设用地及综合赔补费、可行性研究费、研究试验费、环境影响评价费、工程监理费、工程保险费、工程招标代理费、专利及专用技术使用费、生产准备及开办费等费用。

② 建设单位管理费的计费基础为工程费(除税价)，即

建设单位管理费(除税价)＝工程费(除税价)×1.5%＝[建安费(除税价)＋设备费(除税价)]×1.5%＝25 826.42×1.5%≈387.40 元

其含税价费用计算税率按 11%计取。

建设单位管理费(含税价)＝建设单位管理费(除税价)×(1＋11%)≈430.01 元

③ 勘察设计费给定为 1000 元(除税价)，直接填入即可。税率以 6%计取，故

勘察设计费(含税价)＝勘察设计费(除税价)×(1＋6%)＝1060 元

④ 安全生产费(除税价)＝建安费×1.5%＝10 829.48×1.5%≈162.44 元

安全生产费(含税价)＝安全生产费(除税价)×(1＋11)%＝162.44×1.11≈180.31 元

填写完的工程建设其他费预算表如表 6－65 所示。

表 6－65 工程建设其他费 预 算表(表五)甲

工程名称：××广电学院室分系统工程　　建设单位名称：××市移动分公司　　表格编号：TSW－5 甲　　第 全 页

序号	费用名称	计算依据及方法	金额（元）			备 注
			除税价	增值税	含税价	
Ⅰ	Ⅱ	Ⅲ	Ⅳ	Ⅴ	Ⅵ	Ⅶ
1	建设用地及综合赔补费	不计	0.00	0.00	0.00	
2	项目建设管理费	工程费×1.5%	387.40	42.61	430.01	
3	可行性研究费	不计	0.00	0.00	0.00	
4	研究试验费	不计	0.00	0.00	0.00	
5	勘察设计费	给定	1000.00	60.00	1060.00	
6	环境影响评价费	不计	0.00	0.00	0.00	
7	建设工程监理费	不计	0.00	0.00	0.00	
8	安全生产费	建安费(除税价)×1.5%	162.44	17.87	180.31	
9	引进技术及进口设备其他费	不计	0.00	0.00	0.00	
10	工程保险费	不计	0.00	0.00	0.00	
11	工程招标代理费	不计	0.00	0.00	0.00	
12	专利及专用技术使用费	不计	0.00	0.00	0.00	
13	其他费用	不计	0.00	0.00	0.00	
	总计		1549.84	120.48	1670.32	
14	生产准备及开办费（运营费）	不计	0.00	0.00	0.00	

设计负责人：×××　　审核：×××　编制：×××　　　　编制日期：××××年××月

3) 表一的填写

本次工程不计取价差预备费，只计取基本预备费，且基本预备费费率为 3%，预备费

增值税税率按17%计取。填写后的工程预算总表如表6-66所示。

表6-66 工程预算总表(表一)

建设项目名称：××广电学院室分系统工程

项目名称：××广电学院室分系统工程　　建设单位名称：××市移动分公司　　表格编号：TSW-1　　第 全 页

序号	表格编号	费用名称	小型建筑工程费	需要安装的设备费	不需要安装的设备、工器具费	建筑安装工程费	其他费用	预备费	总价值			
			(元)						除税价	增值税	含税价	其中外币
Ⅰ	Ⅱ	Ⅲ	Ⅳ	Ⅴ	Ⅵ	Ⅶ	Ⅷ	Ⅸ	Ⅹ	Ⅺ	Ⅻ	ⅩⅢ
1	TSW-4甲B TSW-2	工程费		14 996.94		10 829.48			25 826.42	3740.72	29 567.14	
2	TSW-5	工程建设其他费					1549.84		1549.84	120.48	1670.32	
3		合计							27 376.26	3861.20	31 237.46	
4		预备费						821.29	821.29	139.62	960.91	
5		建设期利息							0	0	0	
6		总计							28 197.55	4000.82	32 198.37	
		其中回收费用							0	0	0	

设计负责人：×××　　审核：×××　　编制：×××　　编制日期：××××年××月

3. 撰写预算编制说明

1）工程概况

本工程为××广电学院教学楼三层室内分布系统工程，其信源采用中兴光纤直放站，施主基站为广电学院基站，中兴直放站直接耦合该基站的X小区的信号，对教学楼二层(2F)进行全覆盖。主要工程量有安装调测直放站设备1架、安装调测室内天馈线附属设备/分路器(功分器、耦合器)、安装室内天线、布放射频同轴电缆1/2″以下等。工程总投资为32 198.37元。

2）编制依据及有关费用费率的计取

① 工信部[2016]451号《关于印发信息通信建设工程预算定额、工程费用定额及工程概预算编制规程的通知》。

②《通信建设工程预算定额》手册第三册《无线通信设备安装工程》。

③ 中国移动××市分公司工程设计委托书以及提供的材料报价。

④ 单位管理费以工程费为计费基础，相应费率为1.5%。本工程施工用水、电、蒸汽费按300元计取，不计取工程干扰费、已完工程及设备保护费、危险作业意外伤害保险费

及冬雨季施工增加费。

⑤ 勘察设计费给定为1000元(除税价)，项目建设管理费按工程费(除税价)的1.5%计取，不计取建设用地及综合赔补费、可行性研究费、研究试验费、环境影响评价费、工程监理费、工程保险费、工程招标代理费、专利及专用技术使用费、生产准备及开办费等费用。

⑥ 不具备计算条件的项目不计取。

3) 工程技术经济指标分析

本工程总投资为32 198.37元，其中建筑安装工程费为12 020.72元，设备购置费为17 546.42元，工程建设其他费为1670.32元，预备费为960.91元。各部分费用所占比例如表6-67所示。

表6-67　工程技术经济指标分析表

工程项目名称：××广电学院室内分布系统工程				
序号	项　目	单　位	经济指标分析	
			数量	指标(%)
1	工程总投资(预算)	元	32 198.37	100.00
2	其中：需要安装的设备	元	17 546.42	54.49
3	建筑安装工程费	元	12 020.72	37.33
4	预备费	元	960.91	2.98
5	工程建设其他费	元	1670.32	5.19

自我测试

一、填空题

1. 通信设备安装工程共分为三个大类：通信电源设备安装工程、________、________。

2. 有线通信设备安装工程包括传输设备、________、________及视频监控设备安装工程。

3. 通信线路工程施工测量长度＝________。

4. 敷设光(电)缆工程量＝[施工丈量长度×(1＋K‰)＋各种设计________]÷1000(其中K为自然弯曲系数)。

5. 通信管道工程施工测量长度＝________。

6. 增值税是以商品(含应税劳务)在流转过程中产生的________作为计税依据而征收的一种流转税。

7. 如果该工程有甲供主材，则销项税额＝________。

8. 勘察设计费的增值税＝除税价×________。

9. 建设工程监理费的增值税＝除税价×________。

10. 安全生产费的增值税＝除税价×________。

11. 建安工程费的含税价＝除税价＋________。

12. 预备费的增值税＝除税价×________。

二、判断题

1. 不论是否有甲供材料，销项税额＝(直接费＋间接费＋利润)×11%。　(　　)

2. 安全生产费在任何工程中都必须计取。　(　　)

3. 编制概算时，所有材料的运输距离均按500 km计算。　(　　)

4. 凡由建设单位提供的利旧材料，其材料费不计入工程成本，但作为计算辅助材料费的基础。 (　　)

5. 通信线路工程不论施工现场与企业的距离是多少，临时设施费的费率都一样。 (　　)

6. 冬雨季施工增加费的费率不论什么地区都一样。 (　　)

7. 特殊地区施工增加费补贴金额都是8元/天。 (　　)

8. 预备费=(建安费+工程建设其他费)×预备费费率。 (　　)

9. 布放1/2″射频同轴电缆12 m的工程量可分为4 m以下1条和每增加1 m的8米条。 (　　)

10. 安装室内天线的工程量不论安装高度是多少都套用一个定额。 (　　)

三、选择题

1. ××无线通信设备安装单项工程表一的表格编号为(　　)。

A. TSD-1　　B. TSW-1　　C. TSY-1　　D. TGD-1

2. ××架空线路工程单项工程表五甲的表格编号为(　　)。

A. TXL-5甲　　B. TGD-5甲　　C. TSY-5甲　　D. TXL-5乙

3. 下列哪张表反映建筑安装工程量(　　)。

A.（表三）乙　　B.（表三）丙　　C.（表三）甲　　D.（表四）甲

4. 表四甲不可以供编制(　　)预算表。

A. 主材材料表　　B. 需要安装的设备表

C. 不需要安装的设备表　　D. 引进器材主要材料表

5. 下列属于设备、工器具购置费的是(　　)。

A. 设备安装费　　B. 工地器材搬运费　　C. 运输保险费　　D. 销项税额

6. 通信建设工程企业管理费的计算基础是(　　)。

A. 直接费　　B. 直接工程费　　C. 技工费　　D. 人工费

7. 下列选项中不属于材料预算价格内容的是(　　)。

A. 材料原价　　B. 材料运杂费　　C. 材料采购及保管费　　D. 工地器材搬运费

8. 下列哪项费用的改变不会引起预备费的改变(　　)。

A. 工程费　　B. 工程建设其他费　　C. 人工费　　D. 建设期利息

9. 下面有关通信线路工程小工日调整说法正确的是(　　)。

A. 工程总工日在100工日以下时，增加15%

B. 工程总工日在100～250工日时，增加15%

C. 工程总工日在100～250工日时，增加10%

D. 工程总工日在250～300工日时，增加5%

10. 编制竣工图纸和资料所发生的费用已包含在(　　)中。

A. 工程点交、场地清理费　　B. 企业管理费　　C. 现场管理费　　D. 项目建设管理费

11. 室内安装防雷箱应套用的定额编号为(　　)。

A. TSW1-032　　B. TSW1-027　　C. TSW1-028　　D. TSW1-029

12. 楼顶铁塔上20 m以下安装定向天线套用的定额编号为(　　)。

A. TSW1-001　　B. TSW1-002　　C. TSW1-009　　D. TSW1-010

四、简答题

1. 简述概预算表的填写流程。

2. 通信工程中材料可以分为哪些类别?

3. 描述预算表的表一中工程费的增值税的计算方法。

4. 预算表的表一中预备费的增值税的税率一般取多少。

5. 写出表五中安全生产费(除税价)的计算方法。

6. 写出单项工程总费用的构成。

7. 通信工程在什么情况下计取工程干扰费?

五、预算表格填写题

图 T6-1(a)为管道沟截面示意图,管道沟为一立型(底宽 0.65 mm),混凝土管道基础为一立型宽 350 mm、C15,图 T6-1(b)为管道工程施工图,图 T6-1(c)为人孔横截面示意图,在管道建设过程中,需要进行人孔抽水(弱水流),现场浇筑上覆。对于一个新建管道工程来说,主要工程量有施工测量、开挖路面、开挖与回填管道沟及人(手)孔坑、手推车倒运土方、管道基础(加筋或不加筋)、敷设管道(塑料、水泥、镀锌钢管)、砖砌人(手)孔、防护等内容,土质为普通土,路面开挖方式采用人工开挖。要求对照图 T6-1 进行预算表三甲的填写。

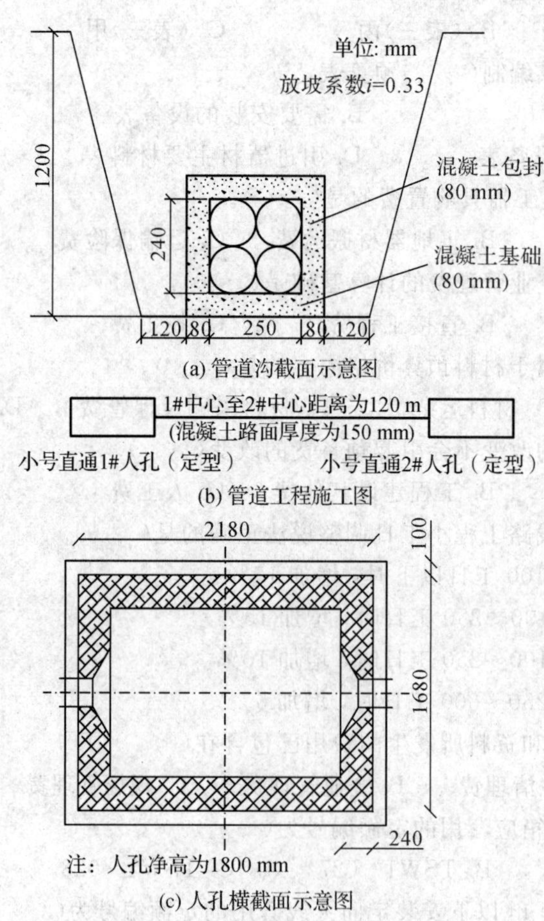

图 T6-1 管道工程相关工程图

技能实训　××中继光缆线路单项工程一阶段设计预算的编制

、实训目的

1. 理解和掌握通信线路工程各类工程的工作流程及主要工程量。

2. 能熟练运用 2016 版预算定额手册，正确进行相关定额子目的查找和套用。

3. 理解和掌握通信建设工程工程量的统计方法。

4. 掌握通信建设工程费用费率的计取方法。

5. 熟练掌握通信建设工程预算表格的填写方法。

6. 能独立进行实际工程项目的概预算文件编制。

7. 能熟练进行通信建设工程概预算编制说明的撰写。

二、实训场地和器材

通信工程设计实训室、2016 版预算定额手册 1 套、微型计算机 1 台。

三、实训内容

1. 已知条件

(1) 本设计为××学院移动通信基站中继光缆线路单项工程一阶段设计，施工图如图 J6－1 所示。

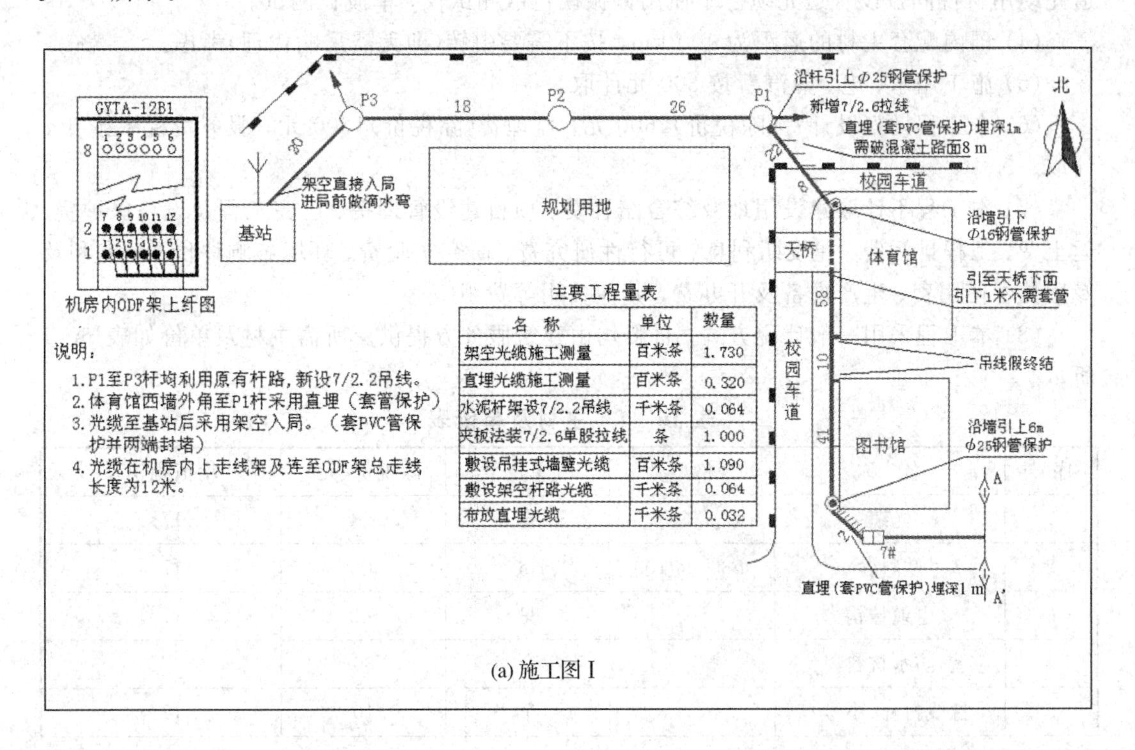

(a) 施工图 I

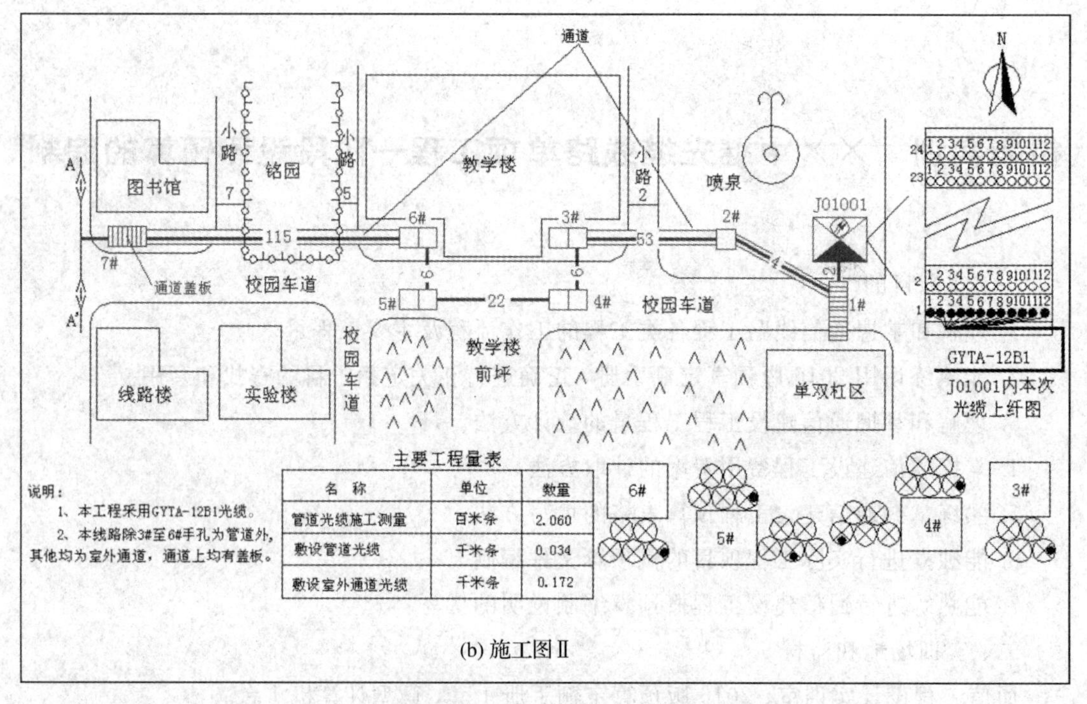

(b) 施工图Ⅱ

图 J6－1　××学院移动通信基站中继光缆线路工程施工图

(2) 本工程建设单位为××市移动分公司，不委托监理，不购买工程保险，不实行工程招标。核心机房的 ODF 架已安装完毕，本次工程的中继传输光缆只需上架成端即可。

(3) 施工企业距离工程所在地 200 km。工程所在地区为江苏，为非特殊地区。敷设通道光缆用材视同敷设管道光缆。不使用偏振模色散测试仪，单波长测试。

(4) 国内配套主材的运距为 400 km，按不需要中转(即无需采购代理)考虑。

(5) 施工用水、电、蒸汽费按 300 元计取。

(6) 本工程勘察设计费(除税价)2600 元，监理费(除税价)1600 元，服务费税率按 6%计取。

(7) 本工程不计取建设用地及综合赔补费、项目建设管理费、已完工程及设备保护费、运土费、工程排污费、建设期利息、可行性研究费、研究实验费、环境影响评价费、专利及专用技术使用费、生产准备及开办费、其他费用等费用。

(8) 本工程采用一般计税方式，材料均由建筑服务方提供。所需主材及单价如表J6－1所示。

表 J6－1　主材及单价表

序号	名　称	规格型号	单位	除税价(元)	增值税税率
1	光缆		m	2.4	17%
2	塑料管	$\Phi80\sim\Phi100$	m	3.5	17%
3	电缆挂钩		只	0.3	17%
4	防水材料		套	30	17%
5	拉线衬环(小号)		个	10	17%

续表

序号	名　称	规格型号	单位	除税价(元)	增值税税率
6	光缆成端接头材料		套	60	17%
7	聚乙烯塑料管		m	55	17%
8	聚乙烯波纹管		m	3.6	17%
9	保护软管		m	10.8	17%
10	胶带		盘	2.2	17%
11	托板垫		块	8.8	17%
12	水泥		kg	0.4	17%
13	中粗砂		kg	0.05	17%
14	水泥拉线盘		套	46	17%
15	镀锌铁线	$\Phi1.5$	kg	6.5	17%
16	镀锌铁线	$\Phi4.0$	kg	7.6	17%
17	镀锌铁线	$\Phi3.0$	kg	7.6	17%
18	光缆托板		块	6.8	17%
19	管材(直)		根	24	17%
20	管材(弯)		根	7.7	17%
21	钢管卡子		副	4.8	17%
22	挂钩		只	0.3	17%
23	U型钢卡		副	8	17%
24	拉线衬环		个	15	17%
25	膨胀螺栓	M12	副	0.6	17%
26	终端转角墙担		根	16	17%
27	中间支撑物		套	15	17%
28	挂钩		个	0.32	17%
29	镀锌钢绞线		kg	9.6	17%
30	地锚铁柄		套	20	17%
31	三眼双槽夹板		块	12	17%
32	拉线抱箍		套	11.5	17%
33	吊线箍		副	13.5	17%
34	三眼单槽夹板		副	9.2	17%
35	镀锌穿钉	50	副	7.8	17%
36	镀锌穿钉	100	副	16	17%
37	标志牌		m	1.5	17%

2. 实训内容

编制该施工图一阶段设计预算。

四、总结与体会

附录 A　与费用定额相关的规范文件

文件一：财政部《关于印发〈基本建设项目建设成本管理规定〉的通知》(财建[2016]504号)

文件二：国家发改委《关于进一步放开建设项目专业服务价格的通知》(发改价格[2015]299号)

文件三：财政部、安全监管总局《关于印发〈企业安全生产费用提取和使用管理办法〉的通知》(财企[2012]16号)

关于印发《基本建设项目建设成本管理规定》的通知
财建[2016]504号

党中央有关部门，国务院各部委、各直属机构，军委后勤保障部，武警总部，全国人大常委会办公厅，全国政协办公厅，高法院，高检院，各民主党派中央，有关人民团体，各中央管理企业，各省、自治区、计划单列市财政厅(局)，新疆生产建设兵团财务局：

为推动各部门、各地区进一步加强基本建设成本核算管理，提高资金使用效益，针对基本建设成本管理中反映出的主要问题，依据《基本建设财务规则》，现印发《基本建设项目建设成本管理规定》，请认真贯彻执行。

附件：1. 基本建设项目建设成本管理规定

2. 项目建设管理费总额控制数费率表

财政部

2016 年 7 月 6 日

附件 1：

基本建设项目建设成本管理规定

第一条　为了规范基本建设项目建设成本管理，提高建设资金使用效益，依据《基本建设财务规则》(财政部令第 81 号)，制定本规定。

第二条　建筑安装工程投资支出是指基本建设项目(以下简称项目)建设单位按照批准的建设内容发生的建筑工程和安装工程的实际成本，其中不包括被安装设备本身的价值，以及按照合同规定支付给施工单位的预付备料款和预付工程款。

第三条　设备投资支出是指项目建设单位按照批准的建设内容发生的各种设备的实际成本(不包括工程抵扣的增值税进项税额)，包括需要安装设备、不需要安装设备和为生产准备的不够固定资产标准的工具、器具的实际成本。

需要安装设备是指必须将其整体或几个部位装配起来，安装在基础上或建筑物支架上才能使用的设备。不需要安装设备是指不必固定在一定位置或支架上就可以使用的设备。

第四条　待摊投资支出是指项目建设单位按照批准的建设内容发生的，应当分摊计入相关资产价值的各项费用和税金支出。主要包括：

（一）勘察费、设计费、研究试验费、可行性研究费及项目其他前期费用；

（二）土地征用及迁移补偿费、土地复垦及补偿费、森林植被恢复费及其他为取得或租用土地使用权而发生的费用；

（三）土地使用税、耕地占用税、契税、车船税、印花税及按规定缴纳的其他税费；

（四）项目建设管理费、代建管理费、临时设施费、监理费、招标投标费、社会中介机构审查费及其他管理性质的费用；

（五）项目建设期间发生的各类借款利息、债券利息、贷款评估费、国外借款手续费及承诺费、汇兑损益、债券发行费用及其他债务利息支出或融资费用；

（六）工程检测费、设备检验费、负荷联合试车费及其他检验检测类费用；

（七）固定资产损失、器材处理亏损、设备盘亏及毁损、报废工程净损失及其他损失；

（八）系统集成等信息工程的费用支出；

（九）其他待摊投资性质支出。

项目在建设期间的建设资金存款利息收入冲减债务利息支出，利息收入超过利息支出的部分，冲减待摊投资总支出。

第五条　项目建设管理费是指项目建设单位从项目筹建之日起至办理竣工财务决算之日止发生的管理性质的支出。包括：不在原单位发工资的工作人员工资及相关费用、办公费、办公场地租用费、差旅交通费、劳动保护费、工具用具使用费、固定资产使用费、招募生产工人费、技术图书资料费（含软件）、业务招待费、施工现场津贴、竣工验收费和其他管理性质开支。

项目建设单位应当严格执行《党政机关厉行节约反对浪费条例》，严格控制项目建设管理费。

第六条 行政事业单位项目建设管理费实行总额控制，分年度据实列支。总额控制数以项目审批部门批准的项目总投资（经批准的动态投资，不含项目建设管理费）扣除土地征用、迁移补偿等为取得或租用土地使用权而发生的费用为基数分挡计算。具体计算方法见附件。

建设地点分散、点多面广、建设工期长以及使用新技术、新工艺等的项目，项目建设管理费确需超过上述开支标准的，中央级项目，应当事前报项目主管部门审核批准，并报财政部备案，未经批准的，超标准发生的项目建设管理费由项目建设单位用自有资金弥补；地方级项目，由同级财政部门确定审核批准的要求和程序。

施工现场管理人员津贴标准比照当地财政部门制定的差旅费标准执行；一般不得发生业务招待费，确需列支的，项目业务招待费支出应当严格按照国家有关规定执行，并不得超过项目建设管理费的5％。

第七条 使用财政资金的国有和国有控股企业的项目建设管理费，比照第六条规定执行。国有和国有控股企业经营性项目的项目资本中，财政资金所占比例未超过50％的项目建设管理费可不执行第六条规定。

第八条　政府设立（或授权）、政府招标产生的代建制项目，代建管理费由同级财政部门根据代建内容和要求，按照不高于本规定项目建设管理费标准核定，计入项目建设成本。

实行代建制管理的项目，一般不得同时列支代建管理费和项目建设管理费，确需同时发生的，两项费用之和不得高于本规定的项目建设管理费限额。

建设地点分散、点多面广以及使用新技术、新工艺等的项目，代建管理费确需超过本规定确定的开支标准的，行政单位和使用财政资金建设的事业单位中央项目，应当事前报项目主管部门审核批准，并报财政部备案；地方项目，由同级财政部门确定审核批准的要求和程序。

代建管理费核定和支付应当与工程进度、建设质量结合，与代建内容、代建绩效挂钩，实行奖优罚劣。同时满足按时完成项目代建任务、工程质量优良、项目投资控制在批准概算总投资范围内3个条件的，可以支付代建单位利润或奖励资金。代建单位利润或奖励资金一般不得超过代建管理费的10%，需使用财政资金支付的，应当事前报同级财政部门审核批准。未完成代建任务的，应当扣减代建管理费。

第九条　项目单项工程报废净损失计入待摊投资支出。

单项工程报废应当经有关部门或专业机构鉴定。非经营性项目以及使用财政资金所占比例超过项目资本50%的经营性项目，发生的单项工程报废经鉴定后，报项目竣工财务决算批复部门审核批准。

因设计单位、施工单位、供货单位等原因造成的单项工程报废损失，由责任单位承担。

第十条　其他投资支出是指项目建设单位按照批准的项目建设内容发生的房屋购置支出，基本畜禽、林木等的购置、饲养、培育支出，办公生活用家具、器具购置支出，软件研发及不能计入设备投资的软件购置等支出。

第十一条　本规定自2016年9月1日起施行。财政部《关于切实加强政府投资项目代建制财政财务管理有关问题的指导意见》(财建[2004]300号)同时废止。

附件2:

项目建设管理费总额控制数费率表(单位：万元)

工程总概算	费率(%)	算例	
		工程总概算	项目建设管理费
1000以下	2	1000	1000×2%=20
1001～5000	1.5	5000	20+(5000−1000)×1.5%=80
5001～10 000	1.2	10 000	80+(10 000−5000)×1.2%=140
10 001～50 000	1	50 000	140+(50 000−10 000)×1%=540
50 001～100 000	0.8	100 000	540+(100 000−50 000)×0.8%=940
100 000以上	0.4	200 000	940+(200 000−100 000)×0.4%=1340

关于进一步放开建设项目专业服务价格的通知

发改价格(2015)299号

国务院有关部门、直属机构，各省、自治区、直辖市发展改革委、物价局：

为贯彻落实党的十八届三中全会精神，按照国务院部署，充分发挥市场在资源配置中的决定性作用，决定进一步放开建设项目专业服务价格。现将有关事项通知如下：

一、在已放开非政府投资及非政府委托的建设项目专业服务价格的基础上，全面放开以下实行政府指导价管理的建设项目专业服务价格，实行市场调节价。

（一）建设项目前期工作咨询费，指工程咨询机构接受委托，提供建设项目专题研究、编制和评估项目建议书或者可行性研究报告，以及其他与建设项目前期工作有关的咨询等服务收取的费用。

（二）工程勘察设计费，包括工程勘察收费和工程设计收费。工程勘察收费，指工程勘察机构接受委托，提供收集已有资料、现场踏勘、制定勘察纲要，进行测绘、勘探、取样、试验、测试、检测、监测等勘察作业，以及编制工程勘察文件和岩土工程设计文件等服务收取的费用。工程设计收费，指工程设计机构接受委托，提供编制建设项目初步设计文件、施工图设计文件、非标准设备设计文件、施工图预算文件、竣工图文件等服务收取的费用。

（三）招标代理费，指招标代理机构接受委托，提供代理工程、货物、服务招标，编制招标文件、审查投标人资格，组织投标人踏勘现场并答疑，组织开标、评标、定标，以及提供招标前期咨询、协调合同的签订等服务收取的费用。

（四）工程监理费，指工程监理机构接受委托，提供建设工程施工阶段的质量、进度、费用控制管理和安全生产监督管理、合同、信息等方面协调管理等服务收取的费用。

（五）环境影响咨询费，指环境影响咨询机构接受委托，提供编制环境影响报告书、环境影响报告表和对环境影响报告书、环境影响报告表进行技术评估等服务收取的费用。

二、上述5项服务价格实行市场调节价后，经营者应严格遵守《价格法》、《关于商品和服务实行明码标价的规定》等法律法规规定，告知委托人有关服务项目、服务内容、服务质量，以及服务价格等，并在相关服务合同中约定。经营者提供的服务，应当符合国家和行业有关标准规范，满足合同约定的服务内容和质量等要求。不得违反标准规范规定或合同约定，通过降低服务质量、减少服务内容等手段进行恶性竞争，扰乱正常市场秩序。

三、各有关行业主管部门要加强对本行业相关经营主体服务行为监管。要建立健全服务标准规范，进一步完善行业准入和退出机制，为市场主体创造公开、公平的市场竞争环境，引导行业健康发展；要制定市场主体和从业人员信用评价标准，推进工程建设服务市场信用体系建设，加大对有重大失信行为的企业及负有责任的从业人员的惩戒力度。充分发挥行业协会服务企业和行业自律作用，加强对本行业经营者的培训和指导。

四、政府有关部门对建设项目实施审批、核准或备案管理，需委托专业服务机构等中介提供评估评审等服务的，有关评估评审费用等由委托评估评审的项目审批、核准或备案机关承担，评估评审机构不得向项目单位收取费用。

五、各级价格主管部门要加强对建设项目服务市场价格行为监管，依法查处各种截留定价权，利用行政权力指定服务、转嫁成本，以及串通涨价、价格欺诈等行为，维护正常的市场秩序，保障市场主体合法权益。

六、本通知自2015年3月1日起执行。此前与本通知不符的有关规定，同时废止。

国家发展改革委

2015年2月11日

关于印发《企业安全生产费用提取和使用管理办法》的通知

财企[2012]16号

各省、自治区、直辖市、计划单列市财政厅(局)、安全生产监督管理局，新疆生产建设兵团财务局、安全生产监督管理局，有关中央管理企业：

为了建立企业安全生产投入长效机制，加强安全生产费用管理，保障企业安全生产资金投入，维护企业、职工以及社会公共利益，根据《中华人民共和国安全生产法》等有关法律法规和国务院有关决定，财政部、国家安全生产监督管理总局联合制定了《企业安全生产费用提取和使用管理办法》。现印发给你们，请遵照执行。

财政部

安全监管总局

二〇一二年二月十四日

第一章　总　则

第一条　为了建立企业安全生产投入长效机制，加强安全生产费用管理，保障企业安全生产资金投入，维护企业、职工以及社会公共利益，依据《中华人民共和国安全生产法》等有关法律法规和国务院《关于进一步加强安全生产工作的决定》(国发[2004]2号)、《关于进一步加强企业安全生产工作的通知》(国发[2010]23号)，制定本办法。

第二条　在中华人民共和国境内直接从事煤炭生产、非煤矿山开采、建设工程施工、危险品生产与储存、交通运输、烟花爆竹生产、冶金、机械制造、武器装备研制生产与试验(含民用航空及核燃料)的企业以及其他经济组织(以下简称企业)适用本办法。

第三条　本办法所称安全生产费用(以下简称安全费用)是指企业按照规定标准提取在成本中列支，专门用于完善和改进企业或者项目安全生产条件的资金。

安全费用按照“企业提取、政府监管、确保需要、规范使用”的原则进行管理。

第四条　本办法下列用语的含义是：

煤炭生产是指煤炭资源开采作业有关活动。

非煤矿山开采是指石油和天然气、煤层气(地面开采)、金属矿、非金属矿及其他矿产资源的勘探作业和生产、选矿、闭坑及尾矿库运行、闭库等有关活动。

建设工程是指土木工程、建筑工程、井巷工程、线路管道和设备安装及装修工程的新建、扩建、改建以及矿山建设。

危险品是指列入国家标准《危险货物品名表》(GB12268)和《危险化学品目录》的物品。

烟花爆竹是指烟花爆竹制品和用于生产烟花爆竹的民用黑火药、烟火药、引火线等物品。

交通运输包括道路运输、水路运输、铁路运输、管道运输。道路运输是指以机动车为交通工具的旅客和货物运输；水路运输是指以运输船舶为工具的旅客和货物运输及港口装卸、堆存；铁路运输是指以火车为工具的旅客和货物运输(包括高铁和城际铁路)；管道运输是指以管道为工具的液体和气体物资运输。

冶金是指金属矿物的冶炼以及压延加工有关活动，包括：黑色金属、有色金属、黄金等的冶炼生产和加工处理活动，以及炭素、耐火材料等与主工艺流程配套的辅助工艺环节的生产。

机械制造是指各种动力机械、冶金矿山机械、运输机械、农业机械、工具、仪器、仪表、特种设备、大中型船舶、石油炼化装备及其他机械设备的制造活动。

武器装备研制生产与试验，包括武器装备和弹药的科研、生产、试验、储运、销毁、维修保障等。

第二章　安全费用的提取标准

第五条　煤炭生产企业依据开采的原煤产量按月提取。各类煤矿原煤单位产量安全费用提取标准如下：

（一）煤(岩)与瓦斯(二氧化碳)突出矿井、高瓦斯矿井吨煤30元；

（二）其他井工矿吨煤15元；

（三）露天矿吨煤5元。

矿井瓦斯等级划分按现行《煤矿安全规程》和《矿井瓦斯等级鉴定规范》的规定执行。

第六条　非煤矿山开采企业依据开采的原矿产量按月提取。各类矿山原矿单位产量安全费用提取标准如下：

（一）石油，每吨原油17元；

（二）天然气、煤层气(地面开采)，每千立方米原气5元；

（三）金属矿山，其中露天矿山每吨5元，地下矿山每吨10元；

（四）核工业矿山，每吨25元；

（五）非金属矿山，其中露天矿山每吨2元，地下矿山每吨4元；

（六）小型露天采石场，即年采剥总量50万吨以下，且最大开采高度不超过50米，产品用于建筑、铺路的山坡型露天采石场，每吨1元；

（七）尾矿库按入库尾矿量计算，三等及三等以上尾矿库每吨1元，四等及五等尾矿库每吨1.5元。

本办法下发之日以前已经实施闭库的尾矿库，按照已堆存尾砂的有效库容大小提取，库容100万立方米以下的，每年提取5万元；超过100万立方米的，每增加100万立方米增加3万元，但每年提取额最高不超过30万元。

原矿产量不含金属、非金属矿山尾矿库和废石场中用于综合利用的尾砂和低品位矿石。

地质勘探单位安全费用按地质勘查项目或者工程总费用的2%提取。

第七条　建设工程施工企业以建筑安装工程造价为计提依据。各建设工程类别安全费用提取标准如下：

（一）矿山工程为2.5%；

（二）房屋建筑工程、水利水电工程、电力工程、铁路工程、城市轨道交通工程为2.0%；

（三）市政公用工程、冶炼工程、机电安装工程、化工石油工程、港口与航道工程、公路工程、通信工程为1.5%。

建设工程施工企业提取的安全费用列入工程造价，在竞标时不得删减，列入标外管理。国家对基本建设投资概算另有规定的，从其规定。

总包单位应当将安全费用按比例直接支付分包单位并监督使用，分包单位不再重复提取。

第八条　危险品生产与储存企业以上年度实际营业收入为计提依据，采取超额累退方式按照以下标准平均逐月提取：

（一）营业收入不超过1000万元的，按照4%提取；

（二）营业收入超过1000万元至1亿元的部分，按照2%提取；

（三）营业收入超过1亿元至10亿元的部分，按照0.5%提取；

（四）营业收入超过10亿元的部分，按照0.2%提取。

第九条　交通运输企业以上年度实际营业收入为计提依据，按照以下标准平均逐月提取：

（一）普通货运业务按照1%提取；

（二）客运业务、管道运输、危险品等特殊货运业务按照1.5%提取。

第十条　冶金企业以上年度实际营业收入为计提依据，采取超额累退方式按照以下标准平均逐月提取：

（一）营业收入不超过1000万元的，按照3%提取；

（二）营业收入超过1000万元至1亿元的部分，按照1.5%提取；

（三）营业收入超过1亿元至10亿元的部分，按照0.5%提取；

（四）营业收入超过10亿元至50亿元的部分，按照0.2%提取；

（五）营业收入超过50亿元至100亿元的部分，按照0.1%提取；

（六）营业收入超过100亿元的部分，按照0.05%提取。

第十一条　机械制造企业以上年度实际营业收入为计提依据，采取超额累退方式按照以下标准平均逐月提取：

（一）营业收入不超过1000万元的，按照2%提取；

（二）营业收入超过1000万元至1亿元的部分，按照1%提取；

（三）营业收入超过1亿元至10亿元的部分，按照0.2%提取；

（四）营业收入超过10亿元至50亿元的部分，按照0.1%提取；

（五）营业收入超过50亿元的部分，按照0.05%提取。

第十二条　烟花爆竹生产企业以上年度实际营业收入为计提依据，采取超额累退方式按照以下标准平均逐月提取：

（一）营业收入不超过200万元的，按照3.5%提取；

（二）营业收入超过200万元至500万元的部分，按照3%提取；

（三）营业收入超过500万元至1000万元的部分，按照2.5%提取；

（四）营业收入超过1000万元的部分，按照2%提取。

第十三条　武器装备研制生产与试验企业以上年度军品实际营业收入为计提依据，采取超额累退方式按照以下标准平均逐月提取：

（一）火炸药及其制品（包括含能材料，如炸药、火药、推进剂、发动机、弹、箭、引信及火工品等)研制、生产与试验企业：

1. 营业收入不超过1000万元的，按照5%提取；

2. 营业收入超过1000万元至1亿元的部分，按照3%提取；

3. 营业收入超过1亿元至10亿元的部分，按照1%提取；

4. 营业收入超过10亿元的部分，按照0.5%提取。

（二）核装备及核燃料研制、生产与试验企业：

1. 营业收入不超过1000万元的，按照3%提取；

2. 营业收入超过1000万元至1亿元的部分，按照2%提取；

3. 营业收入超过1亿元至10亿元的部分，按照0.5%提取；

4. 营业收入超过10亿元的部分，按照0.2%提取；

5. 核工程按照3%提取(以工程造价为计提依据，在竞标时，列为标外管理)。

（三）军用舰船(含修理)研制、生产与试验企业：

1. 营业收入不超过1000万元的，按照2.5%提取；

2. 营业收入超过1000万元至1亿元的部分，按照1.75%提取；

3. 营业收入超过1亿元至10亿元的部分，按照0.8%提取；

4. 营业收入超过10亿元的部分，按照0.4%提取。

（四）飞船、卫星、军用飞机、坦克车辆、火炮、轻武器、大型天线等产品的总体、部分和元器件研制、生产与试验企业：

1. 营业收入不超过1000万元的，按照2%提取；

2. 营业收入超过1000万元至1亿元的部分，按照1.5%提取；

3. 营业收入超过1亿元至10亿元的部分，按照0.5%提取；

4. 营业收入超过10亿元至100亿元的部分，按照0.2%提取；

5. 营业收入超过100亿元的部分，按照0.1%提取。

（五）其他军用危险品研制、生产与试验企业：

1. 营业收入不超过1000万元的，按照4%提取；

2. 营业收入超过1000万元至1亿元的部分，按照2%提取；

3. 营业收入超过1亿元至10亿元的部分，按照0.5%提取；

4. 营业收入超过10亿元的部分，按照0.2%提取。

第十四条　中小微型企业和大型企业上年末安全费用结余分别达到本企业上年度营业收入的5%和1.5%时，经当地县级以上安全生产监督管理部门、煤矿安全监察机构商财政部门同意，企业本年度可以缓提或者少提安全费用。

企业规模划分标准按照工业和信息化部、国家统计局、国家发展和改革委员会、财政部《关于印发＜中小企业划型标准规定＞的通知》(工信部联企业[2011]300号)规定执行。

第十五条　企业在上述标准的基础上，根据安全生产实际需要，可适当提高安全费用提取标准。

本办法公布前，各省级政府已制定下发企业安全费用提取使用办法的，其提取标准如果低于本办法规定的标准，应当按照本办法进行调整；如果高于本办法规定的标准，按照原标准执行。

第十六条　新建企业和投产不足一年的企业以当年实际营业收入为提取依据，按月计提安全费用。

混业经营企业，如能按业务类别分别核算的，则以各业务营业收入为计提依据，按上述标准分别提取安全费用；如不能分别核算的，则以全部业务收入为计提依据，按主营业务计提标准提取安全费用。

第三章　安全费用的使用

第十七条　煤炭生产企业安全费用应当按照以下范围使用：

（一）煤与瓦斯突出及高瓦斯矿井落实"两个四位一体"综合防突措施支出，包括瓦斯区域预抽、保护层开采区域防突措施、开展突出区域和局部预测、实施局部补充防突措施、更新改造防突设备和设施、建立突出防治实验室等支出；

（二）煤矿安全生产改造和重大隐患治理支出，包括"一通三防"(通风，防瓦斯、防煤尘、防灭火)，防治水，供电，运输等系统设备改造和灾害治理工程，实施煤矿机械化改造，实施矿压(冲击地压)、热害、露天矿边坡治理，采空区治理等支出；

（三）完善煤矿井下监测监控、人员定位、紧急避险、压风自救、供水施救和通信联络安全避险"六大系统"支出，应急救援技术装备、设施配置和维护保养支出，事故逃生和紧急避难设施设备的配置和应急演练支出；

（四）开展重大危险源和事故隐患评估、监控和整改支出；

（五）安全生产检查、评价(不包括新建、改建、扩建项目安全评价)、咨询、标准化建设支出；

（六）配备和更新现场作业人员安全防护用品支出；

（七）安全生产宣传、教育、培训支出；

（八）安全生产适用新技术、新标准、新工艺、新装备的推广应用支出；

（九）安全设施及特种设备检测检验支出；

（十）其他与安全生产直接相关的支出。

第十八条　非煤矿山开采企业安全费用应当按照以下范围使用：

（一）完善、改造和维护安全防护设施设备(不含"三同时"要求初期投入的安全设施)和重大安全隐患治理支出，包括矿山综合防尘、防灭火、防治水、危险气体监测、通风系统、支护及防治边帮滑坡设备、机电设备、供配电系统、运输(提升)系统和尾矿库等完善、改造和维护支出以及实施地压监测监控、露天矿边坡治理、采空区治理等支出；

（二）完善非煤矿山监测监控、人员定位、紧急避险、压风自救、供水施救和通信联络等安全避险"六大系统"支出，完善尾矿库全过程在线监控系统和海上石油开采出海人员动态跟踪系统支出，应急救援技术装备、设施配置及维护保养支出，事故逃生和紧急避难设施设备的配置和应急演练支出；

（三）开展重大危险源和事故隐患评估、监控和整改支出；

（四）安全生产检查、评价(不包括新建、改建、扩建项目安全评价)、咨询、标准化建设支出；

（五）配备和更新现场作业人员安全防护用品支出；

（六）安全生产宣传、教育、培训支出；

（七）安全生产适用的新技术、新标准、新工艺、新装备的推广应用支出；

（八）安全设施及特种设备检测检验支出；

（九）尾矿库闭库及闭库后维护费用支出；

（十）地质勘探单位野外应急食品、应急器械、应急药品支出；

（十一）其他与安全生产直接相关的支出。

第十九条　建设工程施工企业安全费用应当按照以下范围使用：

（一）完善、改造和维护安全防护设施设备支出（不含"三同时"要求初期投入的安全设施），包括施工现场临时用电系统、洞口、临边、机械设备、高处作业防护、交叉作业防护、防火、防爆、防尘、防毒、防雷、防台风、防地质灾害、地下工程有害气体监测、通风、临时安全防护等设施设备支出；

（二）配备、维护、保养应急救援器材、设备支出和应急演练支出；

（三）开展重大危险源和事故隐患评估、监控和整改支出；

（四）安全生产检查、评价（不包括新建、改建、扩建项目安全评价）、咨询和标准化建设支出；

（五）配备和更新现场作业人员安全防护用品支出；

（六）安全生产宣传、教育、培训支出；

（七）安全生产适用的新技术、新标准、新工艺、新装备的推广应用支出；

（八）安全设施及特种设备检测检验支出；

（九）其他与安全生产直接相关的支出。

第二十条　危险品生产与储存企业安全费用应当按照以下范围使用：

（一）完善、改造和维护安全防护设施设备支出（不含"三同时"要求初期投入的安全设施），包括车间、库房、罐区等作业场所的监控、监测、通风、防晒、调温、防火、灭火、防爆、泄压、防毒、消毒、中和、防潮、防雷、防静电、防腐、防渗漏、防护围堤或者隔离操作等设施设备支出；

（二）配备、维护、保养应急救援器材、设备支出和应急演练支出；

（三）开展重大危险源和事故隐患评估、监控和整改支出；

（四）安全生产检查、评价（不包括新建、改建、扩建项目安全评价）、咨询和标准化建设支出；

（五）配备和更新现场作业人员安全防护用品支出；

（六）安全生产宣传、教育、培训支出；

（七）安全生产适用的新技术、新标准、新工艺、新装备的推广应用支出；

（八）安全设施及特种设备检测检验支出；

（九）其他与安全生产直接相关的支出。

第二十一条　交通运输企业安全费用应当按照以下范围使用：

（一）完善、改造和维护安全防护设施设备支出（不含"三同时"要求初期投入的安全设施），包括道路、水路、铁路、管道运输设施设备和装卸工具安全状况检测及维护系统、运输设施设备和装卸工具附属安全设备等支出；

（二）购置、安装和使用具有行驶记录功能的车辆卫星定位装置、船舶通信导航定位和自动识别系统、电子海图等支出；

（三）配备、维护、保养应急救援器材、设备支出和应急演练支出；

（四）开展重大危险源和事故隐患评估、监控和整改支出；

（五）安全生产检查、评价(不包括新建、改建、扩建项目安全评价)、咨询和标准化建设支出；

（六）配备和更新现场作业人员安全防护用品支出；

（七）安全生产宣传、教育、培训支出；

（八）安全生产适用的新技术、新标准、新工艺、新装备的推广应用支出；

（九）安全设施及特种设备检测检验支出；

（十）其他与安全生产直接相关的支出。

第二十二条　冶金企业安全费用应当按照以下范围使用：

（一）完善、改造和维护安全防护设施设备支出(不含"三同时"要求初期投入的安全设施)，包括车间、站、库房等作业场所的监控、监测、防火、防爆、防坠落、防尘、防毒、防噪声与振动、防辐射和隔离操作等设施设备支出；

（二）配备、维护、保养应急救援器材、设备支出和应急演练支出；

（三）开展重大危险源和事故隐患评估、监控和整改支出；

（四）安全生产检查、评价(不包括新建、改建、扩建项目安全评价)和咨询及标准化建设支出；

（五）安全生产宣传、教育、培训支出；

（六）配备和更新现场作业人员安全防护用品支出；

（七）安全生产适用的新技术、新标准、新工艺、新装备的推广应用支出；

（八）安全设施及特种设备检测检验支出；

（九）其他与安全生产直接相关的支出。

第二十三条　机械制造企业安全费用应当按照以下范围使用：

（一）完善、改造和维护安全防护设施设备支出(不含"三同时"要求初期投入的安全设施)，包括生产作业场所的防火、防爆、防坠落、防毒、防静电、防腐、防尘、防噪声与振动、防辐射或者隔离操作等设施设备支出，大型起重机械安装安全监控管理系统支出；

（二）配备、维护、保养应急救援器材、设备支出和应急演练支出；

（三）开展重大危险源和事故隐患评估、监控和整改支出；

（四）安全生产检查、评价(不包括新建、改建、扩建项目安全评价)、咨询和标准化建设支出；

（五）安全生产宣传、教育、培训支出；

（六）配备和更新现场作业人员安全防护用品支出；

（七）安全生产适用的新技术、新标准、新工艺、新装备的推广应用；

（八）安全设施及特种设备检测检验支出；

（九）其他与安全生产直接相关的支出。

第二十四条　烟花爆竹生产企业安全费用应当按照以下范围使用：

（一）完善、改造和维护安全设备设施支出（不含“三同时”要求初期投入的安全设施）；

（二）配备、维护、保养防爆机械电器设备支出；

（三）配备、维护、保养应急救援器材、设备支出和应急演练支出；

（四）开展重大危险源和事故隐患评估、监控和整改支出；

（五）安全生产检查、评价（不包括新建、改建、扩建项目安全评价）、咨询和标准化建设支出；

（六）安全生产宣传、教育、培训支出；

（七）配备和更新现场作业人员安全防护用品支出；

（八）安全生产适用新技术、新标准、新工艺、新装备的推广应用支出；

（九）安全设施及特种设备检测检验支出；

（十）其他与安全生产直接相关的支出。

第二十五条　武器装备研制生产与试验企业安全费用应当按照以下范围使用：

（一）完善、改造和维护安全防护设施设备支出（不含“三同时”要求初期投入的安全设施），包括研究室、车间、库房、储罐区、外场试验区等作业场所的监控、监测、防触电、防坠落、防爆、泄压、防火、灭火、通风、防晒、调温、防毒、防雷、防静电、防腐、防尘、防噪声与振动、防辐射、防护围堤或者隔离操作等设施设备支出；

（二）配备、维护、保养应急救援、应急处置、特种个人防护器材、设备、设施支出和应急演练支出；

（三）开展重大危险源和事故隐患评估、监控和整改支出；

（四）高新技术和特种专用设备安全鉴定评估、安全性能检验检测及操作人员上岗培训支出；

（五）安全生产检查、评价（不包括新建、改建、扩建项目安全评价）、咨询和标准化建设支出；

（六）安全生产宣传、教育、培训支出；

（七）军工核设施（含核废物）防泄漏、防辐射的设施设备支出；

（八）军工危险化学品、放射性物品及武器装备科研、试验、生产、储运、销毁、维修保障过程中的安全技术措施改造费和安全防护（不包括工作服）费用支出；

（九）大型复杂武器装备制造、安装、调试的特殊工种和特种作业人员培训支出；

（十）武器装备大型试验安全专项论证与安全防护费用支出；

（十一）特殊军工电子元器件制造过程中有毒有害物质监测及特种防护支出；

（十二）安全生产适用新技术、新标准、新工艺、新装备的推广应用支出；

（十三）其他与武器装备安全生产事项直接相关的支出。

第二十六条　在本办法规定的使用范围内，企业应当将安全费用优先用于满足安全生产监督管理部门、煤矿安全监察机构以及行业主管部门对企业安全生产提出的整改措施或者达到安全生产标准所需的支出。

第二十七条　企业提取的安全费用应当专户核算，按规定范围安排使用，不得挤占、挪用。年度结余资金结转下年度使用，当年计提安全费用不足的，超出部分按正常成本费用渠道列支。

主要承担安全管理责任的集团公司经过履行内部决策程序，可以对所属企业提取的安全费用按照一定比例集中管理，统筹使用。

第二十八条　煤炭生产企业和非煤矿山企业已提取维持简单再生产费用的，应当继续提取维持简单再生产费用，但其使用范围不再包含安全生产方面的用途。

第二十九条　矿山企业转产、停产、停业或者解散的，应当将安全费用结余转入矿山闭坑安全保障基金，用于矿山闭坑、尾矿库闭库后可能的危害治理和损失赔偿。

危险品生产与储存企业转产、停产、停业或者解散的，应当将安全费用结余用于处理转产、停产、停业或者解散前的危险品生产或储存设备、库存产品及生产原料支出。

企业由于产权转让、公司制改建等变更股权结构或者组织形式的，其结余的安全费用应当继续按照本办法管理使用。

企业调整业务、终止经营或者依法清算，其结余的安全费用应当结转本期收益或者清算收益。

第三十条　本办法第二条规定范围以外的企业为达到应当具备的安全生产条件所需的资金投入，按原渠道列支。

第四章　监督管理

第三十一条　企业应当建立健全内部安全费用管理制度，明确安全费用提取和使用的程序、职责及权限，按规定提取和使用安全费用。

第三十二条　企业应当加强安全费用管理，编制年度安全费用提取和使用计划，纳入企业财务预算。企业年度安全费用使用计划和上一年安全费用的提取、使用情况按照管理权限报同级财政部门、安全生产监督管理部门、煤矿安全监察机构和行业主管部门备案。

第三十三条　企业安全费用的会计处理，应当符合国家统一的会计制度的规定。

第三十四条　企业提取的安全费用属于企业自提自用资金，其他单位和部门不得采取收取、代管等形式对其进行集中管理和使用，国家法律、法规另有规定的除外。

第三十五条　各级财政部门、安全生产监督管理部门、煤矿安全监察机构和有关行业主管部门依法对企业安全费用提取、使用和管理进行监督检查。

第三十六条　企业未按本办法提取和使用安全费用的，安全生产监督管理部门、煤矿安全监察机构和行业主管部门会同财政部门责令其限期改正，并依照相关法律法规进行处理、处罚。

建设工程施工总承包单位未向分包单位支付必要的安全费用以及承包单位挪用安全费用的，由建设、交通运输、铁路、水利、安全生产监督管理、煤矿安全监察等主管部门依照相关法规、规章进行处理、处罚。

第三十七条　各省级财政部门、安全生产监督管理部门、煤矿安全监察机构可以结合本地区实际情况，制定具体实施办法，并报财政部、国家安全生产监督管理总局备案。

第五章　附则

第三十八条　本办法由财政部、国家安全生产监督管理总局负责解释。

第三十九条　实行企业化管理的事业单位参照本办法执行。

第四十条　本办法自公布之日起施行。《关于调整煤炭生产安全费用提取标准加强煤炭生产安全费用使用管理与监督的通知》(财建[2005]168号)、《关于印发〈烟花爆竹生产企业安全费用提取与使用管理办法〉的通知》(财建[2006]180号)和《关于印发〈高危行业企业安全生产费用财务管理暂行办法〉的通知》(财企[2006]478号)同时废止。《关于印发〈煤炭生产安全费用提取和使用管理办法〉和〈关于规范煤矿维简费管理问题的若干规定〉的通知》(财建[2004]119号)等其他有关规定与本办法不一致的，以本办法为准。

附录B 移动基站电源设备容量计算与选型

移动基站供电电源系统一般由市电、组合电源架、蓄电池组、用电设备构成，并配备移动油机发电机组，如图F1-1所示。

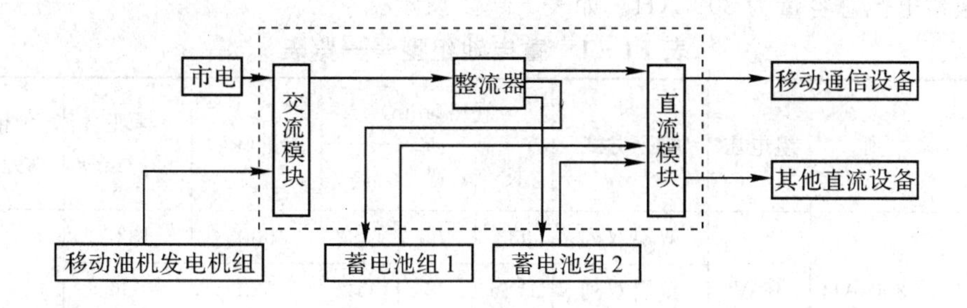

图F1-1 移动基站供电电源系统组成

1. 蓄电池容量计算与选型

蓄电池容量计算公式如下：

$$Q \geqslant \frac{KIT}{\eta[1+\alpha(t-25)]}$$

其中：

T：蓄电池放电时间。一般来说，一类市电情况下蓄电池放电时间为1小时，二类市电为2小时，三类市电为3小时，四类市电为10小时。

t：机房最低环境温度。

K：安全系数，一般取值为1.25。

α：电池温度系数。取值如下：$\alpha=0.006$，放电小时率>10；$\alpha=0.008$，$1<$放电小时率<10；$\alpha=0.01$，放电小时率<1。

η：蓄电池逆变效率。一般取值为0.75。

I：放电电流。放电电流即为机房内所有直流设备的最大负载电流之和，包括数据设备、传输设备、无线设备以及其他设备的直流设备用电。

示例1 假设机房直流电压均为-48 V，近期各专业负荷如下：传输设备20 A、数据设备60 A、其他设备(不含无线专业)20 A，采用高频开关电源供电。统计无线专业的负荷容量并计算蓄电池的总容量及选定的配置情况。(假设K取1.25，放电时间T为3小时，不计算最低环境温度影响，即假设$t=25$℃，蓄电池逆变效率η为0.75，电池温度系数$a=0.006$)

分析 已知$K=1.25$，$T=3$小时，$\eta=0.75$，$a=0.006$，$t=25$℃。

假定通过查询无线设备手册得知：基站设备B328满负荷功率为400 W，R08满负荷功耗为200 W，每个B328最多可带3个R08。考虑到近期规划，本次工程安装两套B328，因此最多可配置6个R08。

无线设备总功耗可以定为 400×2+200×6=2000 W，直流电流约为 $I_{无线} \approx 2000/50=$ 40 A。

则总的放电电流 $I=20+60+20+40=140$ A。

依据计算公式得：$Q=1.25\times140\times3/0.75=700$ AH。

蓄电池一般分两组安装，此时每组蓄电池的额定容量按照计算容量的 1/2 来选择，即一组蓄电池的容量为 700×1/2=350 AH。选择总容量略大于计算容量。

根据计算结果可以选用相应型号的设备，因此，应选取两组 SNS－400AH 的蓄电池组，两组蓄电池总容量为 800 AH。如表 F1－1 所示。

表 F1－1　蓄电池组型号一览表

序号	系　列	组电压	排列方式	规格(mm)			重量(kg)	承重(kg/m²)	价格(元)	备注
				长	宽	高				
1	SNS－300 AH	48 V	双层双列	933	495	1032	530	1322	14 400	
			单层双列	1746	495	412	522	636		
			双层单列	1776	293	1032	535	1105		
2	SNS－400 AH	48 V	双层双列	1128	566	1042	734	1350	19 200	
			单层双列	2118	566	422	720	703		
			双层单列	2156	338	1042	741	1720		
3	SNS－500 AH	48 V	双层双列	1198	656	1042	835	1421	24 000	
			单层双列	2195	656	422	823	743		
			双层单列	2233	383	1042	839	1285		
4	SNS－600 AH	48 V	双层双列	998	990	1032	1060	1170	28 800	
			单层双列	1181	990	412	1044	578		
			双层单列	1841	495	1032	1069	1184		
5	SNS－800 AH	48 V	双层双列	1213	970	1162	1496	1607	38 400	
			单层双列	2210	970	432	1470	837		
			双层单列	2248	545	1162	1497	1517		

2. 开关电源容量计算与选型

开关电源整流模块的容量主要依据额定输出电流来选取。其电流 I_k 满足以下条件：

$$I_k \geqslant I + I_c$$

其中：I 为直流设备最大负荷电流，即为放电电流值；I_c 为蓄电池充电电流，若为 10 小时允冲，则对于电网较好的站，可取 $I_c=(0.1\sim0.15)Q$。

整流模块数选择原则：整流模块数按照 $n+1$(整流模块数小于 10)冗余原则确定。当整流模块数大于 10 时，每 10 只要备用一只。

因此，整流模块数 n 计算如下：

$$n \geqslant \frac{I_k}{I_{me}}$$

其中，I_{me}为每个整流模块的额定输出电流。

示例2 假设机房直流电压均为-48 V，近期各专业负荷如下：传输设备20 A、数据设备60 A、其他设备(不含无线专业)20 A，采用高频开关电源供电。(假设K取1.25，放电时间T为3小时，不计算最低环境温度影响，即假设$t=25$℃，蓄电池逆变效率η为0.75，电池温度系数$\alpha=0.006$)结合示例1计算出的蓄电池容量，蓄电池按照10小时充放电率考虑，计算开关电源配置容量并选择型号。

分析 根据计算公式：$I_k \geqslant I + I_c$，由示例1计算得知，$I=140$ A，由题意知I_c为10小时允冲电流，则$I_c=800$ AH$\times 0.15=120$ A。

即：$I_k=260$ A，$n \geqslant I_k/I_{me}=260/30\approx 9$

依据整流模块选用原则，整流模块数应取10，查看表F1-2可知所选用设备型号为PS48300-1B/30-300A。

表F1-2 开关电源设备型号一览表

序号	产品型号	单位	模块数量	规格尺寸(高×宽×深)(mm)	荷载(kg/m²)
1	PS48300-1B/30-180A	架	6	2000×600×600	435
2	PS48300-1B/30-210A	架	7	2000×600×600	442
3	PS48300-1B/30-240A	架	8	2000×600×600	458
4	PS48300-1B/30-270A	架	9	2000×600×600	465
5	PS48300-1B/30-300A	架	10	2000×600×600	480
6	PS48600-2B/50-400A	架	8	2000×600×600	520

3. 交流配电箱容量计算与选型

计算依据如下：

$$I_e \geqslant \frac{S_e}{3\times 220}$$

$$S_e \geqslant \frac{S}{0.7}\text{(变压器所带负载为额定负载的0.7～0.8)}$$

$$S=K_0\times P_{有}$$

这里仅考虑有功功率，若考虑无功功率和无功功率补偿，则计算公式为

$$S=K_0\times((P_{有}^2+(P_{有}-P_{补})^2)^{1/2}$$

其中：S为全局所有交流负荷，包括设备用电、生活用电、照明用电等；S_e为变压器的额定容量；K_0为同时利用系数，一般取$K_0=0.9$；I_e为交流配电箱(配电屏)的每相电流。

示例3 已知照明用电、空调功率为5000 W，监控设备以及其他设备功率为2000 W，其他条件同示例1，计算交流配电箱的容量及选型。

分析：整流模块侧过来的功率为$260\times 50=13\ 000$ W。

由题目可知，照明用电、空调功率为5000 W，监控设备以及其他设备功率为2000 W。

若不考虑无功功率，全局所有交流负荷S计算如下：

$$S=K_0\times P_{有}=0.9\times(13\ 000+5000+2000)=20\ 000\times 0.9=18\ \text{(kVA)}$$

则

$$S_e = \frac{18\ 000}{0.7} \approx 26\ (\text{kVA})$$

因此，$I_e \geqslant \frac{S_e}{3 \times 220} = 26 \times \frac{1000}{660} \approx 40\ \text{A}$。查看表 F1－3 可知选用交流配电箱型号为 380V/100A/3P。

表 F1－3　交流配电箱设备型号一览表

序号	名称	规格型号	外形尺寸(高×宽×深)(mm)	单位
1	交流配电箱	380V/100A/3P	600×500×200	套
2	交流配电箱	380V/150A/3P	700×500×200	套
3	交流配电箱	380V/200A/3P	800×500×200	套

4. 电源线径确定

电源线径可以根据电流及压降(ΔU)来计算，公式如下：

$$S = \frac{\sum I \times L}{r \times \Delta U}$$

其中，S 为电源线截面(mm^2)；$\sum I$ 为流过的总电流(A)；L 为该段线缆长度(m)；ΔU 为该段线缆的允许电压(V)；r 为该线缆的导电率(铜质为 54.4，铝质为 34)。ΔU 的取值规则为从蓄电池至直流电源时，$\Delta U \leqslant 0.2$ V；从直流电源至直流配电柜时，$\Delta U \leqslant 0.8$ V；从直流配电柜至设备机架时，$\Delta U \leqslant 0.4$ V。

示例 4　计算蓄电池与开关电源之间的连接线缆线径，假定线缆长度为 20 m。

分析：首先其必须满足市电停电时的所有负荷要求，即最大电流为 $\sum I = 150$ A，$L = 20$ m，采用铜导线 $r = 54.4$，$\Delta U = 0.2 + 0.8 = 1.0$ V，则：

$$S = \frac{\sum I \times L}{r \times \Delta U} = \frac{150 \times 20}{54.4 \times 1.0} \approx 55.2\ (\text{mm}^2)$$

因此可以选用 70 mm^2 线径的芯线。

附录C　通信管道工程相关工程量计算

1. 施工测量长度计算

管道上程施工测量长度=路由长度

2. 计算人(手)坑挖深(单位：m)

人(手)孔设计示意图如图 F1-2 所示。

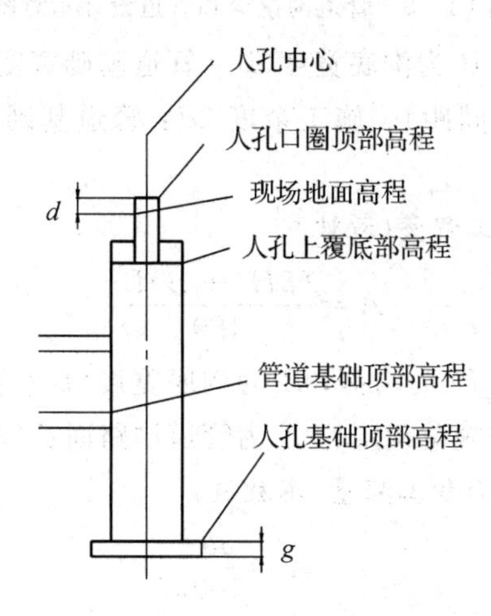

图 F1-2　人(手)孔设计示意图

人孔坑挖深计算公式如下：

$$H = h_1 - h_2 + g - d$$

式中：H 为人孔坑挖深；h_1 为人孔口圈顶部高程；h_2 为人孔基础顶部高程；g 为人孔基础厚度；d 为路面厚度。

3. 计算管道沟深(单位：m)

某段管道沟深是在两端分别计算沟深后，取平均值，再减去路面厚度。

$$H = \frac{[(h_1 - h_2 + g)_{人孔1} + (h_1 - h_2 + g)_{人孔2}]}{2} - d$$

式中：H 为管道沟深(平均埋深，不含路面厚度)；h_1 为人孔口圈顶部高程；h_2 为管道基础顶部高程；g 为管道基础厚度；d 为路面厚度。

管道沟挖深和管道设计示意图如图 F1-3 所示。

4. 计算开挖路面面积(单位：100 m²)

1）开挖管道沟路面面积工程量(不放坡)

$$A = \frac{BL}{100}$$

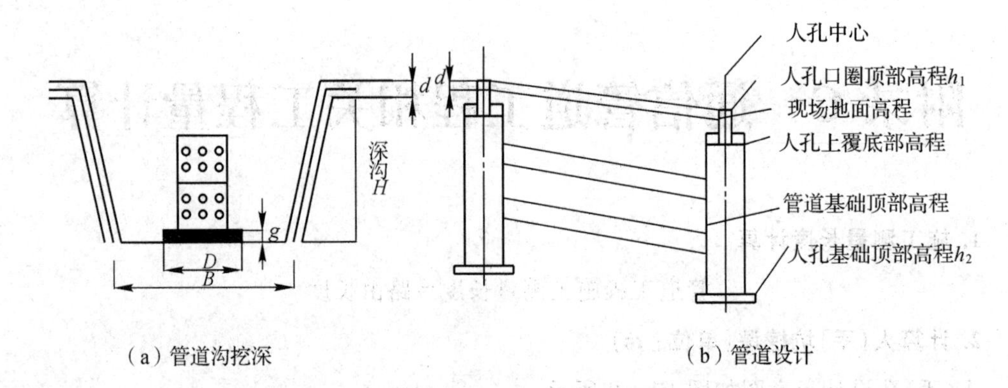

图 F1-3　管道沟挖深和管道设计示意图

式中：A 为路面面积工程量；B 为沟底宽度（B＝管道基础宽度 D＋施工余度 $2d$）；L 为管道沟路面长（两相邻人孔坑边间距）。施工余度 $2d$：管道基础宽度 D＞630 mm 时，$2d$＝0.6 m（每侧各 0.3 m）。

2）开挖管道沟路面面积工程量（放坡）

$$A=\frac{(2Hi+B)L}{100}$$

式中：A 为路面面积工程量；H 为沟深；B 为沟底宽度（B＝管道基础宽度 D＋施工余度 $2d$）；i 为放坡系数（由设计按规范确定）；L 为管道沟路面长（两相邻人孔坑边间距）。

3）开挖一个人孔坑路面面积工程量（不放坡）

$$A=\frac{ab}{100}$$

式中：A 为人孔坑面积；a 为人孔坑底长度（a＝人孔外墙长度＋0.8 m＝人孔基础长度＋0.6 m）；b 为人孔坑底宽度（b＝人孔外墙宽度＋0.8 m＝人孔基础宽度＋0.6 m）。

人孔坑开挖土石方示意图如图 F1-4 所示。

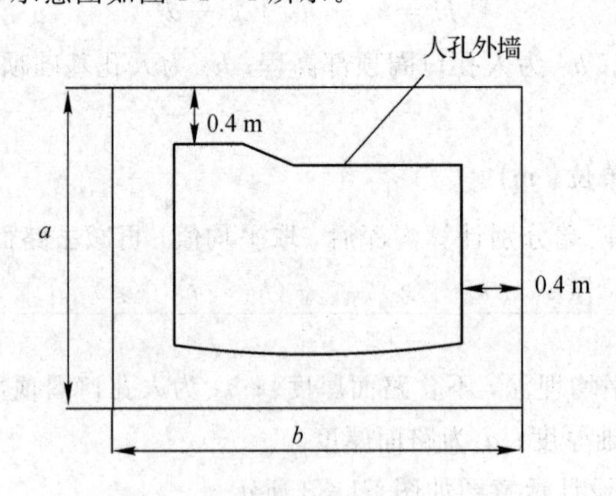

图 F1-4　人孔坑开挖土方示意图

4）开挖人孔坑路面面积工程量（放坡）

$$A=\frac{(2Hi+a)(2Hi+b)}{100}$$

式中：A 为人孔坑路面面积；H 为坑深（不含路面厚度）；i 为放坡系数（由设计按规范确

定)；a 为人孔坑底长度；b 为人孔坑底宽度。

5）开挖路面总面积

总面积＝各人孔开挖路面面积总和＋各管道沟开挖路面面积总和

5. 计算开挖、回填土方体积(单位：100 m³)

1）开挖管道沟土方体积(不放坡)

$$V_1 = \frac{BHL}{100}$$

式中：V_1 为挖沟体积；B 为沟底宽度；H 为沟深(不包括路面厚度)；L 为沟长(两相邻人孔坑坑口边间距)。

2）开挖管道沟土方体积(放坡)

$$V_2 = \frac{(B + Hi)HL}{100}$$

式中：V_2 为挖管道沟体积；B 为沟底宽度；H 为平均沟深(不包括路面厚度)；L 为沟长(两相邻人孔坑坑口边间距)；i 为放坡系数(由设计按规范确定)。

3）开挖一个人孔坑土方体积(不放坡)

$$V_1 = \frac{abH}{100}$$

式中：V_1 为挖人孔坑土方体积；H 为人孔坑深(不包括路面厚度)；a 为人孔坑底长度；b 为人孔坑底宽度。

4）开挖一个人孔坑土方体积(放坡)

$$V_1 = \frac{\left[ab + (a + b)Hi + \frac{4}{3}H^2 i^2\right]H}{100}$$

式中：V_2 为挖人孔坑土方体积；H 为人孔坑深(不包括路面厚度)；a 为人孔坑底长度；b 为人孔坑底宽度；i 为放坡系数。

5）总开挖土方体积(在无路面情况下)

总开挖土方量＝各人孔开挖土方量总和＋各段管道沟开挖土方总和

6）光(电)缆沟土石方开挖工程量(或回填量)

$$V = \frac{\frac{(B + 0.3)HL}{2}}{100}$$

式中：V 为光(电)缆沟土石方开挖量(或回填量)；B 为缆沟上口宽度；0.3 为沟下底宽；H 为电缆沟深度；L 为电缆沟长度。

石质光(电)缆沟和土质光(电)缆沟结构示意图如图 F1－5 所示。

7）回填土(石)方工程量

通信管道工程回填工程量＝(开挖管道沟土方量＋人孔坑土方量)
－(管道建筑体积＋人孔建筑体积)

注：管道建筑体积含基础、管群、包封。埋式光(电)缆沟土(石)方回填量等于开挖量，光(电)缆本身体积忽略不计。

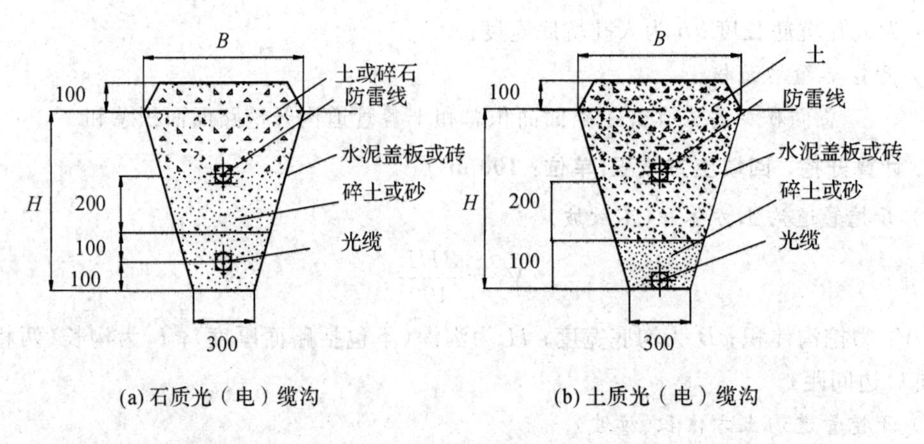

图 F1-5　石质光(电)缆沟和土质光(电)缆沟结构示意图

6. 通信管道工程

通信管道工程包括铺设各种通信管道及砖砌人(手)孔等工程。当人孔净空高度大于标准图设计时，其超出定额部分应另行计算工程量。

1) 混凝土管道基础工程量(单位：100 m)

$$\text{数量}\ N=\frac{\sum_{i=1}^{m}L_i}{100}$$

式中，$\sum_{i=1}^{m}L_i$ 为 m 段同一种管群组合的管道基础总长度；L_i 为第 i 段管道基础的长度。

2) 铺设水泥管道工程量(单位：100 m)

$$\text{数量}\ n=\frac{\sum_{i=1}^{m}L_i}{100}$$

式中，$\sum_{i=1}^{m}L_i$ 为 m 段同一种管群组合的管道基础总长度；L_i 为第 i 段管道基础的长度(两相邻人孔中心间距)。

3) 通信管道包封混凝土工程量(单位：m)

$$\text{包封体积}\ V=V_1+V_2+V_3$$

其中，$V_1=2(d-0.05)gL$；$V_2=2dHL$；$V_3=(b+2d)dL$。

上式中，V_1 为管道基础侧包封混凝土体积；V_2 为基础以上管群侧包封混凝土体积；V_3 为管道顶包封混凝土体积；d 为包封厚度(左、右和上部相同)；0.05 为基础每侧外露宽度；g 为管道基础厚度；L 为管道基础长度；H 为管群侧高。

通信管道包封示意图如图 F1-6 所示。

4) 无人孔部分砖砌通道工程量(单位：100 m)

$$\text{数量}\ n=\frac{\sum_{i=1}^{m}L_i}{100}$$

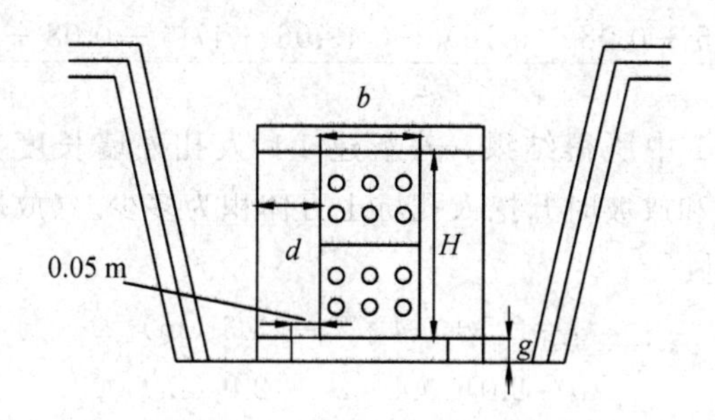

图 F1-6　通信管道包封示意图

式中，$\sum_{i=1}^{m} L_i$ 为 m 段同一种型号通道总长度；L_i 为第 i 段通道长度(两相邻人孔中心间距减去 1.6 m)。

5) 混凝土基础加筋工程量(单位：100 m)

$$\text{数量}\ n = \frac{L}{100}$$

式中，L 为除管道基础两端 2 m 以外的需加筋的管道基础长度。

其实，对于标准的通信管道工程建设，其主要工程量可以通过查阅预算定额手册《通信管道工程》附录部分获得。

示例 1　管道高程示意图如图 F1-7 所示。求解：(1) 新建人孔 1＃的挖深；(2) 新建 1＃至原有 3＃管道沟的平均沟深。

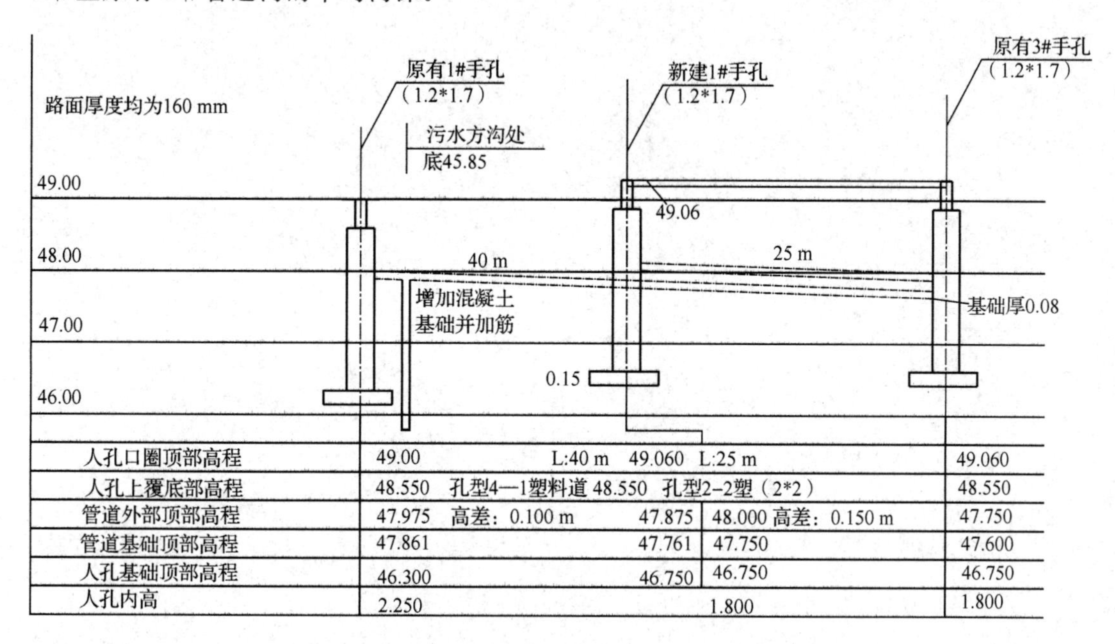

人孔口圈顶部高程	49.00　L:40 m	49.060　L:25 m	49.060
人孔上覆底部高程	48.550　孔型4—1塑料道	48.550　孔型2–2塑（2*2）	48.550
管道外部顶部高程	47.975　高差：0.100 m　47.875	48.000 高差：0.150 m	47.750
管道基础顶部高程	47.861　47.761	47.750	47.600
人孔基础顶部高程	46.300　46.750	46.750	46.750
人孔内高	2.250	1.800	1.800

图 F1-7　管道高程示意图

分析：(1) 新建人孔 1＃的挖深为

$$H = 49.06 - 46.75 + 0.15 - 0.16 = 2.3\ (\text{mm})$$

(2) 新建 1＃至原有 3＃管道沟的平均沟深为

$$H_{平均}=\frac{[(49.06-47.75+0.08-0.16)+(49.06-47.6+0.08-0.16)]}{2}=1.305\ (\mathrm{mm})$$

示例 2 根据示例 1 中所得结果，若新建 1# 人孔外墙长度为 2.5 m，外墙宽度为 2.0 m，分别计算不放坡和放坡时开挖人孔坑土方体积为多少。(放坡系数取定为 0.33)

分析：(1) 不放坡时：

$$a=2.5+0.4\times 2=3.3\ (\mathrm{m})$$

$$b=2.0+0.4\times 2=2.8\ (\mathrm{m})$$

$$V_{不放坡}=a\times b\times H=3.3\times 2.8\times 2.3=21.252\ (\mathrm{m}^3)$$

(2) 放坡时：

$$S_{上口}=(a+2Hi)\times(b+2Hi)$$

$$=(3.3+2\times 2.3\times 0.33)\times(2.8+2\times 2.3\times 0.33)\approx 20.8\ (\mathrm{m}^2)$$

$$S_{下口}=a\times b=3.3\times 2.8=9.24\ \mathrm{m}^2$$

$$V_{放坡}=H\times\frac{S_{上口}+S_{下口}+\sqrt{S_{上口}\times S_{下口}}}{3}$$

其中，$H=2.3$ m，$i=0.33$。

即

$$V_{放坡}\approx 0.767(30.04+\sqrt{192.192})\approx 0.767(30+\sqrt{192})$$

参 考 文 献

[1] 工业和信息化部通信工程定额质监中心. 信息通信建设工程概预算管理与实务[M]. 北京：人民邮电出版社，2017.
[2] 李立高. 通信工程概预算[M]. 北京：人民邮电出版社，2004.
[3] 杨光，杜庆波. 通信工程制图与概预算[M]. 西安：西安电子科技大学出版社，2008.
[4] 黄艳华. 现代通信工程制图与概预算[M]. 北京：电子工业出版社，2011.
[5] 于正永. 通信工程制图及实训[M]. 2 版. 大连：大连理工大学出版社，2014.
[6] 中华人民共和国工业和信息化部. 2016 版信息通信建设工程预算定额（"451 定额"），2017.